SAMMLUNG GÖSCHEN BAND 389/389a

PFLANZENGEOGRAPHIE

von

DR. LUDWIG DIELS †
ehem. Professor an der Friedrich-Wilhelms-Universität Berlin

Fünfte, völlig neu bearbeitete Auflage von

DR. FRITZ MATTICK
Kustos am Botanischen Garten und Museum Berlin-Dahlem

Mit zwei Karten

WALTER DE GRUYTER & CO.
vormals G. J. Göschen'sche Verlagshandlung · J. Guttentag, Verlagsbuchhandlung · Georg Reimer · Karl J. Trübner · Veit & Comp.
BERLIN 1958

Satz und Druck: Sala-Druck, Berlin N 65. — Printed in Germany.

INHALT

I. Einleitung: Aufgaben, Geschichte und Material der Pflanzengeographie

1. Aufgaben und Einteilung der Pflanzengeographie

Die Pflanzengeographie, unter Betonung ihrer botanischen Seite auch Geobotanik genannt, sucht die Beziehungen zwischen der Pflanzenwelt und der Erde, die sie trägt, in ihrem Wesen und Werden zu erfassen. Sie stellt die Verbreitung der Pflanzensippen und Pflanzengesellschaften über die Erde fest und versucht sie zu erklären durch die Einwirkungen des Wuchsortes, des Klimas, der lebenden Umwelt und der erdgeschichtlichen Entwicklung. — Ihre Aufgabe richtet sich zunächst auf die Sammlung des Stoffes: die floristische Pflanzengeographie stellt die einzelnen Elemente der Floren zusammen, untersucht ihre systematische Wichtigkeit, das Wesen ihrer Wohnbezirke, ihr Verhältnis zu anderen Elementen. — Die historisch-genetische Pflanzengeographie spürt der erdgeschichtlichen Bedingtheit der heutigen Pflanzenwelt nach und bemüht sich, über das Werden der floristisch festgestellten Erscheinungen Aufschlüsse zu gewinnen. — Weiterhin versucht die ökologische Pflanzengeographie, die Abhängigkeit der Pflanzen von ihrem Standort zu verstehen und ihren Haushalt zu erforschen. — Die Vegetationskunde umgrenzt und gliedert die sozialen Einzelgebilde der Pflanzendecke, die Pflanzengesellschaften, und untersucht die Einwirkung der genannten Faktoren auf sie. — Die Ergebnisse aller vier Richtungen finden ihren Ausdruck in der pflanzengeographischen Gliederung der Erde, in der Umgrenzung der Florenreiche und der Vegetationszonen sowie der Untergebiete beider.

2. Geschichte der Pflanzengeographie

Hatte sich das Interesse der Botaniker bis zum 16. Jahrhundert vornehmlich auf die medizinische Verwertung der Pflanzen gerichtet („Kräuterbücher", ab 1530), so traten bald Zusammenstellungen der Gesamtflora bestimmter Gebiete hinzu, beginnend mit der Flora des Harzes von J. Thal (1588), und die sich rasch entfaltende floristische Tätigkeit ließ im 17. Jahrhundert 23, im 18. Jahrhundert 118 Florenwerke der verschiedensten Länder entstehen. Die Ergebnisse von Forschungsreisen in fremden Ländern zeigten die Unterschiedlichkeit der Pflanzenwelt in den verschiedenen Klimagebieten und in den Höhenstufen der Gebirge. — Alexander von Humboldt (1769—1859), angeregt durch seinen älteren Freund K. L. Willdenow (Berlin 1765—1812), wurde durch seine „Ideen zu einer Geographie der Pflanzen" (1807), die schon deren sämtliche Teilgebiete kurz umreißen, zum Begründer dieser Wissenschaft. — Die „Grundzüge einer allgemeinen Pflanzengeographie" des Dänen J. Fr. Schouw (1823) untersuchen die Verbreitung der verschiedenen Sippen in den Breitenzonen und Höhenstufen unter den jeweiligen Standortsverhältnissen und gliedern die Erde in 22 Florenreiche auf. Schouw verwendet auch schon die Endung -etum für Bestände einer bestimmten Pflanzenart, z. B. Ericetum. Ähnlich gerichtet und mit vielen Statistiken und Tabellen belegt ist die „Géographie botanique raisonnée" von A. de Candolle (1855). Anschauliche Schilderungen der Pflanzendecke der ganzen Erde bringt A. Grisebach in seiner „Vegetation der Erde" 1872. — In der Folgezeit lassen sich zwei Strömungen unterscheiden, eine mehr floristisch gerichtete, wie sie besonders A. Engler (1844—1930) und seine Mitarbeiter und Schüler am Botanischen Museum Berlin-Dahlem vertreten (z. B. L. Diels, 1874—1945), und eine durch die rasch aufstrebende Pflanzenphysiologie angeregte ökologisch-physiologische, eingeleitet 1875 durch O. Drude (1852—1933, Dresden), in den Werken von E. Warming (1841—1924, Kopenhagen) „Lehrbuch der ökologischen Pflanzengeographie" (1896) und A. F. W. Schimper (1856—1901, Bonn) „Pflanzengeographie auf physiologischer Grundlage" (1898) ihre Erfüllung findend und gegenwärtig besonders durch H. Walter, Stuttgart, gepflegt. — Hinzu kam als dritte Richtung, seit A. Kerners „Pflanzenleben der Donauländer" (1862), das Studium der Pflanzengesellschaften, das in den Schulen des Nordens (Hult und Cajander in Finnland, Sernander und Du Rietz in Schweden, Nordhagen in Norwegen), Deutschlands (R. Gradmann), Großbritanniens (Tansley), der USA (Cowles, Clements, Weaver) und besonders der Schweiz (C. Schröter, 1855 bis 1939, E. Rübel, geb. 1876, H. Brockmann-Jerosch, 1879—1939) seine verschiedenartige Ausgestaltung fand. Unter dem Einfluß von J. Braun-Blanquet (geb. 1884), Montpellier, ist seit dem Erscheinen seiner „Pflanzensoziologie" (1928) dieser Forschungszweig so intensiv entwickelt worden, daß er heute als selbständige Wissenschaft angesehen wird. Eigene Institute für Pflanzensoziologie wurden gegründet, die auch die „Angewandte Pflanzensoziologie" pflegen (s. S. 147). — Mit dem Aufstreben der Paläobotanik wurde endlich die historisch-genetische Pflanzengeographie gefördert, beginnend mit Englers „Versuch einer Entwicklungsgeschichte der Pflanzenwelt" (1879—82). Sie läßt uns heute die Flora und Vegetation der Vorzeit in ihrer Ausprägung durch Substrat und Umwelt und in ihren vielgestaltigen Wandlungen schon gut überschauen (Gothan und Weyland 1954, Mägdefrau 1956). Besonders über die nacheiszeitliche Entwicklung der Pflanzenwelt ist in den letzten Jahrzehnten ein reichhaltiges Schrifttum entstanden (Firbas 1949—52).

3. Das Material der Pflanzengeographie

Das Objekt der pflanzengeographischen Forschung, die Pflanzendecke der Erde, kann von zwei Gesichtspunkten her betrachtet werden: einmal als Gesamtheit aller ihrer Pflanzensippen, die, auf das genetische Prinzip der natürlichen Verwandtschaft begründet, die Organisationsmerkmale (vor allem Bau der Blüten und Früchte) in den Vordergrund stellen; „Sippe" ist der neutrale Begriff für eine systematische Einheit, gleichviel welcher Rangordnung, also ob Art, Gattung, Familie usw. Die Summe aller Pflanzensippen der Erde oder eines bestimmten abgegrenzten Gebietes wird als ihre Flora bezeichnet. — Andrerseits kann man in ökologischer Betrachtungsweise die Anpassungsmerkmale in den Vordergrund stellen, die in leicht erkennbarem Zusammenhang mit den klimatischen Faktoren stehen; man betrachtet dann die Ähnlichkeit der Pflanzen im Hinblick auf die habituelle Übereinstimmung (Konvergenz) und kommt so zur Aufstellung von Vegetationsformen, die gesellschaftsbildend als Formationen auftreten und zum Begriff der Vegetation als Summe aller natürlichen Vergesellschaftungen der Erde oder eines ihrer Gebiete führen. — Ein Gebiet, z. B. eine kapländische Trockenheide, kann eine einförmige, spärliche, lockere Vegetation besitzen, dabei aber eine artenreiche Flora, ein anderes, etwa ein nordisches Waldgebiet, eine abwechslungsreiche üppige Vegetation bei viel ärmerer Flora.

a) Die Flora der Erde

Die Summe aller heute bekannten Arten von Samenpflanzen schätzt man auf 250000; etwa ebenso hoch mag die Zahl der niederen Pflanzen (Spaltpflanzen, Algen, Pilze, Flechten, Moose und Farne) sein. — Dies ist viel weniger als die Zahl der bekannten Tierarten; allein die vielzelligen Tiere schätzt man auf über 1 Million Arten. — Noch zu Linnés Zeit (1753) waren erst 5322 Pflanzenarten beschrieben, De Candolle zählte 1813 schon 30000 auf, die Forschungsreisen der folgenden Jahrzehnte brachten immer schnelleren Zuwachs, und noch gegenwärtig werden jährlich gegen 2000 neue Arten beschrieben. Während die Floren der kultivierten Länder fast völlig bekannt sind, ist aus schwer durchdringbaren, wenig bereisten Gebieten noch immer Neues zu erwarten.

— Wie sich dieser Artenreichtum der Erde allmählich im Laufe der vergangenen Jahrmillionen entwickelt hat, schildert Abschnitt III. —

Etwa drei Viertel der Samenpflanzenarten sind Dikotylen, ein Viertel Monokotylen, während auf die Nadelpflanzen, deren Wälder doch einen riesigen Teil der Erdoberfläche einnehmen, nur 600 Arten entfallen! — Umgekehrt spielt die artenreichste Familie, die Orchidaceen, mit 20 000 Arten im Vegetationsbild der Erde gar keine Rolle. Weiter sind als besonders artenreich zu nennen: *Compositae* (19 000), *Leguminosae* (18 000), *Euphorbiaceae* und *Rubiaceae* mit je 7000, während *Gramineae* und *Cyperaceae*, deren Bestände ebenfalls wieder weite Flächen der Erde bedecken, mit 6000 bzw. 4000 Arten folgen.

Diese 250 000 Arten höherer Pflanzen sind nun nach gewissen Gesetzmäßigkeiten, die sich leicht von den klimatischen Verhältnissen ableiten lassen, über die Erde verteilt. Am artenreichsten sind die tropischen Urwaldgebiete; so gibt Wulff (1935) für das Amazonasgebiet 40 000, für Indonesien 45 000 Arten an. Mit zunehmender Entfernung vom Äquator sinkt die Artenzahl der Landschaftsgebiete, erreicht in den Wüstengebieten, bedingt durch die Abnahme der Niederschläge (die in gleicher Weise für das Spärlicherwerden der Vegetation verantwortlich sind), einen Tiefstand (Sahara 300 Arten), um in den suptropischen Hartlaubgebieten wieder anzusteigen (Kalifornien 4000, Iberische Halbinsel 5500). Dann sinkt sie abermals (Deutschland 2600, Schweden 2100), um unter der Ungunst des Nordens bzw. Südens langsam ganz auszuklingen (Grönland 400, Spitzbergen 130, Kerguelen 33, Antarktika 2). — Als weitere, ebenfalls durch die Abnahme der Niederschläge bedingte Gesetzmäßigkeit ist zu beobachten, daß von den Randgebieten der Kontinente nach dem Inneren die Artenzahlen abnehmen (Japan 5700, Zentralasien 600), und daß in den Gebirgsländern wegen der Vielfalt der Standortsverhältnisse der Artenreichtum besonders groß ist (20 000 in den indisch-chinesischen Grenzgebirgen).

b) Die Vegetation der Erde

Wenn auch von den beweglicheren Tieren eine größere Fläche des Erdraums bewohnt oder durchstreift wird als von den Pflanzen, so stehen sie doch an Gesamtmasse und Besiedlungsdichte weit hinter diesen zurück. Sie sind auf die Pflanzen als organische Urnahrung angewiesen und leben von deren Zinsen, d. h. vom jährlichen Zuwachs der Pflanzenmasse, ohne das Kapital anzugreifen.

Die Gesamtmenge der Festlandstiere der Erde könnte man in einer Kiste von 1 Kilometer Länge, Breite und Höhe unterbringen, ebenso die Meerestiere. Ähnlich steht es mit den Menschen, die 2,5 Kubikkilometer einnehmen würden. — Die Gesamtvegetation der Erde dagegen würde zusammengepreßt einen Raum von 2500 Kubikkilometern beanspruchen (oder eine Kiste von 13,5 Kilometern Länge, Breite und Höhe). — Während die Menschheit, dank der modernen Medizin und der (trotz der Kriege) geringeren Lebensgefährdung rapide zunimmt und mit heute 2,6 Milliarden in den letzten 300 Jahren auf das Fünffache angewachsen ist, befinden sich Tierwelt und Pflanzenwelt seit langen Zeiten in einem harmonischen, stabilen Gleichgewicht, das nur durch das Eingreifen des Menschen immer mehr gestört wird, und ebensoviel wie die Vegetation der Erde jährlich erzeugt, wird auch wieder verbraucht.

Die jährliche Stofferzeugung der Festlandsvegetation hat man auf über 2×10^{10} t berechnet, das sind etwa 20 Kubikkilometer, die also einen Zuwachs von etwa 1 % bedeuten. Von der wirklichen Jahresproduktion der Pflanzenwelt wird etwa die Hälfte durch die Respiration der Pflanzen selbst wieder verbraucht, ein Fünftel geht durch Laub- und Astfall verloren, das übrige stellt den tatsächlichen Zuwachs dar (vgl. Boysen Jensen 1949). Nur einen geringen Prozentsatz davon verbrauchen die Tiere und Menschen als Nahrung oder die Menschheit zu industriellen Zwecken. Alles andere wird mit dem Absterben der Pflanzen wieder in den großen Kreislauf eingefügt.

Etwa ebenso groß wie die Stofferzeugung der Festlandsvegetation ist diejenige der Meerespflanzen.

Ungleich dicht ist der Teppich gewoben, mit dem die Pflanzenwelt die Erde überzieht, oft völlig geschlossen in den humiden Klimaten, aufgelockert und endlich in einzelne kleine Flecke aufgelöst in den ariden und nivalen. In den tropischen Urwaldgebieten kann die Pflanzendecke eine Dicke von 50 m und mehr erreichen; sie verwischt dann oft alle Konturen der Erdoberfläche und läßt nicht mehr ahnen, wie der Untergrund gestaltet ist. In den trockenen und kalten Gebieten schrumpft sie bei abnehmender Substanzproduktion auf wenige Dezimeter oder gar Zentimeter zusammen. Die Vegetationsdecke verleiht, wie schon Humboldt hervorgehoben hat, allen Landschaften der Erde erst ihr charakteristisches Gepräge und gibt jeder ihren eigentümlichen Reiz.

II. Floristische Pflanzengeographie

Die floristische Pflanzengeographie nimmt den Besitz eines Gebietes an Pflanzensippen auf, sie schafft eine systematische Übersicht der Glieder einer Flora und stellt ihre geographische Verbreitung darin fest. Sie gibt allen anderen pflanzengeographischen Studien die Grundlage (vgl. die Beispiele für Gebietsfloren im Schriftenverzeichnis). Namentlich wird aus dem Vergleich des floristisch gesammelten Stoffes der Wohnbezirk, das „Areal" der einzelnen Sippen, festgelegt.

Aus dem Studium der Formationsbildungen (s. Abt. VI) und der klimatischen Verhältnisse ergibt sich dabei eine weitgehende Abhängigkeit der Arealausdehnung von den äußeren Faktoren. Es gab eine Zeit, da die Areale als ausschließlich klimatisch bedingt betrachtet wurden. Aber die geläufigsten Tatsachen der Pflanzenverbreitung zeigen, wie unhaltbar derartige Verallgemeinerung ist. Im wesentlichen dürften wohl nur wenige von den gewöhnlichsten Nutzpflanzen des Menschen, wenn man das Areal ihres

Kulturbereiches in Betracht zieht, klimatisch begrenzt sein, d. h. sich wirklich so weit ausgebreitet haben, wie es ihrer Veranlagung das Klima gestattet.

1. Naturalisation

Daß sonst aber im allgemeinen eine Pflanze weit von diesem Ziele entfernt ist, davon gibt die Erscheinung der Naturalisation hinlänglichen Beweis. Lange ist es auch bekannt, daß diese Naturalisation in stufenweiser Vollkommenheit besteht, und es ist nicht schwer, danach gewisse Gruppen unter den naturalisierten Gewächsen zu unterscheiden. Drei der hauptsächlichen kann man bezeichnen als „Passanten“, „Ansiedler“ und „Neubürger“. Die „Passanten“ (Adventivpflanzen) halten sich in der Nähe menschlicher Betriebe, denen sie ihre Einschleppung verdanken, bei Häfen, Stapelplätzen, Bahnhöfen, Mühlen, Wollwäschereien u. dgl. Sie erscheinen an solchen Plätzen oft in zahlreichen Arten und massenhaft, doch sind sie nur selten beständig, ihr Auftreten ist gewöhnlich von kurzer Dauer. Als „Ansiedler“ kann man die Bewohner von Schutthaufen, die Begleiter der Kulturpflanzen u. dgl. bezeichnen. Sie scheinen an die unnormalen, ganz vom Menschen abhängigen Zustände solcher Orte streng gebunden und sind ohne sie nicht von Bestand. Die bekanntesten unserer Feldunkräuter, wie Kornblume, Kornrade u. a., finden sich selten anderswo als unter der Saat, manche unserer Flachsunkräuter verschwinden regelmäßig, sobald das Flachsfeld verlassen wird. Die „Neubürger“ endlich kamen nachweisbar ursprünglich aus entlegenen Gebieten, haben sich aber in der Flora so völlig eingebürgert, daß sie sich nahezu wie die einheimischen Arten verhalten. Diesen interessantesten aller Naturalisierten wohnt also die Kraft inne, die alteingesessenen Gewächse wenigstens stellenweise zu verdrängen, und daß ihnen dies gelingt, ist ein Beweis für die wichtige Tatsache, daß die Bewohner eines Landes keineswegs immer in höchst erreichbarer Weise den Verhältnissen ihrer Heimat angepaßt sind.

Schon in Deutschland gibt es Pflanzen, die an unserer Flora einen bedeutenden Anteil nehmen, obwohl ihre fremde Herkunft einwandfrei zu belegen ist. Ein berühmtes Beispiel liefert die Wasserpest, *Elodea canadensis.* Aus Nordamerika wurde sie 1836 in die Gewässer Europas verschleppt und breitete sich durch ihre vegetative Vermehrung dort in stellenweise beängstigendem Maße aus. Ähnlicherweise sind andere bekannte Erscheinungen unserer Flora, wie *Datura stramonium, Oenothera, biennis, Galinsoga parviflora,* wie namentlich *Erigeron canadensis,* erst vor wenigen Jahrhunderten oder wie *Galinsoga quadriradiata* gar erst Jahrzehnten nach Europa gekommen, heute aber zu verbreiteten Pflanzen bei uns geworden. Allerdings halten sie sich meist an frisch besiedelbaren Boden auf Garten- und Ackerland oder nehmen mit ganz unfruchtbaren Plätzen vorlieb, welche die heimische Flora größtenteils verschmäht. Dagegen bildet *Mimulus luteus* einen abweichenden Fall, da sie an dicht und ständig bewachsenen Orten, namentlich am Saume kleiner Bäche sich einzunisten verstanden hat. Durch die großen gelben Blüten sehr auffallend, gelangte diese Pflanze des pazifischen Nordamerika erst 1850 in Deutschland zur Beobachtung, hat sich seitdem aber an vielen Stellen unserer Mittelgebirge vollkommen heimisch gemacht. — Günstigste Gelegenheit zur Neubesiedlung boten nach dem letzten Kriege die weiten Trümmerflächen in den zerstörten Städten. So wurden beispielsweise von Kreh in Stuttgart nach sechs Jahren 406 Arten gezählt, von denen 76 Gartenpflanzen, die übrigen Wildpflanzen der Umgebung waren (vgl. S. 147).

Solche Erfahrungen aus unserer deutschen Flora bestätigen sich in allen Ländern der Erde. Bekannt ist von *Plantago* und anderen europäischen Arten, wie schnell sie dem Weißen an die Küsten Nordamerikas und von dort ins Innere gefolgt sind. Umgekehrt hat sich die in der Neuen Welt heimische *Opuntia ficus indica* seit dem 16. Jahrhundert in Südeuropa eingefunden und gehört wie die gleichfalls aus Amerika stammende Agave heute zu den Charaktergewächsen der Mittelmeerlandschaft. Auch nach Australien ist sie gelangt, wo weite Gebiete ehemaliger Savanne von ihr eingenommen sind. In Argentinien haben gewisse Arten des Mittelmeergebietes so günstige Stätten gefunden, daß sie sich dort weit üppiger entwickelt haben als in ihrer Heimat.

Viele in den Tropen gewöhnliche Unkräuter sind heute fast rund um die Erde verbreitet. Für die Philippinen hat Merrill gezeigt, daß dort auffallend zahlreiche Pflanzen des warmen Amerika vorkommen, und daß sie ihre Einbürgerung dem Schiffsverkehr verdanken, den die Spanier einst von Mexiko über Guam nach Manila unterhielten.

Vielleicht die großartigsten Beispiele von Naturalisation liefert die Flora mancher Inseln. Auf St. Helena ist die ursprüngliche Pflanzendecke größtenteils ersetzt von eingewanderten Kolonisten. Und auf Neuseeland beläuft sich die Zahl häufiger Ansiedler auf etwa 600 Arten, ganz ungezählt die vielen weniger beständigen Eindringlinge. Ganze Formationen haben dort ein nahezu europäisches Aussehen gewonnen, und man vermeint oft vor den Toren einer englischen Stadt zu stehen: so täuschend ist dort die kulturbedingte Wiederkehr europäischer Vegetationsbilder. Nichts beweist besser den Satz, daß das Areal der Sippe in der Regel nicht die vom Klima gesetzten Schranken erreicht hat.

2. Mittel der Verbreitung

Andererseits ist das Ausbreitungsbestreben der Sippen (Ridley 1930) eine allgemeine Eigenschaft der Organismen. Jede Art sucht beständig ihre Grenzen vorzuschieben. Die einfache Tatsache, daß jedes Individuum in der Regel eine Menge von Keimen erzeugt, beweist die Notwendigkeit dieses Strebens. Viele Arten sind deutlich zum Wandern befähigt. Die Rhizompflanzen kriechen jährlich einen kleinen Betrag weiter, und wenn auch ihre Schritte winzig klein sind, so müssen sie sich doch im Laufe der Zeit zu längeren Strecken zusammenfügen. Die

Ausstattung der Früchte und Samen bei zahlreichen Arten bietet die Möglichkeit, den Keim von der Mutterpflanze räumlich zu entfernen. Viele Samen z. B. haben nährstoffhaltige Anhängsel, derentwegen sie von Ameisen aufgesucht und verschleppt werden. Auch hier handelt es sich nicht um große Werte auf einmal, vielmehr häufen sich in langsamem Fortschritt die kleinen an. Die Mangrovepflanzen, geführt von den Strömungen der Meere, sind weit vorgedrungen über ihre tropische Heimat hinaus (S. 127). Durch starken Wind verwehte Keime können besiedelbares Neuland kolonisieren. Das Areal mancher Epiphyten ist weit gedehnt, weil ihre staubleichten Samen von den Lüften getragen werden. Seevögel, die von Küste zu Küste reisen, bringen die Strandfloren in Berührung, und die Zugvögel können eine Art auf ihren Wanderstraßen schrittweise weiterführen. Namentlich wirken sie so auf Wasserpflanzen; die sprunghafte Verbreitung derartiger Gewächse im Rheingebiet hat Hoffmann mit dem Zuge der Vögel in Verbindung bringen wollen.

Viel umstritten ist dagegen die Frage, ob Vögel über weite Meeresstrecken hin eine Flora wesentlich bereichern können. Ohne derartige Annahmen sind manche Inselfloren schwer verständlich, aber es läßt sich nicht leugnen, daß die bisherigen Beobachtungen keine sehr fern reichende Tätigkeit der Vögel sicherstellen. Umgekehrt hat man aus der Ausstattung der Früchte und Samen auf die Art ihrer Verbreitung rückschließen wollen, und Engler z. B. legte solche Erwägungen seinen Annahmen über die Herkunft der Flora der Hawaii-Inseln zugrunde. Er findet, daß reichlich 40 % der Arten jener Inselgruppe fleischige Früchte oder saftreiche Samen besitzen. Es ist aber unschwer nachzuweisen, daß diese Erscheinung keineswegs auf solchen Inseln besonders stark entwickelt ist, sondern daß auch in den Regenwaldgebieten die saftigen Früchte an Zahl sehr bedeutend sind und z. T. auch bei geographisch eng beschränkten Pflanzen vorkommen.

Andererseits bedarf es kaum der Erwähnung und wird durch treffliche Beispiele erläutert, wie sehr solche Ausstattung mit gutem Rüstzeug die Verbreitung einer Art fördern kann. Das zeigt z. B. die Geschichte von *Xanthium spinosum.* Diese Komposite ist heutzutage so gemein in mehreren Gegenden der Erde, daß ihre eigentliche Heimat strittig bleibt. Wahrscheinlich ist sie aus den Pampas Südamerikas gekommen, hat dann ins Mittelmeergebiet Zugang gewonnen und sich im südöstlichen Europa erstaunlich schnell verbreitet. Auch in dem erst während des 19. Jahrhunderts erschlossenen Australien ist sie stellenweise zu einer wahren Landplage geworden. Natürlich wäre auch diesem *Xanthium* nicht seine weitgedehnte Herrschaft beschieden gewesen, hätte es nicht der Mensch mit seinen Kulturen und seinen Haustieren unabsichtlich verschleppt.

3. Schranken der Verbreitung und Arealgrenzen

Denn für jede noch so verbreitungsfähige Art bestehen gewisse Schranken, die ihrem Fortschreiten Halt gebieten. Sie sind teils ganz mechanischen Wesens. Die Ozeane bilden naturgemäß sehr wirksame Hindernisse. Das gibt den Inseln zum Teil ihre eigentümliche Flora. Vielfach wirken auch große Waldungen rein räumlich als Verbreitungsschranken, und die enge Begrenztheit mancher Waldpflanzen hat man unter diesem Gesichtspunkte verstehen wollen. Bei Gebirgen und Wüsten dagegen treten die klimatischen Hemmungen in den Vordergrund. Die Abstufungen der Regenmenge, die Temperaturlinien, auch die Grenzen verschieden gearteter Bodensorten wirken unzählig oft als Schranken. Es wird dies am deutlichsten sichtbar, wenn hohe Gebirgserhebungen die klimatisch abweichenden Gebiete voneinander scheiden. Die Alpen Europas sind in dieser Hinsicht ein gutes Beispiel. In Asien stellt der östliche Himalaja eine weit großartiger ausgeprägte Scheide vor zwischen den üppigen Wäldern von Bengalen und den wüsten Hochflächen von Tibet, oder in Amerika die Erhebung der Anden zwischen dem Urwald des inneren Brasiliens und den öden Abfällen des peruanischen Gestades.

Die Erreichbarkeit (Akzessibilität) einer bestimmten Örtlichkeit, die sich aus deren topographischen Bedingungen und den Ausbreitungsmöglichkeiten der Pflanzen kombiniert, ist somit bei der Erstbesiedlung offenen Geländes die wichtigste Voraussetzung.

Weitaus die meisten Arealgrenzen sind jedoch nicht durch so leicht erkennbare Faktoren bestimmt. Die Wissenschaft muß sie nun auf ein bestimmtes Moment der Umgebung zurückführen, sei es Wärme, sei es Feuchtigkeit, Dauer der Vegetationszeit u. a., und sieht sich dabei vor einer gewöhnlich sehr schwierigen, oft unlösbaren Aufgabe, da diese einzelnen Faktoren zu innig und dicht miteinander verflochten wirken.

Einiger Anhalt ist gewonnen, wenn mehrere oder viele derartige Arealgrenzen zusammenfallen. Denn damit drückt sich die Bedeutsamkeit eines Faktors aus, dessen Wirkungsfläche etwa ähnlich begrenzt ist. So weist die Menge südöstlicher Grenzen im Nordwesten von Deutschland auf den Zusammenhang mit der Abschwächung des Seeklimas: eine Beziehung, die dem Wesen nach überall dort wiederkehrt, wo klimatische Abstufungen ähnlicher Art bestehen. Entsprechend begrenzen sich mit Nordwestlinien eine Menge von Arten in den milden Teilen Südfrankreichs. Die mittleren Winterextreme von Nizza, Marseille, Montpellier ordnen sich —3 °, —6 °, —7 °, und in gleicher Stufenfolge sieht man gedrängt die Grenzlinien empfindlicher Mittelmeergewächse gegen Nordwesten verlaufen. Das gleiche wiederholt sich, wenn in Japan und China zahlreiche Nordgrenzen tropisch entstammter Gattungen von dem Grade und der Häufigkeit des winterlichen Frostes bestimmt sind.

Die Untersuchung der klimatisch bedingten Arealgrenzen hat eine Menge von interessanten Beziehungen offenbart und das biologische Verständnis der Areale wesentlich bereichert. Doch ist sie gewöhnlich nicht in der Lage, eindeutige Ergebnisse zu liefern. Das erklärt sich leicht schon daraus, daß sie den Wettbewerb der Arten und ihre geschichtlichen Erlebnisse nicht in das Bereich ihrer Erwägungen zieht.

4. Wesen der Areale

Wie wenig die Erklärung der Areale eine einseitig lösbare Aufgabe sein kann, das bringt die Betrachtung ihrer tatsächlichen Eigenschaften noch schärfer zum Bewußtsein. Schon rein die Größe der Areale unterliegt merkwürdigen Verschiedenheiten. Gewisse Familien sind nahezu in jeder Flora der Erde vertreten und bewohnen ein erdumspannendes Areal: so manche Kryptogamen und von den Blütenpflanzen etwa die *Ranunculaceae, Scrophulariaceae, Compositae, Gramineae, Liliaceae.* Aber schon ihre verhältnismäßige Wichtigkeit innerhalb der Teile dieses ihres Bereiches ist sehr verschieden. Bei den Sippen niederer Ordnung findet sich natürlich eine so allgemeine „kosmopolitische" Verbreitung noch viel seltener. Ja, es läßt sich überhaupt gegenwärtig kaum mehr feststellen, ob es ohne Zutun des Menschen wirkliche Kosmopoliten („Ubiquisten") unter den Blütenpflanzen geben würde. De Candolle kennt nur 19, deren Areal mehr als die Hälfte der Erdoberfläche überdeckt, und diese gehören fast sämtlich zu den Schuttpflanzen oder Unkräutern, z. B. *Oxalis corniculata, Poa annua.* Auch unter den Wasserpflanzen gibt es riesig weit verbreitete Spezies, und bei ihnen hat es eher den Anschein, als ob ursprüngliche Verhältnisse vorlägen.

Höher wird die Anzahl der Arten, deren Wohngebiet die gesamte Ausdehnung einer bestimmten Vegetationsklasse erfüllt. Man kennt als solche einige tropische Pflanzen, die man als Pantropisten bezeichnet und näher untersucht hat. *Lycopodium cernuum, Asplenium nidus, Pistia stratiotes, Eleusine indica* gehören zu diesen Arten, welche in den Schilderungen tropischer Vegetationen immer wiederkehren. Zahlreich sind auch die Arten, welche im Bereiche der borealen Sommerwälder weit entlegenen Gebieten gemeinsam sind. Alle solche weitverbreiteten

Gewächse kann man als „eurytop“ bezeichnen. Ihre floristische Bewertung hängt stets davon ab, ob der Mensch unmittelbar oder mittelbar an ihrer Verbreitung beteiligt gewesen ist.

Im Gegensatz zu jenen stark eurytopen Beispielen stehen Fälle von sehr beschränktem Areal. Es ist ganz gewöhnlich, daß schwach umschriebene Sippen auf einen engen Wohnbezirk gebannt scheinen, daß sie sich als „stenotop“ erweisen. Die moderne Auffassung der Sippen des Pflanzenreichs muß die geringe Verbreitung dieser leichteren Formen sogar als die Regel erwarten, denn sie sieht in ihnen die den Außenkräften genau entsprechenden Bildungen, und diese Außenkräfte wandeln sich natürlich auf kleinsten Räumen unablässig. Das nähere Studium dieser Zusammenhänge ist eine wesentliche Aufgabe für die Pflanzengeographie der Zukunft.

Viel früher schon fruchtbar für sie geworden sind die engen Areale von systematisch scharf umschriebenen Sippen. Denn bei diesen war das Beschränktsein viel leichter festzustellen und einer Erkundung seiner etwaigen Bedingtheit viel unmittelbarer zugänglich. Einige solcher Fälle gehören daher zu den Schulbeispielen der floristischen Pflanzengeographie. Die zarte *Zahlbrucknera paradoxa*, eine mit *Saxifraga* verwandte Gattung, beschränkt sich auf ein recht kleines Gebiet von Kärnten und Steiermark. Ähnlich verhält sich eine stattliche Rosacee, *Sanguisorba dodecandra*, in den inneren Bergamasker Alpen, die wenigstens in Europa ohne näheren Anschluß steht; und mehrere andere, nicht weniger überraschende Beispiele finden sich auch sonst am Südhange unserer Alpen. In den meisten Floren der Erde gibt es entsprechende Fälle, mitunter sogar in beträchtlicher Anzahl. Vollkommen vereinsamte Gattungen bewohnen oft ein recht kleines Areal. Ein so eigentümliches Gewächs wie *Welwitschia mirabilis* überschreitet wenig die schmale Küstenwüste des Damaralandes, die seltsame *Pringlea antiscorbutica* kommt nirgends sonst vor als auf den Kergueleninseln.

Nicht die Größe allein gibt einem Areal seinen Charakter und seine wesentliche Bedeutung, sondern auch die Form der Verteilung der Art innerhalb seines Bereiches. In dieser Beziehung lassen sich kontinuierliche (geschlossene) Areale unterscheiden von disjunkten (zerstückelten).

Strenggenommen ist ja kein Areal vollkommen kontinuierlich. Immer finden sich Lücken. Das weiß jeder, der botanisiert hat. Jede Art tritt nur auf unter gewissen Bedingungen, und diese sind eben nur stellenweise innerhalb ihres Areales verwirklicht. Es ist also zum Teil Sache der Willkür, wo man die Kontinuität als gestört betrachtet. Im allgemeinen läßt sich Kontinuität annehmen, solange die Individuen nur so weit voneinander getrennt sind, daß die Lücken mit Hilfe ihrer natürlichen Verbreitungsmittel andauernd überbrückt werden. Schwierigkeiten im Einzelfalle aber sind unvermeidlich, da der Unterschied von Kontinuität und Disjunktion kein scharfer sein kann. Zahlreiche Pflanzen zeigen gegen die Grenzen des absoluten Areales eine unverkennbare Auflockerung ihres Bestandes. In noch fortgeschritteneren Fällen ist die eigentliche Arealgrenze sogar gesäumt von weit entlegenen Vorposten oder Exklaven. Solche beruhen entweder auf sprunghafter Vorschiebung oder sie bezeichnen als letzte Überbleibsel, Relikte, den Rückzug der Hauptmacht der Art. Neuseeland beherbergt drei tropische Farne, die um die heißen Quellen des nördlichen Geiserdistriktes vorkommen, auf ganz Neuseeland nur dort zu finden sind und weit abgetrennte Exklaven des eigentlichen Verbreitungsgebietes der betreffenden Arten ausmachen. Hier spricht jedes Anzeichen dafür, daß wir es mit vorgeschobenen Außenposten zu tun haben. Die Sporen dieser Farne sind sehr verbreitungsfähig; sie können aus ihrer tropischen Heimat durch die herrschenden Nordweste leicht nach Neuseeland verschlagen werden. Wären es Relikte, so ließen sich neben ihnen andere tropische Gewächse erwarten, davon aber findet sich keine

Spur. In diesem Falle also neigt sich die Waage entschieden dazu, sekundäre Vorschiebung anzunehmen.

Bei anderen Beispielen dagegen ist die Frage nicht so einfach zu beantworten. Eine sehr gut ausgeprägte Seggen-Art ist *Carex baldensis*. Ihre Hauptverbreitung erstreckt sich am Südfuße der mittleren Alpen entlang, wo man sie mit ihren hellfarbigen Blütenköpfen stellenweise geradezu häufig sieht. Davon weit entfernt liegen mehrere Standorte jenseits der Alpen in Nordtirol und dem anliegenden Teile Bayerns. Unter den Floristen betrachten die einen diese nordalpinen Siedler als Vorläufer aus dem Süden, die unter dem Einflusse föhnartiger Luftströmungen in neuer Umgebung sich heimisch gemacht hätten. Die anderen aber wollen in jenen nördlichen Standorten die Reste eines einst weitgedehnten Reiches sehen, das heute in Trümmer gefallen sei.

Wenn endlich *Pedicularis sudetica* weit getrennt von ihrer arktischen Heimat im Riesengebirge vorkommt, so erscheint ihr inselartiger Standort als Exklave älteren Ursprungs, die aus genetischen Gründen ohne Zweifel als Rest einer früheren Verbindung aufgefaßt werden kann.

Oft stehen sich nicht Hauptareal und Exklave gegenüber, sondern es liegt eine echte Diskontinuität vor, ein disjunktes Areal im engeren Sinne des Begriffes. Solche Fälle sind nicht selten und für wichtige geographische Fragen von Bedeutung. Ein ausgesprochen disjunktes Areal mit vielen kleinen Teilstücken untereinander gleichen Wertes besitzt die wasserbewohnende Droseracee *Aldrovandia vesiculosa;* es ist in seiner Bedingtheit noch ganz ungeklärt. Die *Aldrovandia* wurde beobachtet in Südfrankreich, Italien, am Bodensee, in Südtirol, Ostdeutschland, Polen, Südrußland, Zentralafrika, Ostindien, Amurland, Japan, Ostaustralien. Einen ähnlichen Zerfall in kleinerem Maßstabe hat die Wohnfläche von *Trapa natans* in Europa erlitten. Die Zederbäume, drei Arten der Gattung *Cedrus,* wachsen im Atlas Nordwestafrikas, auf Zypern, im zilizischen Taurus, am Amanus und Libanon sowie im nordwestlichen Himalaja, also getrennt durch große Stücke von Fehlgebiet. In unseren Alpen gibt es nicht wenige Arten, die, auf entfernte Stöcke beschränkt, geographisch in keinem Zusammenhang stehen. Beispiele liefern *Pedicularis* und *Saxifraga*. Die hübsche *Pedicularis rosea* reicht in den Westalpen von Süden bis gegen den Monte Rosa, fehlt dann ein großes Stück gänzlich und tritt erst am Ortler wieder auf, um von dort in die Ostalpen sich weit zu verbreiten. Ähnlich besitzen *Saxifraga biflora* und *Valeriana celtica* ein westliches und ein östliches Teilgebiet.

Solche Erscheinungen beschränken sich nicht auf Sippen niederer Ordnung. Auch Gattungen und sogar Familien zeigen derart eigentümliche Zerklüftung. Sehr überraschend verhalten sich in dieser Hinsicht die Buchen (*Fagus*) und die ihnen entsprechende Gattung *Nothofagus*. *Fagus*-Arten gibt es im südöstlichen Nordamerika, dann in Europa und Vorderasien, endlich in Ostasien: also in drei weit voneinander gesonderten Gebieten der Nordhalbkugel. *Nothofagus* findet sich im südwestlichen Südamerika, im südöstlichen Australien und in Neuseeland. *Fagus* sowohl wie *Nothofagus* erscheinen also hochgradig disjunkt nach ihrem Wohnbezirk. Eine Fülle von pflanzengeographischen Problemen schlägt sich in dieser einen einzigen Verbreitungstatsache nieder. Daß sogar Familien sonderbare Disjunktionen zeigen können, belegen die geographischen Verhältnisse der Proteaceen, welche in Südamerika, dem tropischen und südlichen Afrika und vom südöstlichen Asien nach Australien und Neuseeland hin vorkommen. Ihr Areal ist streng disjunkt, denn die sämtlichen Einzelstücke, aus denen es besteht, sind voneinander unabhängig und können als ungefähr gleichwertig angesehen werden. Lehrreich tritt bei ihnen hervor, daß klimatische Gründe keineswegs entscheidend zu sein brauchen für eine derartige Zerstückelung. Die Proteaceen finden sich in Australien in den inneren Wüsten sowohl wie in den regentriefenden Niederungen von Nord-Queensland. Sie leben in den feuchten Bergwäldern der Sunda-Inseln so gut wie auf den heißen Savannen von

Südamerika. Dabei sind sie physiognomisch oft hochbedeutsam in den Ländern ihres zergliederten Bereiches. Ihr Verhalten beweist wieder schlagend, wie auch das äußerliche Gepräge einer Flora und die Tracht einer Vegetation von Ursachen abhängig werden kann, die jenseits der Kräfte gelegen sind, welche gegenwärtig auf sie einwirken.

5. Areale als Grundlage der Floristik

Dieselbe Wahrnehmung ergibt sich aus dem Gesamtvergleich der Areale, die sich auf der Erde ausgebildet haben. Es greifen diese natürlich in mannigfachster Weise ineinander ein. Trotzdem kehren manche Übereinstimmungen immer wieder, und daraus lassen sich dann gewisse große Züge klarlegen. Diese Hauptzüge der Arealgestaltung machen das systematische Wesen der Floren aus und liefern damit die Grundlage für die pflanzengeographische Einteilung der Erde.

Die nördliche Zirkumpolar-Region zeichnet sich trotz der gewaltigen räumlichen Erstreckung durch zahlreiche sich deckende Areale aus, nicht nur der höheren Einheiten, sondern auch der Arten. Ein zweites großes Gebiet gleichartiger Areale bildet die Region der Sommerwälder der Nordhalbkugel. Infolge der weiten Ausdehnung und des mannigfaltigen Reliefs dieser Länder bestehen viele Unregelmäßigkeiten. Es kommen zahlreiche disjunkte Areale vor; die meisten davon treffen zusammen in Ostasien, d. h. in dem vom östlichen Himalaja durch China nach Japan sich erstreckenden Gebiete. Kleiner, aber wertvoll in allgemeiner Hinsicht ist das Mediterrangebiet, d. h. die Randländer des Mittelmeeres und das südwestliche Asien bis zum Beginne des Himalaja; denn dort stehen die Areale ,teils zu den nordwärts angrenzenden in Beziehung, teils zeigen sie Verwandtschaft zu gewissen stark disjunkten Elementen der afrikanischen Flora. Die tropischen Gebiete gliedern sich im systematischen Bau ihrer Flora nicht genau nach der geographischen Lage. Die Tropen der Neuen Welt zwar sind natürlich ein Gebiet für sich, mit streng ausgeprägten Eigentümlichkeiten. Aber auch sie nehmen Anteil an vielen disjunkten Arealen, die den gesamten Tropengürtel überspannen oder aber nur noch Afrika bzw. Asien berühren. Afrika und von Vorderindien ein ansehnlicher Teil gehören floristisch zusammen, und auch Madagaskar findet bei ihnen seinen Anschluß, wiewohl es viel Eigenartiges birgt und einige Beziehungen zu dem Ostgebiet der altweltlichen Tropen nicht verleugnet. Dieses umfaßt Ceylon, ganz Hinterindien, die gesamte Inselwelt bis Polynesien, einen Teil von Ostaustralien und Neuseeland; denn eine große Anzahl von Arealen überdeckt diesen durch das Meer so mannigfach zerschnittenen Teil der Erde. Areale eigenen Wertes durchziehen die südlichen Länder. Das meridional streichende Gebirgssystem der Anden von Südamerika ist überzogen von lang ausgedehnten schmalen Pflanzenarealen, die Nord und Süd miteinander verbinden. An der Südwestecke Afrikas drängt sich eine Fülle eng und scharf umschriebener Formen zusammen, neben vielen, die über Afrika kontinuierlich oder auch disjunkt verbreitet sind. Die Hauptmasse von Australien endlich besitzt eine Flora eigener Prägung; ihr Grundstock hat durch eine ungewöhnlich reiche Gliederung sich zu großer Vielseitigkeit entwickelt.

Wie diese gedrängte Übersicht zeigt, fallen diese Gebiete nur zum Teil mit den physiologisch bedingten zusammen, die wir als Sitz bestimmter Formationen (S. 109) kennenlernen. Es geht daraus hervor, daß weitere Untersuchungen nötig sind, um die Florenbildung in ihren Bedingungen verstehen zu lernen.

6. Wesen der Sippen

Eine wichtige Voraussetzung dafür ist die systematische Wertung einer Flora. Immer wieder muß der Pflanzengeograph mit der wechselnden Wertigkeit der Arten rechnen. Der Arealvergleich kann nur gesunde Ergebnisse liefern, wenn annähernd gleichwertige Einheiten, „Sippen“, zugrunde liegen. Nach der Auffassung der Deszendenzlehre besteht ja zwischen allen existierenden Einheiten ein genetischer Zusammenhang, der aber gegenwärtig durch zahlreiche Lücken von verschiedenem Umfange unterbrochen ist. Es muß demnach Formen geben, die isoliert worden sind und ganz selbständig dazustehen scheinen. Und wiederum andere, die nichts weiter sind als Glieder eines engmaschigen Formennetzes und zu einem schwer entwirrbaren Schwarme gleichwertiger Formen gehören. Theoretisch hat man demnach isolierte und kohärente Formen voneinander zu unterscheiden. Praktisch wird diese Scheidung aber oft schwierig. Es bedarf daher die Pflanzengeographie auf Schritt und Tritt einer streng kritischen Mitarbeit der Systematik. Nur dann kann sie Areale gewinnen, die wirklich vergleichbar sind, nur dann wird ihr eine statistische Analyse der Floren möglich.

Die isolierten Sippen können ein sehr weites Areal bewohnen: sie sind dann „eurytop". Der Adlerfarn, *Pteridium aquilinum,* ist dafür Beweis oder z. B. *Diapensia lapponica,* die in der subarktischen Zone eine ausgedehnte Verbreitung gewonnen hat. Häufiger aber scheint ihr Areal klein zu sein, oft sehr klein, und das stimmt gut zu der deszendenztheoretischen Annahme, daß es sich hier oft um erstarrte, dem Untergang geweihte Organismen handelt. Beispiele solcher stenotopen Sippen sind oben schon genannt unter *Welwitschia, Pringlea.* Auch *Sequoia gigantea* in Kalifornien, *Nuytsia floribunda, Cephalotus follicularis* und *Kingia australis* von Südwestaustralien, *Lactoris fernandeziana* und *Thyrsopteris elegans* auf Juan Fernandez, *Lodoicea seychellarum* auf den Seychellen könnte man anführen. Aber dies sind nur bekanntere Fälle, es gibt ihrer sehr viel mehr, fast jedes Florengebiet bringt Beiträge dazu.

Verwickelter liegen die Verhältnisse bei den kohärenten Sippen. Zweifellos sind hier die kleinen Areale weitaus im Überschuß. Aber auch weite Ausdehnung läßt sich beobachten. Besonders bedeutungsvoll ist es, wenn in einem bestimmten Gebiete eine Gattung viele kohärente Formen besitzt, darüber hinaus aber nur wenige oder eine einzige weit vorschiebt, so daß diese sofort nach Überschreiten des formenreichen Zentrums den Eindruck einer isolierten Art machen. So steht es z. B. mit *Paris quadrifolia* und *Leontopodium alpinum*. Die Gattungen *Paris* und *Leontopodium* weisen in China bzw. im östlichen Asien zahlreiche kohärente, oft stenotope Formen auf, sie strahlen von da jene beiden Arten gegen Westen aus, die sich dann dort ohne weitere Geschlechtsgenossen über weite Strecken ausgedehnt haben und als eurytope Isolierte erscheinen. Derartige Fälle verlangen eindringende Beachtung bei dem Vergleich der Floren und sind sehr fruchtbar für die Aufhellung ihrer Geschicke.

7. Endemismus

Die Gebiete, in die man die Erde pflanzengeographisch teilen kann, verhalten sich nun sehr verschieden in dem topischen Wesen und der Wichtigkeit ihrer Florenelemente. Manche Länder besitzen wenig Eigentümliches; die meisten Sippen, die sie bergen, kommen auch jenseits der Grenzen vor und verraten eurytopische Anlagen. Dazu zählt beispielsweise Mitteleuropa. Andere Gebiete enthalten dagegen viele Formen, die außerhalb nirgends gefunden werden: sie sind reich an endemischen Formen, wie man sich ausdrückt.

Der Begriff des Endemismus ist von besonderer Wichtigkeit für das pflanzengeographische Verständnis der Erde. Denn neben den großen klimatischen Zügen ist es das Areal der Endemiten, welches die Gliederung in pflanzengeographische Gebiete höheren oder niederen Ranges bestimmen muß.

Nicht nur quantitativ verhalten sich die einzelnen Florengebiete sehr ungleich in ihrem Endemismus, sondern auch qualitativ. Sind sie reich an systematisch isolierten („Relikt"-)Endemiten, so läßt sich ihr Endemismus als konservativ bezeichnen. Überwiegt die Zahl der kohärenten Endemiten, so soll ihr Endemismus progressiv heißen. In ihrer extremsten Ausprägung sind beide Klassen völlig verschieden voneinander.

Der konservative Endemismus kann in der Regel nur so zustande kommen, daß durch Aussterben vieler Formen eine gewisse Sippe isoliert wird und sich nur in einem bestimmten Gebiet erhalten kann. Das ist nachweislich der Fall gewesen bei *Ginkgo biloba* und *Metasequoia glyptostroboides* in China, bei *Taxodium distichum* im südlichen Nordamerika. Für eine Vielzahl von anderen Arten läßt sich theoretisch ein gleiches ableiten. Damit gewinnt man sowohl für die botanische Systematik wie für die allgemeine Geographie sehr schätzbare Gesichtspunkte.

Neben solcher absoluten Isolierung aber gibt es auch eine relative. Die betreffenden Arten stehen in dem fraglichen Gebiete zwar isoliert, befinden sich aber in einer anderen Gegend noch mitten im Zusammenhang mit einer vielseitigen Verwandtschaft.

Bei vielen Endemiten hat man beobachtet, daß sie eine große Unfruchtbarkeit der Samen im Vergleich mit der großen Blütenzahl aufweisen, z. B. bei Myrtaceen und Proteaceen Australiens, und man vermutet, daß solche Arten hybriden Ursprungs, diese Endemiten also auf dem Wege der Bastardierung entstanden sind; gleiches hat man für viele neuseeländische Arten festgestellt.

Beispiele des konservativen Endemismus bieten sich bereits in Mitteleuropa zahlreich, sobald man die Alpenflora untersucht. Die *Gentiana acaulis*-Gruppe, *Paederota, Campanula Zoysii, Berardia subacaulis* u. a. gehören zu seinen unverkennbaren Zeugen. Reicher an solchen Endemiten ist dann Ostasien und das atlantische Nordamerika, viel reicher aber die echten Regenwaldgebiete: das malesische und das neotropische. Viele von den Endemiten dieser Gebiete sind absolut isoliert und stenotop. An relativ isolierten Endemiten hat schon Europa eine nicht geringe Anzahl aufzuweisen, z. B. *Fagus silvatica, Adonis vernalis, Delphinium elatum, Epimedium alpinum, Adenophora liliifolia:* denn deren Verwandte leben getrennt von ihnen in fremden Gebieten.

Progressiver Endemismus ist weiter verbreitet als konservativer, ja, es haben die neueren systematischen Arbeiten dargetan, daß er fast überall auf der Erde vorkommt. Sehr verschieden ist seine Wirkung auf die menschliche Beobachtung und damit seine Bewertung. Ist sein äußerer Effekt sehr augenscheinlich, so bieten sich uns auf kurzer Erstreckung mannigfache Abänderungen, und wir meinen, deutlich verschiedene „Spezies" unterscheiden zu können. Ist er aber geringfügig, so gelingt das Auffinden der von ihm geprägten Formen erst bei peinlicher, ins kleinste gehender Einzelforschung. Der erste Fall, eine starke Äußerung, verwirklicht sich bei uns nur selten, z. B. in der Gattung *Hieracium;* der zweite Fall aber ist ein ziemlich gewöhnlicher in der Flora Mitteleuropas. Doch ist dies Verhältnis durchaus nicht die Regel. Nicht wenige Gebiete sind bezeichnet durch kräftige Wirkung des progressiven Endemismus, und das sind diejenigen Länder, die eine oberflächliche Betrachtungsweise als „pflanzenreich" bezeichnen würde. Diese Wirkung wird vielfach — aber keineswegs immer und ausschließlich — geleitet durch die äußeren Bedingungen des Pflanzenlebens. Denn es gibt gewisse geographische Räume, die vorzugsweise reich sind an endemischen kohärenten Formen: Übergangsländer, Gebirgsländer und Inseln. Bei jedem der drei liegt eine etwas andere Mischung der ursächlichen Bedingungen zugrunde.

a) Übergangsfloren

Klimatisch rasch abgestufte oder reichgegliederte Gebiete pflegen selbst bei geringfügigen Höhenunterschieden reich zu sein an Endemiten. Denn wenn der klimatisch bedingte Faktorenkomplex in rascher Folge sich ändert, so wird eine Gattung von weiter Reaktionsfähigkeit auf äußere Einflüsse sich in deutlich verschiedenen Formen ausprägen. So verdankt das Kapland die hohe Eigentümlichkeit der Flora seiner klimatischen Vielseitigkeit, die in ihrer Wirkung freilich noch gesteigert wird durch ungünstige Verkehrsverhältnisse. Das Gebiet ist klimatisch annähernd abgeschlossen. Eine ausgeprägte und wenig durch Einwanderer gestörte Bevölkerung von Alteingesessenen ist im Besitze des Geländes in seiner vielförmigen Abstufung. Diese Verhältnisse bestehen, wie es scheint, schon lange. Einzelne Stämme hatten Zeit, sich den höchst verschiedenartigen Bedingungen anzubequemen, die hier auf engem Raume sich drängend berühren. Daher gibt es kaum irgendwo in entsprechend kleinen Bezirken solche ökologische Gegensätze wie am Kap innerhalb von *Crassula, Pelargonium, Senecio* und anderen Gattungen. Ähnlich bedingt ist der progressive Endemismus im westlichen Asien, in Kalifornien und vor allem in Westaustralien. Auch Westaustralien ist durch strenge Trockengebiete und durch das Meer vereinsamt und abgeschlossen von der Mitwelt. Auch dort liegen klimatisch ungleiche, namentlich nach ihrer Feuchtigkeit recht verschiedene Streifen in dichter Folge nebeneinander. Aber trotz ihres engen Anschlusses folgen sie sich doch in ungestörter Abstufung. Das ermöglicht „Anpassung" und „Auslese". Ein wandernder, ausbreitungslustiger Typus gerät zwar auf seinen Wegen sehr rasch in Gegenden mit ganz anderem klimatischen Wesen. Aber der Wandel trifft ihn nicht plötzlich unvorbereitet, sondern wird ihm allmählich fühlbar, Schritt für Schritt, sozusagen in kleinen Dosen. Dabei sind überall Einmarschlinien gegeben, von einer lang ausgedehnten Küste her; also günstige Bedingungen, die irgendwie auslösbaren Anlagen zu entfalten und durchzusetzen. Engler weist auch darauf hin, daß bei der Besetzung eines trockenen Gebietes von feuchtem her die Vegetation lichter würde und damit Raum geschaffen sei für neu aufgetretene Varietäten; sie wären weniger der Gefahr ausgesetzt, verdrängt zu werden, als in dicht geschlossenen Verbänden.

Die ziffernmäßige Schätzung eines solchen Endemismus — wie jedes Endemismus — ist ein sehr zweifelhaftes Unternehmen. In der Literatur finden wir z. B. angegeben, daß Westaustralien (Diels 1906) unter 3700 Spezies 80 % für sich besitze und damit eines der an Endemiten reichsten Länder der Erde sei. Es ist nützlich, sich klarzumachen, was das bedeutet. Da läßt sich unschwer erkennen, daß viele jener kohärenten Arten einem reichmaschigen Formennetze zugehören, das in seiner Gesamtheit gleichwertig ist mit einer einzigen isolierten Form eines anderen Florengebietes. Es wäre also ganz falsch, aus der absoluten Menge und dem hohen Prozentsatz der endemischen Arten, wie sie die Willkür der Autoren festsetzt, die Pflanzenwelt z. B. von Westaustralien für eigentümlicher zu erklären als eine an Arten ärmere und mit weniger Endemiten ausgestattete Flora. Derartiges kann nie aus jener groben Statistik ermittelt werden. Das einzige, was sich ersehen läßt, ist das Wirken des progressiven Endemismus oder, besser gesagt, des endemischen Progressivismus. Sein Walten hat eine Menge von leicht faßbaren Formen in enger Nachbarschaft nebeneinander hervorzubringen vermocht. Diese Überlegung trifft zu für viele ähnlich durch endemische Progression ausgezeichnete Gebiete, wie Spanien, die Trockengebiete West- und Innerasiens, die Prärien Nordamerikas, die Campos von Innerbrasilien, das Hochland von Mexiko u. a.

b) Gebirgsfloren

In der klimatischen Gliederung liegt auch ein Anlaß, der den Gebirgsfloren gewöhnlich eine endemitenreiche Zusammensetzung gibt. Er ist es wenigstens in erster Linie. Freilich kommen andere Eigenschaften hinzu, welche die Besonderheiten der Gebirgsfloren vermehren. Ein vielverzweigtes Gebirgsland wird in seiner Flora stets zahlreiche alte Elemente enthalten. Denn seine klimatische Vielseitigkeit kommt vielerlei Anlagen und Ansprüchen entgegen. Wird nun in einer seiner Zonen aus klimatischen Gründen der Bestand der Bewohner bedroht, so finden sie Zuflucht in einer anderen Höhenlage. Auch die Flora der umliegenden Ebenen wird unter Umständen auf den Gebirgen Schutz und zusagende Lebensstätten finden, wenn in ihrer Heimat Gefahren und unzulängliche Verhältnisse des Daseins eintreten sollten. Derartige Vorgänge würden den konservativen Endemismus verständlich machen, der oft auf den Gebirgen deutlicher ist, als in den vorher besprochenen Flachländern klimatischer Übergänge.

Für den progressiven Endemismus dagegen fällt, wie eingangs angedeutet, in erster Linie die Vielseitigkeit des Klimas ins Gewicht. Denn es bildet sich nicht nur zonenweise verschieden aus, sondern wechselt auch innerhalb der einzelnen Zonen mannigfach nach der Exposition und der ganzen Modellierung des Geländes. Ferner werden die meist beträchtlichen Unterschiede des Bodens wichtig, welche durch die geognostische Buntheit vieler Gebirge und die starke Zertrümmerung und Verfrachtung der Gesteine gegeben ist.

Im Gefolge dieser Verhältnisse findet der Florist gerade in den Gebirgen viele Fälle kohärenter Arten, die in ihren Merkmalen leichte Verschiedenheiten zeigen und nach ihrer Verbreitung sich gegenseitig ausschließen: sog. „vikariierende Arten". Das Schwesternpaar unserer alpinen Alpenrosen, *Rhododendron ferrugineum* und *Rh. hirsutum*, in ihrem edaphischen Bedingtsein bildet ein Musterbeispiel solcher Nachbarformen. *Saxifraga-*, *Phyteuma-*Arten u. a. liefern andere Fälle gleicher Bedeutung. Solche Sippen lassen sich als ungleiche Reaktionen gemeinsamer Grundformen auf bestimmte Umwelteinflüsse auffassen.

Scheint bei ihnen die Verschiedenheit des Mediums innerhalb ein und desselben Gebirges die Ursache der Sonderung, so führt bei zwei räumlich getrennten Gebirgen umgekehrt die Ähnlichkeit der Lebensbedingungen in sich entsprechenden Höhenzonen zu gleichem Ergebnis. Auch dort bilden sich vikariierende Formen. Ihr Ursprung mag in einer gemeinsamen Stammart gelegen sein. Dieser Stamm kann vernichtet werden, die abgeleiteten Bergformen mögen übrigbleiben und endlich zu den Schwesterarten werden, als welche wir sie heute kennen. Die gemeinsame Wurzel verrät sich noch in ihrem ganzen Bau, aber es sind doch gewisse Unterschiede unverkennbar geworden. So stehen sich *Saxifraga lingulata* im Südwesten, *S. crustata* im Südosten der Alpen gegenüber, so *Rhododendron hirsutum* aus den Alpen dem *Rh. myrtifolium*, das im östlichen Siebenbürgen zu Hause ist. Ähnlich entsprechen sich zahlreiche Alpenformen des östlichen Himalaja und von Osttibet, sowie Gebirgspflanzen von Tasmanien und Neuseeland.

Gerade bei den Floren der Gebirge tritt übrigens hervor, daß der Grad des Endemismus vom Alter des Landes abhängig ist. Die Ausbildung besonderer Formen bedarf wohl durchschnittlich einer längeren Zeitspanne. Bei den Bergformen tritt es wenigstens zutage: geologisch jugendliche Berge, wie es gewisse Vulkane sind, zeichnen sich aus durch einen unbedeutenden und endemitenarmen Pflanzenbesitz.

c) Inselfloren

Die gleiche Beziehung gilt für die Inseln (Wallace 1880, Hemsley 1885). Ihre Floren sind ebenfalls abhängig von dem geologischen Alter, wenigstens soweit ihre Gliederung und Formgestaltung in Frage steht. Es trifft das zu für beide Klassen von Inseln, für die Restinseln wie für die selbständig entstandenen Inseln, trotzdem sie sonst völlig verschiedenen Wesens sind.

Die Restinseln stellen Stücke von einstigen Festländern vor; Britannien, Makaronesien, Japan, Neuseeland zählen zu diesen „Kontinentalinseln". Von Anfang an sind sie bedeckt mit ererbter Vegetation. Im allgemeinen bieten sie daher ein von den Kontinentalländern im Grunde nur wenig verschiedenes Gefüge ihrer Flora. Die Zahl der endemischen Formen ist verhältnismäßig nicht größer, als sie es auf dem Festlande wäre. Britannien z. B., das erst relativ sehr spät, in junger geologischer Vergangenheit, losgelöst wurde, hat noch kaum eine einzige endemische Art hervorgebracht und kann im Pflanzenreich auch nicht einen einzigen Beleg für konservativen Endemismus aufweisen. Japan und Neuseeland zeigen darin andere Artung. Japan galt früher als gutes Beispiel einer mit Endemiten gesegneten Insel; doch ist seit der Durchforschung Chinas die Zahl der Fälle stark herabgegangen. Ähnlich ist es mit den Galapagos-Inseln, für die Hooker noch 50 % endemische Arten angab, von denen inzwischen viele an der Küste von Ecuador wiedergefunden worden sind. — Neuseeland besitzt manche konservative und viele progressive Endemiten (72 %); auch die Kanaren (45 %), Madagaskar (66 %) und Neukaledonien können in beiden Richtungen als typische Muster der Insularfloristik gelten. Sie enthalten viele altertümliche Endemiten und zeigen in gewissen Gruppen auch starke Progression.

Die echten Inseln sind, soweit ihr Alter noch gering, naturgemäß höchst artenarm in ihrer Pflanzenbedeckung. Die Koralleninseln des Polynesischen Meeres, auch die Bermudagruppe sind treffliche Beispiele dafür. Auf den älteren Inseln dagegen haben sich im Laufe der Zeiten manche der einst von weit gekommenen Siedler zu kräftigen, vielverzweigten Stämmen entfaltet. Dieser Vorgang kennzeichnet z. B. die Floren der Hawaii-Inseln (80—90 %), von St. Helena (85 %) und Juan Fernandez (s. Skottsberg 1921). Ihre Endemiten erweisen sich zum größten Teile als progressiv entwickelte Abkömmlinge einiger weniger alter Elemente. Die Herkunft dieser Elemente wiederum dürfte in den wenigsten Fällen zu ermitteln sein. Sie können Sippen darstellen, welche auf dem nächstgelegenen Kontinente einst weit verbreitet waren, doch heute dort verschwunden sind. Oder sie mögen erst auf den Inseln ihre bezeichnenden Merkmale erlangt und dadurch zu wohlumschriebenen Gattungen geworden sein. Man neigt gewöhnlich zu der ersten Annahme und leitet die heutigen Inselelemente von den Festländern der Umgebung ab. Dabei geht man öfter zu weit in der Wertschätzung von sog. Verbreitungsmitteln an Frucht und Samen. Mag für nichtendeme Arten oder für schwache Endemiten diese Rücksicht recht fruchtbar sein, bei den mehr isoliert stehenden Sippen kann sie zu

Irrtümern führen. Wir wissen ja nicht, ob bei ihnen diese Verbreitungseigentümlichkeiten nicht erst auftraten, als sie schon auf der Insel wohnten. Auch fehlt es meist an den erforderlichen Daten, um die Landumrisse der Vergangenheit so sicher festzulegen, wie es nötig wäre, um Übertragungsmöglichkeiten erörtern zu dürfen.

8. Proportionen

Für die floristische Kennzeichnung eines Gebietes ist es wertvoll, zu wissen, welcher Anteil den einzelnen systematischen Rangstufen und Verbänden an der Flora zufällt. Denn dieses Verhältnis steht innig mit der Formenbildung und folglich auch mit dem Endemismus in Zusammenhang. Viele Gebiete sind daraufhin mit Sorgfalt untersucht worden, aber es ist dabei häufig unterblieben, jene Vorsicht zu üben, die auch hier vonnöten ist, wenn man vergleichbare Daten gewinnen will.

Aus derartigen Statistiken sei entnommen, daß es gibt

	Familien	Gattungen	Arten
in Mitteleuropa	120	800 (6,6)	3500 (29,2)
in Mittelchina	155	936 (6)	2900 (19)
in Westaustralien	98	618 (6)	3700 (38)
auf Tonga	79	202 (2,5)	290 (3,7)
auf Kerguelen	17	28 (1,6)	33 (2,0)

Im allgemeinen erhellt aus solchen Aufnahmen, daß (besonders junge) Inseln eine sehr buntscheckige Flora tragen, d. h. es gibt wenig Arten in der Gattung, wenig Gattungen in der Familie. Auch absolut ist übrigens auf solchen Inseln die Zahl der Arten geringer als bei Festlandteilen, die sonst nach geographischer Lage, in Ausdehnung, in Gliederung annähernd dieselben Verhältnisse bieten. Die relative Armut der Arten (im Vergleich zu Gattungen und Familien) wird im allgemeinen um so ausgeprägter, je weiter man sich vom Festland entfernt. Doch gibt es auch von dieser Regel gewisse Ausnahmen. Diese beruhen auf der Änderungsfähigkeit der Elemente, die auf den alten Inseln sich lange genug hat betätigen können.

Solche besitzen deshalb sämtlich einige artenreiche Gattungen. Auf den Hawaii-Inseln beispielsweise entfällt fast die Hälfte der endemischen Arten auf die 40 endemischen Gattungen, und Gattung zu Art verhält sich dadurch wie 1 : 6.

Wesentlich bei derartigen Erhebungen und Schätzungen ist die Rücksicht auf die ökologischen Umstände. Denn da bieten die einzelnen Formationen sehr ungleiche Verhältnisse. In allen Ländern ist die Wasserflora, sind die offenen hygrotischen (feuchten) Formationen viel ärmer an endemischen Arten, viel weniger ergiebig an formenreichen Gattungen, vielfach bedeutend heterogener zusammengesetzt als die Waldungen und die xerotischen (trocknen) Formationen.

Was man darüber in den pflanzengeographischen Schriften findet, ist mit Vorsicht zu gebrauchen, weil auch hier alles abhängt von dem systematischen Wertungsmaß. Nirgends ist es weniger angebracht, ohne eigene Arbeit zu kompilieren, als auf diesem Gebiete. Denn bei einer genau durchgearbeiteten Flora neigen die meisten Autoren zu einer engen Begrenzung der Spezies. Sie darf also nicht ohne Vorbehalt und nicht ohne weiteres mit einer anderen verglichen werden, die minder gut bekannt und in ihrer Gliederung noch wenig verstanden ist. Sonst ist eine widernatürliche Einzwängung der Tatsachen unausbleiblich. Vergleicht man also, wie es vielfach vorkommt, ohne sonstige Vorsicht europäische oder nordamerikanische Florenkataloge mit tropischen oder australen, so muß das natürlich zu schweren Irrtümern führen.

Man hat auch die systematische Gliederung der Pflanzenwelt untersucht, um die relative Bedeutung der einzelnen Gruppen, ihre Rolle innerhalb einer gewissen Flora festzustellen. Da wurde z. B. ermittelt, daß, je nach der prozentualen Menge der Arten, in den arktischen Ländern die herrschenden Familien sich in folgender Ordnung aneinanderreihen: *Cyperaceae, Gramineae, Cruciferae, Caryophyllaceae, Ranunculaceae, Saxifragaceae, Ericaceae, Compositae;* daß in Japan die *Compositae* an die erste

Stelle rücken, die *Gramineae* die zweite behalten, an dritter die Farnkräuter folgen. Daß diese mühsamen Berechnungen manche interessanten Ausblicke eröffnen, kann nicht geleugnet werden. Ebenso unzweifelhaft aber hat sich herausgestellt, daß sie vielfach zu leerem Schematismus führen. Die Zahlenwerte, die sich erhalten lassen, geben einen so trügerischen Boden, daß man ihn vielleicht besser gar nicht betritt. Die Umgrenzung der Sippen ist ja willkürlich; sie ist völlig Menschenwerk. Die Arbeit irgendeines Forschers entscheidet; oft bleibt sie als Tradition wirksam durch Generationen hindurch. Ferner aber ist die Gliederung einer Familie und deren Vielseitigkeit oft mehr von ihrem Alter und ihrem inneren Gefüge abhängig, als von geographischen Momenten. Während in Deutschland nur 10 Arten von Koniferen vorkommen, gibt es 54 Orchidaceen. Trotzdem kann niemand im Zweifel sein, wie unendlich überlegen die Koniferen sind, wenn die Rolle der Familien in Frage kommt. Also selbst bei streng kritischer Verarbeitung des Stoffes, wie wir ihn in Deutschland im großen und ganzen erreicht haben, versagt die statistische Methode, ein wirkliches Bild zu geben von der relativen Bedeutung der systematischen Gruppen in einem bestimmten Gebiete. Öfter wird jene Kritik noch gänzlich vermißt. Es hat also für die moderne Pflanzengeographie nur geringen Wert, derartige Ranglisten aufzustellen.

III. Historisch-genetische Pflanzengeographie

Alle Ermittelungen der floristischen Pflanzengeographie, ein selbst oberflächliches Studium der Areale und des Endemismus beweisen, daß die Verbreitung der Pflanzen nicht ausschließlich aus den gegenwärtig sie beeinflussenden Faktoren erklärt werden kann. Denn die Pflanzenwelt selbst und alle ihre Arten sind etwas historisch Gewordenes. Die Außenbedingungen waren und sind in der Entwicklung der Erde stetem Wandel unterworfen.

Von ihnen aber waren allezeit die Pflanzen abhängig. So ergibt sich, daß auch die Areale etwas historisch Gewordenes sind. Wir werden sehen, daß es größtenteils nicht möglich ist, die Phasen dieses Werdeganges mit Sicherheit zu ermitteln. Trotzdem muß die Wissenschaft alles, was nur irgend von Daten sich finden läßt, zu verwerten suchen. Denn die genetischen Schicksale einer Flora gehören so gut zu ihrer Bedingung, wie die Regenmenge, über die sie verfügt, oder das Maß von Wärme, das ihr zukommt. Und in der möglichst vollständigen Darlegung der Bedingungen besteht eben die Aufgabe der Naturforschung.

Soweit es sich um die geschichtliche Bedingtheit der Pflanzenverbreitung handelt, fällt diese Aufgabe der genetischen Pflanzengeographie zu. Sie bildet den jüngsten Zweig der Disziplin; aber sie ist in ähnlich wichtiger Weise wie die ökologische Richtung geeignet und berufen, sowohl die Botanik wie die Erdkunde zu fördern.

Schon Unger sprach sich offen dahin aus, daß „die Pflanzenwelt der Gegenwart in dem unermeßlichen Entwicklungsgange nur wie ein Moment ist, und zwar der letzte, der ihren bisherigen Lebensgang beschließt". De Candolle in seiner *Géographie botanique raisonnée* wies zum erstenmal bewußt und im Zusammenhang auf die Bedeutung des genetischen Momentes für die wissenschaftliche Pflanzengeographie hin. In England erkannte man etwa gleichzeitig die hohe Wichtigkeit dieses Zweiges, bei Darwin spielt er eine beträchtliche Rolle, und bis zur Gegenwart haben sich die britischen Schriftsteller seine Förderung stets angelegen sein lassen. In der deutschen Literatur hat die neuere Pflanzengeographie den genetischen Standpunkt eifrig vertreten und namentlich durch Kerner, Christ und Engler mit ihren Schülern, in neuerer Zeit durch Gothan, Firbas, Mägdefrau und andere viele wertvolle Ergebnisse gezeitigt.

Die Entwicklung kann nun geographisch oder botanisch beobachtet werden. Die Länder entwickeln sich, die Pflanzen entwickeln sich. Beide Vorgänge zu verfolgen und zu einander in Beziehung zu setzen, bildet die Aufgabe der historisch-genetischen Pflanzengeographie.

1. Geogenetik

Die Anschauungen der Geologie über die erdgeschichtlichen Vorgänge haben sich ähnlich wie die der Biologie gebildet. Seit Lyell bekennt sie sich zur uralten Lehre vom ewigen Flusse der Dinge. Sie kennt keine umstürzenden Revolutionen in der Erdgeschichte. Dafür aber hat sie gelernt, die Äußerungen der ewig beständigen Kräfte in ihrer Häufung durch unendlich lange Zeitfolgen auch der gewaltigsten Wirkungen für fähig zu halten. Die Gebirge, die heute hochragen über das Flachland, sind alle in undenklich langsamer Schwellung emporgestiegen. Und doch stehen die höchsten davon, die wir heute bewundern, dem Alter nach noch in frischer Jugend, geologisch genommen sind es eigentlich erst Gebilde von gestern. Aber so mächtig sie heute scheinen, so sicher werden sie einst hinabgetragen sein in die See und so sicher bringt jeder einzelne Tag diesen Riesenprozeß einen Schritt näher seinem uns endlos dünkenden Ziel. Alle diese Vorgänge aber ziehen klimatische Folgen nach sich. Ebenso, wie die Verteilung von Meer und Festland, von Niederung und Gebirge, muß die Verteilung des Klimas in den langen Zeiten des Erdendaseins mannigfaltigen Wechsel durchgemacht haben und sich noch heute in ständiger Änderung verschieben. Und diese Wandlungen gehen ganz selten plötzlich vor sich, meist spielen sie sich in kaum vorstellbar allmählichem Verlaufe ab. Dies gibt ihnen gerade ihre Wichtigkeit für die Verbreitung der Tiere und Pflanzen. Plötzlich einbrechendem Wechsel gegenüber versagt der Organismus, langsam sich durchsetzendem paßt er sich ohne Schwierigkeit an. Dabei hat eine vollkommen gleiche Kombination der äußeren Bedingungen wohl niemals in Zeit oder Raum stattgefunden, so wenig, wie wir sie heute beobachten. In ihren Folgen aber wirkt jede Kombination von geologischen oder klimatischen Variationen sowohl auf das Individuum wie auf die Verbände in floristischer und ökologischer Hinsicht. Sie beeinflussen die Struktur, helfen sie zum Teil schaffen. Sie veranlassen die Tracht der Formationen. Sie greifen ein in den Wettbewerb ihrer Elemente, sie stärken und schwächen die Arten, sie setzen ihnen die Grenzen der Verbreitung und entscheiden schließlich über ihr Sein und Nichtsein.

Diese theoretischen Erwägungen können klar genug die Kräfte, welche die Pflanzenverbreitung genetisch beeinflußt haben, in allgemeiner Hinsicht nachweisen. Doch irgendwelchen Aufschluß über ihren Gang im einzelnen und im besonderen, einen Schlüssel zu den in der Gegenwart tatsächlich ermittelten Arealen und Beziehungen würden wir von ihnen nicht gewinnen. Da tritt die Erforschung der Reste ein, die uns unmittelbar Kunde geben von dem Leben der Vorwelt, die Paläontologie. Ihre Ergebnisse schaffen die Daten zu einer wirklichen Geschichte der Floren. Leider sind sie in keiner Weise erschöpfend und werden es nie sein können. Das, was uns überliefert ist, gibt nur einen ganz geringen Bruchteil des je vorhanden Gewesenen. Das ist schon bei den Tieren der Fall. Aber für den Paläobotaniker liegen die Verhältnisse noch ungünstiger wegen der geringen Brauchbarkeit der Reste, die vorhanden sind. Die meisten Pflanzen sind zu weich, überhaupt erhalten zu werden. Nur unter besonderen Bedingungen, wie sie etwa in Mooren herrschen, bleiben die Reste in größerem Ausmaß bewahrt, namentlich die Pollenkörner und Sporen vieler Pflanzen erhalten sich gut im Torfe, aber auch in Kohle, und sind dadurch für die Vegetationsgeschichte wichtig geworden; durch Auszählung der Proben ermittelt man die relative Häufigkeit der Arten in den einzelnen Schichten und schließt daraus auf die Beteiligung der betr. Pflanzen an der Vegetation zurück. Abgesehen von dem Pollen, bieten die widerstandsfähigen Teile, wie Holz und harte Früchte, selten genügend ausgeprägte Eigenschaften, um eine genaue Bestimmung der Art zu ermöglichen. Blüten sind nur ausnahmsweise erhalten, und daß man Blütenteile in ihr eingeschlossen findet, das sichert z. B. der durch Göppert und Conwentz aufgeklärten Flora des Bernsteins ihre hohe Bedeutung. Häufiger werden Blattreste gefunden; sie haben den Paläobotanikern oft ausgiebige Arbeit gewährt. Die jüngeren Formationen, die für die Pflanzengeographie der Jetztzeit fast allein in Betracht kommen, sind besonders reich an Lagerstätten, die fast ausschließlich Blätter einschließen. Wie mißlich es aber ist, nach Blättern zuverlässige Bestimmungen zu geben, weiß jeder, der nur über einige Kenntnis von Pflanzenformen verfügt. Pflanzen ohne jede wahre Verwandtschaft besitzen täuschend ähnliche Blätter. Es gibt zahlreiche Familien, bei denen lindenartige Blätter vorkommen oder Ahornlaub sich findet; und noch viel öfter kehrt die Gestalt von Weidenblättern oder Oleander in den verschiedensten Gruppen wieder. Und selbst wenn wir wirklich eine bestimmte Blattform heute nur in einem einzigen Falle kennen, so sind wir nicht völlig sicher, daß sie bei ganz anderen, ausgestorbenen Formen nicht schon einmal vorgekommen sei. Alles in allem ist die Erkennung einer Pflanze nur nach dem Laube — ohne gleichsinniges Ergebnis nach Blüte oder Frucht — nur in einigen Fällen einwandfrei, häufig zweifelhaft und allermeistens gar nicht erreichbar. Von dieser ja wenig tröstlichen Tatsache aber ließen sich Wunsch und Phantasie mancher Paläobotaniker nicht überzeugen, sondern sie bestimmten nach Wohlgefallen und glaubten fest an die Möglichkeit, die meisten fossilen Relikte an heute lebende Gewächse annähern oder ihnen gleichsetzen zu können. Auf diesem trügerischen Boden ruht die Vorstellung Ungers, es habe im Tertiär eine gleichmäßige Universalflora die Erde bewohnt, und aus ähnlicher Irrung ist die Lehre erwachsen, Europa habe damals Gewächse australischen Wesens besessen. Es wird sich unten zeigen, wie weit solche Beurteilung der Reste Vertrauen verdient.

In dieser Hinsicht bieten sich der Paläozoologie unschätzbare Vorteile. Bei den Tieren sind die erhaltungsfähigen Teile oft die systematisch bedeutungsvollen. Das gilt besonders für die Wirbeltiere, die infolge ihrer Gleichzeitigkeit mit den Blütenpflanzen für den Pflanzengeographen am stärksten in Betracht kommen. Die tiergeographischen Arbeiten können daher paläontologische Ergebnisse in viel weiterem Umfange heranziehen; sie haben darin einen unersetzbaren Vorteil vor allen pflanzengeographischen Untersuchungen voraus. Jedenfalls werden die paläozoologisch genügend begründeten Anschauungen von der Entwicklung der Festländer und den Beziehungen ihrer Fauna auch für uns von weittragender Bedeutung.

Bei der Betrachtung der großen erdgeschichtlichen Epochen ist zunächst die Tatsache beachtlich, daß jedes neue Zeitalter der Pflanzenentwicklung früher einsetzt als das entsprechende der Tierentwicklung; immer mußte die Pflanzenwelt neue Formen als Ernährungsgrundlage geliefert haben, bevor die Tierwelt sich wandeln konnte. Landtiere vermochten erst aufzutreten, als schon eine formenreiche Landflora bestand, herdenbildende Säugetiere erst nach der Herausbildung gras- und staudenreicher Fluren, blütenbesuchende Insekten erst, nachdem entsprechende Blütenpflanzen lockten.

a) Aphytikum bis Mesophytikum

Mehr als 2 Milliarden Jahre bestand die Erde schon, bevor sie fähig war, Leben zu tragen (Aphytikum, pflanzenlose Zeit). Im Wasser des Meeres ist das Leben entstanden, und eine weitere Milliarde von Jahren des Proterophytikums mußte vergehen, bis sich aus den ursprünglichen primitiven einzelligen Algen vielfältig gestaltete Meerestange heranbilden konnten (Alt-Paläophytikum, vom Kambrium vor 520 Millionen Jahren bis zum Gotlandium, vor 360 Millionen Jahren). Diese wiesen schon eine weitgehende Gliederung in Haftorgane, Stengel, vielfältig gegliederte Assimilationsflächen und kompliziert gebaute Befruchtungsorgane auf. — Endlich war auch das Festland zur Besiedlung durch Pflanzen geeignet geworden. Die ersten Landpflanzen, in vielem noch den

Meerestangen ähnlich, mögen noch ein amphibisches Leben geführt haben. Sie standen nun dem großen neuen Problem gegenüber, Stützorgane in ihren Stengeln und Assimilationsflächen und Leitungsbahnen für die Wasserversorgung auszubilden, doch zeigt das noch recht ungünstige Verhältnis ihrer Leitfläche zur versorgten Oberfläche, daß sie die Regulierung des Wasserhaushaltes anfangs noch unvollkommen beherrschten. Diese Psilophyten oder Nacktpflanzen herrschten vom Gotlandium durch etwa 60 Millionen Jahre bis zum Ende des Mitteldevons; ihre Zeit ist das Mittel-Paläophytikum. Es waren zunächst einfache, binsenähnlich gestaltete, gabelig oder später reicher verzweigte, zuletzt sogar baumförmige Sporenpflanzen, die in äquatornahen Gegenden (von Mitteleuropa bis zur Bäreninsel und Kanada, bei damals ganz anderer Lage der Pole) Strand- und Sumpfgebiete mit über 70 Arten bewohnten. — Es ist also das ausgeglichenste und feuchteste Klima der Tropen als Bildungsstätte der ältesten Landflora anzusehen; ihre ganze folgende Entwicklung stellt eine fortschreitende Anpassung an immer kontinentalere Lebensbedingungen dar.

Im Jung-Paläophytikum (vom Oberdevon bis zum Rotliegenden, vor 300—200 Millionen Jahren) herrschten die Pteridophyten (Farnpflanzen), aber es traten auch schon Samenpflanzen auf, die Samenfarne *(Pteridospermae)* und die nadelholzähnlichen Cordaiten. Die Steinkohlen haben uns den Florenreichtum jener Zeit bewahrt und zeigen uns, daß die meisten Pflanzen baumförmig waren und in ausgeglichenem, nicht allzuwarmem aber feuchtem Klima subtropische Regenwälder bildeten mit hohem Wasserstand bei gelegentlichen Überflutungen in Gebieten, die wie Spitzbergen damals noch innerhalb des Tropengürtels lagen. — An der Wende von Karbon und Perm lassen sich (nach Gothan und Weyland 1954) schon deutlich mehrere Florenreiche unterscheiden: eine euramerische Flora von Mitteleuropa-Nordafrika bis Nordamerika, eine Angara-Flora in Nordasien, eine Cathaysia-Flora in Südostasien und die eigenartige Gondwana-Flora, die von der Südspitze Südamerikas über Südafrika und Indien bis Australien und Antarktika reicht.

Das Mesophytikum, in dem die Gymnospermen (Nacktsamer) vorherrschen, beginnt mit dem Zechstein und reicht bis zum Jura (vor 200—150 Millionen Jahren). In dieser Epoche verwischen sich die floristischen Unterschiede wieder; die klimatischen Gegebenheiten waren wohl weithin gleichmäßig, denn von Grönland über Japan bis Grahamland findet sich eine so gleichförmige Flora wie zu keiner anderen Zeit der Erdgeschichte. Immerhin sind doch graduelle Unterschiede zu beobachten, z. B. in Ostasien, wo im Norden Nadelhölzer und *Ginkgo*-Gewächse vorherrschten, im südlichen Monsungebiet Farne und Cycadophyten.

Im Jura war die Begrenzung von Land und Wasser auf der Erde noch erheblich verschieden von den Verhältnissen der Gegenwart; aber sie hat in dieser Gestaltung sicherlich bis in Zeiten fortbestanden, die für die Entwicklung der noch heute gedeihenden Floren bereits von Bedeutung waren. Manches in dieser Begrenzung erscheint schon auf den ersten Blick als pflanzengeographisch wirkungsvoll. Dahin gehört die Scheidung von Nord- und Südamerika, die Zerstückelung Europas, der Zusammenhang Afrikas mit Madagaskar und Südindien, endlich die Erstreckung der malaiischen Landmasse nach Australien und Neuseeland hin. Strittig ist der Zusammenhang von Südamerika und Afrika, für den zwar viele Autoren eingetreten sind, der sich aber zeitlich bisher kaum hat festlegen lassen. Hat er einmal bestanden, so könnten immerhin gewisse Areale der Gegenwart in jene uralten Zeiten zurückgehen. Zahlreiche heute pantropische Farne, vielleicht sogar gewisse Blütenpflanzen hätten damals zwischen der Alten und Neuen Welt ausgewechselt werden können.

Trotz aller floristischen Gleichförmigkeit ist doch hinsichtlich der Lebensgemeinschaften eine reiche Differenzierung zu beobachten, wenn man etwa die thüringischen Zechsteinriffe mit ihren Kalkalgenbeständen, den deutschen Buntsandstein mit seiner stamm- und blattsukkulenten *Pleuromeia* (einer Lycopodiale) bei wüstenhaftem, subtropischem Klima der üppigen Pflanzenwelt der feuchtwarmen Waldgebiete gegenüberstellt.

b) Känophytikum

aa) Kreidezeit

Die für die pflanzengeographische Gliederung des heutigen Pflanzenbestandes der Erde maßgebende Gruppe sind die Blütenpflanzen, namentlich die Angiospermen (Bedecktsamer). Sie sind der jüngste Stamm des Pflanzenreiches, aber es ist noch unsicher, wann sie zuerst auf der Erde erschienen. Viele sichere Spuren kennt man aus der Kreide, aber von dem bisherigen Fehlen in tieferen Horizonten darf natürlich keinesfalls geschlossen werden, sie seien überhaupt nicht vorhanden gewesen. Zudem erscheinen in der obersten Abteilung der unteren Kreide (Gault, vor etwa 110 Millionen Jahren) bereits so zahlreiche bestimmt ausgestaltete Typen, daß wir auch aus rein genetischen Gründen einen langen Zeitraum für ihre allmähliche Herausbildung anzunehmen gezwungen sind. Pollen von Blütenpflanzen hat man schon in den untersten Juraschichten beobachtet, neuerdings wurde auch ein gleichaltriges Dikotylenblatt (1955 bei Bamberg) gefunden. Man kann also für die Angiospermen ein Alter von mindestens 150 Millionen Jahren ansetzen. — Manche Forscher erklären ihr plötzliches reiches Auftreten in der mittleren Kreide dadurch, daß sie sich vielleicht sogar schon in der Trias entwickelt haben sollen, aber in tropischen Gebirgen oder an trockenen Standorten, also in Abtragungsgebieten, in denen sich keine Fossilien erhalten konnten und aus denen erst später eine Wanderung in die Sedimentationsräume erfolgte. — Als Urheimat der Angiospermen kommen möglicherweise die südwestpazifischen Gebiete in Frage, da dort heute viele ursprünglichen *Polycarpicae*, insbesondere die primitiven gefäßlosen Formen, gehäuft auftreten, ebenso von den Apetalen die ursprünglichsten *Proteales, Santalales, Verticillatae* und *Balanopsidaceae*.

In der Kreidezeit besteht die Trennung der beiden amerikanischen Festländer fort, die „holarktische" Region bildet einen ununterbrochenen Zusammenhang und reicht in Ostasien weit südwärts. Diese feste Verbindung Ostasiens mit den nördlichen Nachbarländern und mit Nordamerika, die der borealen Flora noch heute ihren Stempel gibt, wird dadurch besonders bedeutungsvoll, daß gleichzeitig noch breiter Verkehr mit den Tropen möglich war. Europa bleibt noch immer zerrissen und kommt ebenso nahe an Afrika wie an Asien.

Wenn auch die Angiospermenflora der oberen Kreide noch in einem sehr warmen Klima erwuchs, so setzte doch in den äquatorferneren Gebieten allmählich eine Abkühlung ein; Jahresringe treten bei den Bäumen auf, vor allem bei den Abietineen, die sich im hohen Norden (Spitzbergen, Franz-Josefs-Land) bis hinunter nach England immer mehr entfalteten. — Während in den früheren Zeiträumen die Bäume fast allein herrschten, kommen jetzt auch die Sträucher und sogar schon Stauden zur Entfaltung. Die Dikotylen überwiegen; die Monokotylen waren wohl vor allem Stauden und blieben daher weniger erhalten.

bb) Tertiär

Im Tertiär (Alttertiär, beginnend vor 60 Millionen Jahren, Jungtertiär mit Miocän und Pliocän vor 28 Millionen Jahren) neigt die Ausgestaltung der Erde mehr und mehr dem gegenwärtigen Zustande zu.

Ein großer und wichtiger Unterschied liegt anfänglich noch in der Zweiteilung Amerikas. Sie bestand fort bis zum Miocän, und ihre Spuren sind noch heute wenigstens in der Flora sehr deutlich wahrnehmbar.

In lehrreicher Weise hat sich das Schicksal der beiden Hälften an ihrer fossil erhaltenen Fauna verfolgen lassen. Im unteren Miocän besitzt Nordamerika noch kein einziges Säugetier von neotropischem Typus, und umgekehrt hat Südamerika nichts aufzuweisen, was an die borealen Länder erinnern könnte. Die ausgezeichnete Flora der

Neotropen scheint ursprünglich ganz südamerikanisch gewesen zu sein; und die höheren Breiten des Nordens hat sie auch heute noch wenig beeinflußt.

Den faunistischen Resten nach vollzog sich im oberen Miocän die Verschmelzung Südamerikas mit Zentralamerika. Damit war der Weg für nordische Eindringlinge geöffnet. Zahlreiche Säugetiere fluteten nach Südamerika hinüber, namentlich Karnivoren und Huftiere. Einzelne der damaligen Einwanderer sind heute in Südamerika wieder ausgestorben, z. B. das Pferd. Umgekehrt sind andere in ihrer neuen Heimat erhalten geblieben und im Norden, woher sie kamen, verschwunden: so das Lama. Auch diese großen Wanderungsvorgänge haben in der Pflanzenwelt ihre Seitenstücke. Hier waltet eben nicht das Spiel des Zufalls, sondern ein notwendiges Geschehen, notwendig durch den Ausbreitungstrieb aller Organismen, der einen solchen Austausch bewirken mußte. Wie bei den Tieren scheint der Norden mehr gegeben als empfangen zu haben, zumal die langsam emporsteigenden Anden eine sehr geeignete Einzugstraße boten. Damals dürften Gattungen wie *Ribes*, *Saxifraga*, *Hydrangea*, *Juglans*, *Quercus*, *Monotropa* über die Enge von Panama hinweg nach den Gebirgen Südamerikas gewandert sein.

„Bipolare" Sippen, die heute weit im Norden und Süden anzutreffen sind, wie *Fagus*(N)-*Nothofagus*(S), *Empetrum*, manche *Carex*-Arten, und deren Teilareale in vielen Fällen durch weite Entfernungen völlig getrennt sind, in anderen durch verbindende Punkte noch die Wanderungswege erkennen lassen, sind gleichfalls Belege für solchen Austausch.

Reicher sind die paläontologischen Aufschlüsse für die Flora der n ö r d l i c h e n L ä n d e r. Wir wissen seit H e e r, daß zur Miocänzeit in Grönland eine Flora wohnte, die im wesentlichen mit der weiter südlich in Nordamerika herrschenden übereinstimmte. Es ist dieselbe, die noch heute besonders im atlantischen Nordamerika einen starken Bestandteil der Pflanzenwelt ausmacht. Es sind

Gattungen darunter wie *Pinus, Picea, Sequoia, Taxodium, Corylus, Salix, Carpinus, Quercus, Juglans, Magnolia, Liquidambar, Acer, Tilia, Vitis, Platanus.* Solche Formen lebten fast in der gesamten Holarktis und bildeten jene große Gemeinschaft, die Engler die „arktotertiäre Flora" genannt hat. Ihre Verbreitung war also der heutigen erheblich überlegen; einige damals weit ausgedehnte Gattungen, z. B. *Sequoia* und *Metasequoia,* sind heute stark eingeschränkt in ihrem Vorkommen und bilden hervorragende Beispiele von konservativem Endemismus. Allerdings scheint schon zu jener Zeit eine gewaltige fast zusammenhängende Landmasse die nördliche Halbkugel eingenommen zu haben. Es war in der ganzen Holarktis ein vielseitiger Austausch möglich. In mancherlei Erscheinungen wirkt dieser Zustand nach bis zur Gegenwart. Er spiegelt sich besonders deutlich wider in der Gemeinsamkeit der Waldflora, von der noch heute die Einzelgebiete nur positiv oder negativ abgewandelte Erscheinungsformen besitzen. Am stärksten treten diese Beziehungen hervor zwischen dem atlantischen Nordamerika und Ostasien, obwohl diese Länder heute so weit getrennt sind und in keinerlei räumlicher Verbindung mehr stehen. Viele höchst bezeichnende Gattungen sind beiden gemeinsam, ohne sonst irgendwo auf der Erde vorzukommen: so *Liriodendron, Menispermum, Calycanthus, Catalpa, Hamamelis* u. a. Schon Asa Gray erklärte dies durch das einst verbindende Zwischenstück im Norden, welches später durch die Vereisung großer Teile seiner früheren Flora beraubt wurde und auch heute noch keine Verkehrsmöglichkeiten für jene empfindlichen Pflanzen bieten kann. — Gerade in Nordamerika hat man recht gut die Verschiebungen verfolgen können, die mit dem Kühlerwerden des Klimas die verschiedenen Vegetationsgebiete durchgemacht haben. Im Alttertiär bestand hier ein großes temperiertes Waldgebiet in Alaska (und dem gegenüberliegenden Ostasien), ein anderes subtropischer Art vom heutigen 50. Breitengrad bis Kalifornien. Bis zum Miocän sind beide so weit südwärts gerückt, daß das temperierte die Stelle des früher subtropischen eingenommen hat, das seinerseits bis Mittelamerika gewandert ist.

Recht verwickelte Verhältnisse zeigt das Mittelmeergebiet, welches seit langer Vorzeit ein unruhig bewegtes Stück unserer Erdoberfläche gewesen ist. Im Eocän war es vermutlich feuchter und tropischer als heute, wie die Natur der Petrefakten zu verraten scheint. Gleichzeitig stand es in engerer Berührung mit der afrikanischen Landmasse und erweist sich mit ihr zusammen als ein paläozoologisch einheitliches Gebiet, welches auch Madagaskar und die makaronesischen Inseln eingeschlossen haben dürfte. Man hat angenommen, daß in jene Zeit eine gegenwärtig zerstückelte Flora zurückreicht, welche von Christ als „altafrikanisch" bezeichnet wird. Seine beste Vertretung bis zur Jetztzeit hat dieser altertümliche Florentypus im Kapland bewahrt, aber auch sonst hat er zerstreute Spuren hinterlassen. Eine Glockenblumengattung (*Canarina*) wächst nur in Makaronesien und auf einzelnen Bergen des zentralen Afrikas, ein sonderbares *Adiantum* teilt Makaronesien allein mit Madagaskar, ziemlich zahlreich sind die Gemeinsamkeiten zwischen jener „altafrikanischen" Flora und der mediterranen (*Erica, Pelargonium*, viele *Scrophulariaceae* und *Iridaceae* usw.). Die Kanarischen Inseln sind ein weiteres schönes Beispiel für die tertiären Südverschiebungen der Klimazonen, wodurch alle die Floren- und Vegetationsgebiete, die heute den Bereich zwischen Mittelmeer und Kapland erfüllen, in erreichbarer Nähe an den Kanaren vorbeizogen und hier als „regressive Verschleppungsrelikte" die Vielgestaltigkeit der heutigen Flora dieser Inseln bedingen.

Die unverkennbare Störung und Beschränkung der heutigen Areale kann wohl auf die Ereignisse des Pliocäns zurückgeführt werden. Denn damals drangen von Asien her starke Wanderzüge westwärts vor. Zahlreiche Säugetiergattungen erschienen in Afrika und gelangten bald zu massenhafter und vielseitiger Entfaltung. Sie haben die altafrikanische Fauna offenbar zurückgedrängt; nur Madagaskar ist von ihrem Einfluß nicht berührt, weil es schon vorher sich von dem Festland getrennt hatte. Seit jener Zeit besitzt Afrika seine Antilopen. Botanisch beobachtet man auch zu diesem Einbruch asiatischer Tiere deutliche Parallelen. Die in Afrika heute stark vertretene Gattung *Rhus* bietet im einzelnen genaue Analogien: höchst entwickelt in den trockeneren Teilen, zurücktretend in den Waldgebieten, vorgedrungen bis zum äußersten Südwesten an das Kap der Guten Hoffnung. Selbst Gebirgspflanzen kamen damals wohl von Indien her nach Afrika. *Populus, Delphinium, Primula* gelang es, über das südliche Arabien hinweg den Nordosten Afrikas bis in die Nähe des Äquators zu besetzen.

Der Himalaja dürfte zwar in jener Epoche noch kein sehr machtvolles Gebirge gewesen sein, dagegen bestanden in Osttibet vielleicht schon gewaltige Ketten. Im fernen Osten scheint das Land sich weiter gedehnt zu haben als heute, besonders in südöstlicher Richtung. Bis Neuguinea war wenigstens zeitweise ein Zusammenhang vorhanden, und vermutlich reichte dieser teilweise bis nach dem östlichen Australien und hinein in die melanesische Inselwelt. Auf das hohe Alter jener Beziehungen deutet die im Grundstock ähnliche Flora aller dieser heute in einen Archipel zersplitterten Länder. Zugleich aber bleiben die Unterschiede zwischen dem Westen bis Borneo und dem Osten von Neuguinea ab beträchtlich, als wären es alte Kernländer mit ursprünglich ungleichem Florenbestand; doch dazwischen liegt ein labiles Zwischenstück — Molukken, Philippinen, Celebes —, das in mehrfachem Wechsel Verbindungen einging und wieder löste und dadurch teils Gemeinsamkeiten, teils Unterschiede gewonnen hat.

Für Deutschland werden uns die starken Wandlungen im Tertiär anschaulich, wenn wir die eocänen Braunkohlenwälder des Geiseltales bei Halle mit ihrem Gehalt an noch völlig tropisch-subtropischen Floren- und Vegetationsformen vergleichen mit der miocänen Flora von Öhningen am Bodensee, die etwa den Charakter der heutigen Lorbeerwälder von Madeira und den Kanaren aufweist, und endlich der pliocänen Flora von Frankfurt/M., die auf nicht mehr subtropisches aber doch noch warmgemäßigtes Klima deutet. — An Lebensformen sind (nach Mölholm-Hansen 1956) im Alttertiär zahlreiche Sträucher und Lianen zum bisherigen Bestande gekommen, im Jungtertiär vor allem Zwergsträucher und Stauden. — Mit der Entstehung der hohen Faltengebirge dürfte infolge der großen mikroklimatischen Verschiedenheiten ein rascherer Verlauf der Evolutionsvorgänge der Pflanzenwelt verbunden gewesen sein, wofür die vielen Jung-Endemiten dieser Gebiete sprechen. — Wieweit alle diese klimatischen und botanischen Wandlungen mit entsprechenden Wanderungen der Pole oder der bei den Botanikern seit 1915 noch immer besonders beliebten Wegenerschen Theorie der Kontinentalverschiebungen erklärt werden können, sei hier nicht näher untersucht, da diese Fragen noch nicht endgültig entschieden sind.

Zusammenfassend kann festgestellt werden, daß von den ältesten Erdzeiten bis etwa zum Miocän eine verhältnismäßig ruhige Entwicklung und Ausbreitung der Pflanzenwelt stattgefunden hat, die weniger von äußeren Faktoren als von der Qualität der Ausbreitungsmittel abhing. Dann aber änderten sich die Verhältnisse entscheidend durch die fortschreitende Isolierung der Kontinente, die Gebirgsbildung und die Klimaverschlechterung. Seither ist das Gleichgewicht der Floren mit ihrer Umwelt stark gestört, das Überleben ist zum Hauptproblem geworden und die Entwicklung ist kein unabhängiger Vorgang mehr, sondern vor allem ein Auslesevorgang.

cc) Quartär

Über die Veränderungen und Entwicklungsgänge der Floren seit dem Schluß der Tertiärzeit sind wir hinsichtlich der nördlichen Halbkugel schon recht eingehend unterrichtet. Die Tropen jedoch und die südlichen Länder sind noch weniger erschlossen, und manches dort verbleibt unsicher. Aus paläontologisch-faunistischen Gründen vermutet man, daß die Flora Südamerikas am Ende des Tertiärs gleichartiger war als heutzutage. Afrika besaß um dieselbe Zeit vielleicht noch mehr Wald von floristisch altertümlicherem Charakter, es mag, mit heute verglichen, weniger stark von Savannenpflanzen besiedelt gewesen sein. In Ostasien und Malesien herrschten möglicherweise schon sehr ähnliche Verhältnisse wie jetzt. Dagegen machte im fernsten Osten der Zerfall des melanesisch-neuseeländischen Kontinentes rasche Fortschritte und führte vielerlei Wandlungen in Klima und Pflanzenleben herbei, bis endlich die Flora in die heute verbliebenen Reste aufgelöst war.

Das Hauptinteresse aber in der Quartärzeit knüpft sich an die Eiszeiten, welche die nördliche Hemisphäre durchzumachen hatte.

Diese Epoche, das Pleistocän (Diluvium), setzte vor 6—800000 Jahren ein, führte die schon im Tertiär begonnene Klimaabkühlung zu mehreren Tiefpunkten und klang erst vor 16—20000 Jahren allmählich aus.

Die Veranlassung der Eiszeit ist vorläufig nicht sicher aufgeklärt, auch von ihrem Verlauf bleiben viele Einzelheiten strittig; um so besser kennt man die allgemeinen geographischen Züge der Erscheinung. Die Wirkung auf die Pflanzenwelt muß natürlich eine tiefgreifende gewesen sein. Denn im späten Tertiär herrschte in Europa sowohl wie in Nordamerika noch eine reiche Flora, die etwa der ostasiatischen von heute glich. Die Floren der Gegenwart sehen in beiden Erdteilen aus wie verarmte Ausgaben jener alten Bestände. Wir wissen, daß vor der Eisbedeckung ein Zurückweichen der Floren, nachher ein Wiedervorrücken stattfand, und wissen auch, wie verwickelt diese Vorgänge durch große Schwankungen der Eisausdehnung wurden. Solche Bewegungen konnten in Nordamerika mit seinen nordsüdziehenden Verkehrsbahnen leichter vor sich gehen, als in Europa, wo die Ostwestrichtung der mächtigsten Gebirge den direkten Rückzug abschnitt und Umwege verlangte. Die heutige Beschränkung einst verbreiteterer Typen in Europa auf kleine Bezirke (*Aesculus Hippocastanum, Picea omorica* u. a.) bezeugt die Wirkung dieser Umstände. Man muß insbesondere annehmen, daß in Deutschland damals zwischen dem Südrand des nordischen Eises und den Gletschern, die aus den Alpen kamen, wohl nur an wenigen Stellen Baumwuchs vorhanden war. Vielmehr umzog die Ränder der Eisgebiete ein Saum von „Glazialflora", aus Arten bestehend, die mit geringer Sommerwärme auskommen. Nathorst hat als erster solche Arten, z. B. *Dryas octopetala, Salix polaris,* fossil direkt nachgewiesen. Nur bleibt es fraglich, wie weit diese Flora gereicht hat. Die Temperaturen lagen damals in Mitteleuropa 8—12°, die Schneegrenze in den Gebirgen etwa 1000 m tiefer als heute.

In den verschiedenen Zwischeneiszeiten dagegen konnten sogar wärmeliebende Arten wieder recht weit vordringen; so ist z. B. *Rhododendron ponticum,* das heute nur noch am Südrand des Schwarzen Meeres und im südwestlichen Iberien gedeiht, für die letzte Zwischeneiszeit an mehreren Stellen in den Alpen nachgewiesen worden.

Es gilt heute als sicher, daß in den Alpen und auch im Norden (Schottland, Norwegen, Grönland) viele Arten in eisfrei gebliebenen Küstenrandgebieten und auf Berggipfeln, die aus dem Eise emporragten (Nunatakkern), eine Zuflucht fanden und die Eiszeit (mindestens die letzte) dort überdauert haben. Während man z. B. für Island früher an eine nacheiszeitliche Einwanderung der gesamten Flora dachte, glaubt man heute, daß über die Hälfte der Arten die letzte Eiszeit auf der Insel überlebten. — Manche dieser „Überdauerer" sind dabei auf wenige Biotypen reduziert worden und konnten sich von ihren Zufluchtsstätten später kaum weiter ausbreiten, während biotypenreicher gebliebenen dies in der Nacheiszeit in weitem Maße gelang.

Die Wirkungen des endgültigen Eisrückganges, der den jüngsten erdgeschichtlichen Zeitraum, das Holocän, einleitete, äußerten sich in dem Vordringen des Waldes und dem Weichen der nordischen Arten bzw. der Hochgebirgspflanzen in größere Höhen oder in nördlicher gelegene Gegenden. Die Linien dieser Bewegungen sind noch heute durch zurückgebliebene Posten („Relikte") erkennbar, sie gehen wahrscheinlich auch in der Gegenwart noch weiter.

Die Einzelheiten des Regenerationsprozesses der vertriebenen Vegetation, die Neubesiedelung der vom Eise erlösten Gegenden hat man besonders in Europa eifrig studiert. Eine vertiefte Erforschung der Seenablagerungen und Moorprofile hat in vielen Gegenden gestattet, die aufeinander folgenden Waldperioden zu erfassen und damit ein wichtiges Kennzeichen des Vegetationswandels zu gewinnen (Gams 1927, Firbas 1935, 1949—52, Bertsch 1953). In sich immer mehr steigerndem Maße wird dabei der Pollengehalt dieser Profile durch die Pollenanalyse untersucht; ein eigener Wissenschaftszweig, die Palynologie, hat sich daraus entwickelt, beginnend mit den Forschungen von C. A. Weber (1893), ausgebaut durch L. v. Post (1916), und gegenwärtig besonders gefördert durch G. Erdtman (Stockholm) und seine Schüler, und hat ein reiches Schrifttum hervorgebracht. — Zur Untersuchung größerer Objekte (z. B. Holzstücke) zieht man die C^{14}-Methode heran, die aus dem Gehalt an radioaktivem Kohlenstoff das Alter der Fundstücke errechnet.

Nach diesen Methoden die Geschehnisse aufzuklären, hat man zuerst in Skandinavien versucht.

Danach erscheint es sicher, daß dort der Einmarsch der rückkehrenden Bäume sowohl von Südwest wie von Südost sich vollzog, und zwar nicht gleichzeitig, sondern in einer durch das allmählich sich wandelnde Klima bestimmten Reihenfolge. Auf die glazialen Ablagerungen folgt ein Ton mit manchen arktischen Pflanzen, unter denen *Dryas octopetala* eine bedeutsame Rolle spielt. Darüber lagert Torf mit Resten von *Populus tremula* und *Betula*. Höher darauf folgt dann eine durch *Pinus silvestris* gekennzeichnete Zone; diese Kiefer dürfte von Dänemark her eingerückt sein, und zwar in Begleitung vieler Sträucher und Stauden. Später schloß sich *Quercus* an und begann vielerorts die Kiefer zu verdrängen. Sie kam zusammen mit vielen noch heute etwas empfindlich erscheinenden Arten. Zuletzt erst ist von Südwesten *Fagus silvatica* vorgedrungen. Doch früher bereits hatte auch der Südosten Beiträge zur Wiederbesetzung des Landes geliefert. Namentlich ist darunter die Fichte, *Picea excelsa*, als wichtiger Vertreter anzuführen. Bei dieser Rückkehr der Verbannten scheint die zunehmende Wärme der mächtigste Ordner gewesen zu sein. Offenbar aber vollzog sich diese Zunahme nicht gleichmäßig bis zur Gegenwart, sondern hatte in der sog. Eichenzeit bereits einmal einen Höhepunkt erreicht; heute ist es wieder kühler geworden. Mehrere Arten (z. B. die Haselnuß, *Corylus avellana*, und die Wassernuß, *Trapa natans*) haben infolgedessen an Gebiet wieder eingebüßt. — Es leuchtet ein, daß bei dieser mehrfachen Änderung des Klimas viele Verschiebungen der Grenzen vor sich gingen und manches Abbröckeln unausbleiblich war. Das Geschick der einzelnen Art erlaubt daher wenig sichere Schlüsse; können jedoch für ganze Genossenschaften von Pflanzen gleiche Wanderwege erschlossen werden, so ist dies von großem Belang für die Genetik.

Für südlichere Gegenden Europas, also z. B. Deutschland, läßt sich aus zahlreichen Befunden ein annähernd ähnlicher Gang der Ereignisse herauslesen, natürlich mit den Änderungen, die die geographische Breite und die Unterschiede der Höhenlagen bedingen.

Dem Schwinden des Eises, das im Spätglacial vor etwa 20 000 Jahren einsetzte, folgte eine waldlose Tundra-Periode (ältere *Dryas*-Zeit). Während der Alleröd-Schwankung, vor 11 000 Jahren, herrschten schon Kiefern- und Birkenwälder, die aber in der folgenden jüngeren *Dryas*-Zeit nochmals einer Tundravegetation wichen. Dann begann vor 10 000 Jahren endgültig die Nacheiszeit (Postglacial) wieder mit Kiefern- und Birkenwäldern (Vorwärmezeit, Präboreal); in der frühen Wärmezeit (Boreal) wurde die Haselnuß herrschend, in der mittleren Wärmezeit (Atlantikum, vor 7000 Jahren) Eichenwälder mit Ulme und Linde. Während dieses Hochstandes (in der jüngeren Steinzeit) lag die Waldgrenze in den Alpen 200—400 m höher als heute. Es schloß sich vor 4500 Jahren die späte Wärmezeit (Subboreal) an, in der sich die Buche neben dem Eichenmischwald ausbreitete, um in der Nachwärmezeit (Subatlantikum, vor 2800 Jahren) herrschend zu werden. Der jüngste Abschnitt beginnt um 100 n. Chr. mit der einsetzenden Nutzung des mitteleuropäischen Waldes durch den Menschen. — Es ist bei dieser nacheiszeitlichen Entwicklung mehrmals zu beobachten (und das gilt auch für die Zwischeneiszeiten), daß nach dem Überschreiten des Klimaoptimums rückläufig die Pflanzengesellschaften wiederkehren, die früher schon einmal herrschten. Diese Erscheinung hat man als Revertenz bezeichnet. — Während des trocken-warmen, kontinentalen Klimas der Vorwärmezeit dürften auch Steppenbestände in Europa weit ausgedehnter gewesen sein als heute und auch größere Gebiete Deutschlands bedeckt haben.

Auch von der südlichen Halbkugel kennen wir Anzeichen eines ähnlichen Wandels nach der Eiszeit. V. Auer (1933) hat dies für Feuerland nachgewiesen, wo in der günstigsten Zeit fast überall *Nothofagus*-Wald herrschte, während er heute weit zurückgewichen ist. — In Neuseeland und China wurde (nach L. v. Post 1944) die Wärmezeit durch eine Periode vermehrter Niederschläge ersetzt, die zur Ausbreitung von Regenwäldern führte.

Zwar bleibt bei jenen paläobotanischen Forschungen in Mitteleuropa noch manche Unsicherheit im einzelnen, zwar beleuchten sie einen geologisch betrachtet nur kurzen Zeitraum und ein kleines, gegenwärtig nicht einmal sehr wesentliches Florengebiet. Aber sie sind von hoher allgemeiner Bedeutung für das richtige Verständnis der Genesis der Floren. Denn sie geben Zeugnis von der Zähigkeit der Vegetationen und von der Elastizität der Areale, sie lassen uns die gewaltigen Zeiträume ermessen, die für die Scheidung und Entwicklung der Floren notwendig gewesen sein müssen. Es steht nicht zu hoffen, daß sich die älteren und viel bedeutsameren Zeitperioden paläontologisch jemals mit ähnlicher Sicherheit werden ergründen lassen. So muß es genügen, wenigstens für die jüngste

Epoche der Florengeschichte über unmittelbare Nachweise zu verfügen.

Von den pflanzlichen Wuchsformen dürfte als jüngste die der ein- und zweijährigen Kräuter zu den bestehenden hinzugekommen sein; zu ihrer Ausbildung und Weiterentwicklung gaben die ungünstig werdenden klimatischen Verhältnisse gegen Ende des Tertiärs und dann besonders im Quartär die Veranlassung. So kam in diesen beiden letzten Epochen der Erdgeschichte allmählich das Bild der Floren- und Vegetationsverteilung unserer Erde zustande, das heute unserer Beobachtung begegnet und das sich in künftigen Jahrtausenden weiterhin wandeln wird.

Aus dem geringen, physiognomisch einförmigen Artenbestande der ersten Landpflanzen hat sich im Laufe von 360 Jahrmillionen die formenreiche Fülle der heute bekannten halben Million Pflanzenarten entwickelt (vergl. Abschnitt I, 3 a). Manche Pflanzengruppen, wie die Psilophyten des Devon, die Schuppen- und Siegelbäume, Calamiten, Samenfarne und Cordaiten des Karbon, die Bennettiten des Mesophytikums, die alle zu ihrer Zeit im Vegetationsbild der Erde tonangebend waren, sind inzwischen wieder völlig ausgestorben; andere, früher ebenso wichtige wie die *Cycas*- und *Ginkgo*-Gewächse, sind zu völliger Bedeutungslosigkeit herabgesunken. Manche Gruppen der Algen und Farne konnten sich besser seit uralten Zeiten erhalten, während es endlich den Nadelhölzern und Bedecktsamern als jüngster Gruppe gelungen ist, arten- und massenmäßig völlig zur Herrschaft zu gelangen und das heutige Erdbild zu prägen.

2. Phylogenetik

Die genetischen Grundlagen und Vorbedingungen der heutigen Pflanzenverbreitung zu erforschen, bietet sich endlich ein letztes Hilfsmittel in der phylogenetischen Richtung. Es ist nur mit Mühe und Vorsicht zu handhaben, aber bereits bewährt durch förderliche Erträge.

Diese Betrachtungsweise geht von der Ansicht aus, daß die heute wahrnehmbare Mannigfaltigkeit der Pflanzenwelt im ganzen und die jedes einzelnen Formenkreises das Ergebnis einer Entwicklung darstellt, die irgendwo ihren Ausgangspunkt genommen hat und von diesem Ausgangspunkt her in bestimmter Weise fortgeschritten ist. Das in der Formenähnlichkeit, der Übereinstimmung gewisser Merkmale gegebene Kriterium bestimmt die Entfernung der Verwandtschaft zwischen den Sippen. Je näher sie sich verwandtschaftlich herausstellen, um so mehr werden sie auch zeitlich, genetisch zueinander gehören, um so kürzer wird die Zeit sein, die seit ihrer Scheidung, ihrer Trennung voneinander verstrichen ist. Man setzt dabei voraus, daß eine bestimmt umschriebene, wirklich natürliche Sippe nur einmal und nur an einem Orte entstehen kann. Diese Voraussetzung ist nicht unbestritten, doch spricht sehr viel dafür, daß sie, von seltenen Ausnahmen abgesehen, zutrifft.

Mit der von den Merkmalseigenschaften verratenen Verwandtschaftsstufe, in der sich gleichzeitig das genetische Verhältnis ausdrückt, hat die phylogenetische Richtung unseres Wissenszweiges die geographische Verbreitung in Zusammenhang zu bringen. Dabei stößt sie auf zwei Kategorien von Merkmalen, die zu verschiedener Beurteilung der Areale und der heutigen Verbreitung führen.

Die erste umfaßt die Merkmale, die entweder mit der gegenwärtigen Beschaffenheit des äußeren Mediums zusammenhängen oder (nach Analogie) sich als von ihr geschaffen oder beeinflußt betrachten lassen.

So findet R. v. Wettstein (1918) bei der Gattung *Gentiana* eine kleine Gruppe von drei Sippen, die von allen anderen Arten der Gattung durch ihren Kelch abweichen: statt fünf Zipfel hat er nur vier, und davon sind zwei sehr breit, zwei sehr schmal. Es kann keinem Zweifel unterliegen, daß diese drei in der Tat nahe verwandt und gemeinsamen Ursprungs sind. Voneinander unterscheiden sie sich nur durch leichte Merkmale. Die Areale ihrer Verbreitung, auf einer Karte eingetragen, ergeben sich als kontinuierlich und schließen sich gegenseitig aus. Ein solcher Ausschluß nahe verwandter Arten findet keineswegs unter allen Umständen statt. Wohl aber zeigt er sich stets bei Sippen, die durch die noch heute herrschenden Umgebungsverhältnisse bedingt sind, und das muß ja so sein. Es sind Formen eines Typus, die von dem Medium geprägt sind und je nach seiner Wandlung selber abgewandelt erscheinen. *Gentiana baltica* ist eine einjährige Pflanze. In den Niederungen Mitteleuropas findet sie die erforderlichen Bedingungen, um in einem Jahre von der Keimung bis zur Fruchtreife zu gelangen. *Gentiana campestris* dagegen ist zweijährig, ebenso *G. hypericifolia.* Demgemäß wächst *G. campestris* auf den Mittelgebirgen Zentraleuropas und kehrt dann im höheren Norden wieder, wo eine ähnliche Verkürzung des Sommers stattfindet. Das von *G. hypericifolia* bewohnte Areal (in den Pyrenäen) gibt durch die stark ozeanische Tönung des Klimas der Art ihre besonderen Kennzeichen. Schließlich bleibt die Frage offen, wo der Ausgangstypus der drei Sippen zu suchen sei. In Osteuropa gibt es ähnliche Arten nicht, von dort dürfte er nicht stammen. Im Norden fehlt ebenfalls jeder Anklang. Dagegen kommt im Süden *Gentiana neapolitana* der Gruppe näher, ebenso eine Art aus Nordamerika. Beide blicken offenbar auf höheres Alter zurück. Der ganze Typus dürfte also vor der Eiszeit in Europa weiter verbreitet gewesen sein. Als die Abkühlung kam, zog er sich zurück, um nachher wieder nordwärts umzukehren. Dabei gestaltete er sich dreifältig aus, entsprechend den wesentlichsten Eigentümlichkeiten des Klimas in seinem jetzigen Wohnbezirk.

Derartige Untersuchungen erhellen die Stammesgeschichte zunächst ja nur für gewisse Gruppen. Aber je mehr Stoff derart gewonnen wird, um so besser treten gemeinsame Züge in die Erscheinung. Und diese sind dann trefflich geeignet, Licht zu verbreiten über die Geschicke der heutigen Floren und über Herkunft, Entwicklungsgang und Wanderschaft ihrer heterogenen Glieder.

In vielen Fällen handelt es sich freilich um eine größere Anzahl kohärenter Sippen als bei Wettsteins *Gentiana*-

Beispiel. Dann wird die Erkennung und ordnende Sichtung der Merkmale schwieriger. Die durch die meisten Merkmale getrennten Sippen ergeben sich als die verwandtschaftlich am weitesten entfernten. Oft sind diese dann auch geographisch durch den größten räumlichen Abstand geschieden. Oder auch die Verschiedenheit dieser unähnlichsten Formen geht schon so weit, daß sie wieder innerhalb desselben Areales miteinander wohnen.

So gibt es in der Gattung *Rhus* eine Sektion *Gerontogeae* (Diels 1898), deren Sippen durch nahezu völlige Gleichheit der Blüten ihre nahe Verwandtschaft verraten. Überraschend vielseitig aber ist ihre vegetative Ausgestaltung. In den nördlichen Abschnitten ihres Areals zerfällt sie in sehr nahestehende Varietäten mit ganzrandigen, gezähnten, glatten, drüsigen oder behaarten Blättern von im übrigen sehr ähnlicher Gestaltung. Aber diese Varietäten scheinen nun zum Ausgangspunkt von Reihen geworden zu sein, welche, von den klimatischen Verhältnissen beeinflußt, vielseitige Abwandlungen erfahren. Im Süden Afrikas gewinnen diese einzelnen Formen festere Umrisse, und am Kap wachsen äußerlich höchst ungleiche Sippen nebeneinander. Die ganze Sektion erscheint als Verband von klimatisch geprägten Sippen (von „Epharmosen") eines einzigen Typus. Von der Häufung und Zuschärfung klimatischer Differenzen hängt hauptsächlich Zahl und Auffälligkeit der Sippen in den einzelnen Gebieten ab. Für den Reichtum dieser Bezirke an solchen *Rhus*-Formen gibt also vor allem ihr klimatisches Wesen den Ausschlag. Das Kapland mit seinem so vielseitigen Klima (S. 176) birgt dementsprechend die größte Zahl. Je weiter man nach Norden geht, um so deutlicher laufen die zahlreichen Fäden zu einer Ausgangsfläche zusammen. Nach den Aufschlüssen der Geologie und Zoopaläontologie war während des jüngeren Tertiärs Ostafrika in nähere Beziehungen zu Indien getreten. Zu den Einwanderern, die Asien damals abgab, scheinen die *Rhus Gerontogeae* gehört zu haben. Denn in Indien wachsen sie noch heutzutage, und dort gewinnen sie Anschluß an die

Schwestersektionen der Gattung, dort erscheinen sie einheimisch. Madagaskar haben sie nie erreicht. Sie entsprechen in ihren Geschicken etwa den Antilopen. Die Ableitung ihres genetischen Wesens beleuchtet also die Flora Afrikas nach ihrem Werden. Es ist ein auf Umwegen gewonnener Ersatz für die mangelnden paläontologischen Nachweise.

Eine zweite Kategorie von Merkmalen läßt sich mit dem umgebenden Medium nicht in direkte Verbindung bringen. Sie werden vielmehr als unabhängig davon aufgefaßt und unter dem Namen der konstitutionellen oder Organisationsmerkmale als Ausdruck des inneren Bauplans hingenommen. Der morphologische Vergleich ermittelt jedoch gewisse Beziehungen zwischen ihnen, und solche Zusammenhänge können genetische Probleme in lehrreicher Weise aufzuklären helfen. Beispielsweise tritt eine Gattung in vielen Sippen in die Erscheinung, welche auf verschiedener Höhe der morphologischen Ausstattung stehen. Diese Sippen bewohnen sehr ungleichartige Areale, aber viele dieser Areale berühren sich in einem bestimmten geographischen Gebiete. Zugleich verlieren dort die Unterschiede, welche die Sippen trennen, offensichtlich an Schärfe. Dann liegt es nahe, zu schließen, daß in diesem Gebiete der Ursprung der Sippen gelegen ist, daß sie von dort aus ihre Wanderungen antraten und von dort aus ihre Herrschaft ausdehnten.

Ein einfaches Beispiel erläutert solchen Zusammenhang. In der Scrophulariaceen-Gattung *Diascia* bilden sich im Schlunde der Blumenkrone zwei Grübchen aus, die bei manchen Arten zu langen Spornen werden. Die Arten sind teils einjährig, teils ausdauernd. Die grubigen oder schwach gespornten Arten wachsen auf den Gebirgen des inneren Kaplandes. Von dort gewinnen die ausdauernden Formen Anschluß, um sich in den feuchten Gegenden der Südostküste reichlich zu entwickeln, während die annuellen Arten die Winterregengebiete aufsuchen, wo sie die am längsten gespornten Blüten hervorbringen. Nach diesen Tatsachen verlegt man den Ursprung der ganzen Gattung in die Gebirge des inneren Südafrika, woher die Wanderungen ausgingen. Dabei wurden je nach dem Klima die Arten jährig oder ausdauernd und gewannen gleichzeitig Förderungen in ihren Blüten, die wir vorläufig von keinerlei äußeren Umständen herzuleiten imstande sind.

Dehnt man die morphologisch-genetische Untersuchung mit geographischen Zielen auf eine größere Anzahl verschiedener Gattungen aus, so erhält man Ergebnisse, die durchaus nicht übereinstimmen. Die wahrscheinlich gemachten Ausgangspunkte für die heute umgrenzbaren Formenkreise treffen keineswegs zusammen. Das ist ja theoretisch auch gar nicht zu erwarten. Wohl aber heben sich gewisse geographische Gebiete heraus als besonders reich an Gruppen, die für andere den Ursprung geliefert zu haben scheinen. Diese verlangen dann höhere Beachtung. Sie stellen sich heraus als Zentren, wie die Knotenpunkte eines Bahnnetzes. Was an der Peripherie weit getrennt war nach Raum und Gestaltung, kommt sich näher und näher. Die Unterschiede werden schwächer und verblassen, zuletzt sind sie nicht mehr zu erkennen.

Solche Gebiete gewinnen hervorragendes Interesse als die alten Stammsitze von Floren mit weiter Verbreitung. Eines davon, das an Bedeutung von wenig anderen erreicht wird, ist Ostasien (Diels 1901), und hier wiederum das Hochgebirgsland, das dem Himalaja sich anschließt und nördlich mit dem Kuenlun verknüpft ist. Die Flora dieser Gegenden enthält überraschend viele Fälle, die phylogenetische Beachtung fordern. Von *Cypripedium,* der bekannten Orchideen-Gattung, gibt es mehrere sonst weit geschiedene Sektionen: sie alle treffen dort zusammen. Zwischen Gattungen, die man früher wohl als verwandt erkannte, doch stets als scharf geschieden ansehen mußte, verwischen sich dort die Grenzen zur Unkenntlichkeit. Die Schranken zwischen *Primula* und *Androsace,* die bei uns in Europa so fest und hoch erscheinen, fallen in Mittelchina und in den Gebirgen westlich davon vollkommen zusammen. Ein Bindeglied, das von *Lilium* zu *Fritillaria* leitet, wird dort durch die Gattung *Nomocharis* hergestellt.

Zwischen *Saxifraga* und *Chrysosplenium* tauchen vermittelnde Formen auf, die vorher wohl niemand erwartet hatte. Von *Aquilegia* wächst dort die primitivste Art, deren Blumenblätter noch keinen Sporn gebildet haben, und *Aconitum*-Arten rücken so nahe an *Delphinium* heran, daß man die gemeinsame Ausgangslinie beider Gattungen zu berühren meint. Diese Beispiele werden ausreichen zu erweisen, daß wir in jenem Gebiete Ostasiens gewissermaßen an die Wiege vieler großer und erfolgreicher Pflanzengattungen treten. Auch die Tierwelt bringt dazu stützende Beiträge, und die Geologie bestätigt die Bedeutung dieses Erdraumes.

Das Prinzip der phylogenetischen Methode, durch Aufsuchen des morphologisch Einfacheren auch den räumlichen Ausgangspunkt zu gewinnen, führt in diesem Falle, wo es von Erdkunde und Zoologie gestützt wird, nahe heran zur Gewißheit. Darin liegt ein Beweis, daß auch dieser Zweig der Pflanzengeographie die Wissenschaft von der Verbreitung der Organismen zu fördern berufen ist.

Die modernen Strömungen der mit der Genetik und Cytologie verbündeten Systematik (vergl. Huxley 1949: „New Systematics") haben auch auf die Pflanzengeographie anregend und fördernd gewirkt. Man hat erkannt, daß die Arten durch die morphologisch-anatomischen, äußerlich erkennbaren und beschreibbaren Merkmale nicht hinreichend gekennzeichnet werden können, sondern daß auch ihre physiologisch-biologischen Eigenschaften dazugehören; man weiß, daß die meisten Arten genetisch durchaus nicht einheitlich sind, sondern aus einer Anzahl von Biotypen bestehen, die sich in morphologischer und physiologischer Hinsicht unterscheiden und in Lokalpopulationen, Ökotypen und geographischen Rassen mehr oder weniger gehäuft oder gesondert vorkommen. Die ausgedehnten Areale weit verbreiteter Arten beruhen oft auf einer Vielzahl solcher Ökotypen und werden durch sie überhaupt erst möglich. In anderen Fällen treten an die Stelle von Ökotypen vikariierende Kleinarten; der Unterschied besteht darin, daß die Ökotypen sich kreuzen lassen, während die Kleinarten genetisch meist isoliert sind. — Als besonders fruchtbringend hat sich das Studium der Polyploidie erwiesen, der bei Bastardierung auftretenden Vervielfachung des Chromosomensatzes der Zellen, die eine Vergrößerung der Zellen und damit der ganzen Pflanze zur Folge hat. Die polyploiden Arten zeichnen sich nach den Forschungen von Tischler, A. u. D. Löve und vielen anderen gegenüber den diploiden Arten durch Erweiterung der genetischen Variabilität aus, sie haben größere Widerstandskraft, verstärktes Besiedlungs- und Ausbreitungsvermögen, können auch größere vegetative Vermehrungsfähigkeit besitzen und erweisen sich durch alle diese Eigenschaften im Konkurrenzkampf überlegen. Der Anteil der polyploiden Arten an der Gebietsflora nimmt polwärts zu und beträgt beispielsweise auf den Kykladen 34 %, in Schleswig-Holstein 50 %, Island 65 % und Spitzbergen 77 %.

Als Beispiel einer Gattungsmonographie, die alle diese neuen Gesichtspunkte berücksichtigt, mag die vorbildliche Bearbeitung der Gattung *Crepis* durch E. B. Babcock (1947) erwähnt werden. Diese heute 196 Arten umfassende Gattung dürfte im frühen Tertiär im Altai-Tienschan-Gebiet entstanden sein und sich von dort in 4 Richtungen ausgebreitet haben bis Nordamerika, Vorderindien, Fennoskandien und Zentralafrika. Zahlreiche primitive Relikt-Endemiten wurden auf diesen Wegen in den Gebirgen als ausdauernde Stauden hinterlassen, viele progressive Endemiten (an Trockenheit angepaßte Kräuter) entstanden im Bereich der Mittelmeer-Küstenländer. — In ähnlicher Weise wurde durch Gustafsson (1943) die Entstehung der formenreichen mitteleuropäischen Brombeer-Flora weitgehend geklärt.

IV. Ökologische Pflanzengeographie

Die ökologische Pflanzengeographie (Zeitschriften: Journal of Ecology; Ecology) betrachtet die Gewächse in ihrer Beziehung zu den gegenwärtig von außen auf sie einwirkenden Kräften, zu ihrer heutigen Umwelt. Sie untersucht die Einflüsse dieses Mediums auf Haushalt, Organisation und Physiognomie der einzelnen Elemente, ferner aber auch auf die sozialen Gebilde der Vegetation, welche in erster Linie physiologisch bedingt sind.

1. Einzelwirkung der exogenen Kräfte

Das unbelebte Medium besteht aus Klima und Boden. Beide stellen sich als verwickelt zusammengesetzte Größen heraus, wenn es sich um ihre biologischen Wirkungen handelt, schwer auflösbar in die einzelnen Faktoren und schwer bestimmbar in genauen Maßeinheiten. Die klimatischen Momente treffen die Pflanze fast stets gemeinsam und üben ihren Einfluß nie ohne starke gegenseitige Beeinträchtigung aus, auch vermögen sie sich sehr oft gegenseitig zu ersetzen. Um die obwaltenden Beziehungen überhaupt zu studieren, ist es jedoch notwendig, sie zunächst getrennt in Betracht zu ziehen und, auf physiologische Methoden gestützt, ihren Anteil an dem Gesamterfolg zu bestimmen zu suchen. Das Klima wäre darum aufzulösen in Wärme, Licht, Luft und Wasser. Diese Faktoren sind mehr oder minder durch Messung untersuchbar. Allerdings dürfen sie nicht nur nach den Vorschriften des Meteorologen ermittelt, sondern müssen dort gemessen werden, wo sie die Pflanze treffen, an deren „Standort" also. Denn neben dem allgemeinen „Makroklima" ihres Wohnbezirkes ist das örtliche, oft eng begrenzte und wesentlich abweichende „Mikroklima" des Standortes ökologisch wirksam; oft hat es geradezu entscheidende Bedeutung. Zu seiner Würdigung sind neuerdings viele Fortschritte gemacht worden (s. Geiger 1950).

Wird so einerseits die Zusammensetzung der Pflanzendecke weitgehend durch das Klima bestimmt, so beeinflußt auch andererseits die Vegetation das Klima. Betreffs des Makroklimas ist zwar eine solche Abhängigkeit noch nicht sicher geklärt und wird von mancher Seite bestritten, z. B. hinsichtlich der heute entwaldeten Gebiete um das Mittelmeer oder der durch den Ackerbau aufgerissenen und der Bodenerosion anheimgefallenen Flächen der früheren Steppengebiete Nordamerikas. — Ganz offensichtlich ist aber der Einfluß der Vegetationsdecke auf das Mikroklima; so wird beispielsweise das ausgeglichene Klima, das die hygrophilen Pflanzen am Boden eines Buchenwaldes genießen, ja erst durch die Waldbäume geschaffen, die im Vorfrühling im kahlen Zustande vor Wind schützen, aber die wärmenden Sonnenstrahlen bis an den Waldbogen gelangen lassen, später nach Entfaltung ihres Laubdaches zu starke Einstrahlung abschirmen und den Winter hindurch eine wärmende Laubstreu liefern. Dieses Waldbodenklima steht oft in starkem Gegensatz zum Mikroklima eines benachbarten offenen Geländes.

Jeder Lebensvorgang einer Pflanze in seiner Abhängigkeit von diesen Faktoren läßt sich in einer Kurve anschaulich machen, die zwischen zwei Nullpunkten verläuft und an einer gewissen Stelle ihren Höhepunkt erreicht. Die Erfahrung lehrt, daß solche Kurven höchst verschieden aussehen bei den einzelnen Arten, auch bei ihnen selbst nichts Konstantes sind, sondern durch „Akklimatisation" sich ändern können, und sogar bei ihren einzelnen Organen und Entwicklungszuständen sich keineswegs gleich verhalten.

a) Wärme

Die Wärmekurven hängen eng zusammen mit der inneren Veranlagung der Gewächse und sind daher einstweilen einem tieferen Erfassen unzugänglich. Jeder weiß, daß viele fremde Pflanzen bei uns im Freien erfrieren. Man kennt tropische Arten, die schon bei zwei bis fünf Grad über Null getötet werden. Innerhalb einer einzigen Pflanzengruppe wechseln die Ansprüche der einzelnen Formen sehr erheblich, z. B. bei *Salix* oder *Senecio*. Im allgemeinen läßt sich sagen, daß der Nullpunkt der Celsiusskala für zahlreiche Arten ein kritischer Punkt ist. Von großer Bedeutung für die Widerstandsfähigkeit ist die Zahl der Tage mit Frostwechsel, besonders zu Beginn der Vegetationsperiode. Jahre mit extremen Klimawerten sind von überragender Bedeutung für die Arealbildung, sei es für die Arealvergrößerung bei besonders günstigen Bedingungen, sei es in besonders schlechten Jahren für die Wiederausrottung der in längeren günstigen Perioden über ihre früheren Grenzen vorgedrungenen Arten.

Daß aber sehr viele Spezies auch bei Frost weiterleben, sehen wir an unserer heimischen Flora. In welchem Grade das Wärmemaß sinken kann, wird man daran ermessen, daß die Gegend des ostsibirischen Kältepols bei Werchojansk im Waldgebiet liegt und noch einige hundert höhere Pflanzenarten birgt. Viele Algen der polaren Meere gedeihen unter dem Nullpunkt. Alles in allem weiß man jetzt, daß an keinem Punkte der Erde die Temperatur zu tief hinabsinkt, um irgendwelches Pflanzenleben an sich unmöglich zu machen. Das einzige, was in dieser Hinsicht absolute Pflanzenleere an gewissen Stellen erzeugt, das ist der Mangel genügend hoher Temperaturen. Dies Zurückbleiben der Kurven unter einer gewissen Minimalhöhe läßt das Pflanzenleben in den arktischen Regionen immer spärlicher werden, je weiter wir uns dem Pole nähern; es schafft in der Antarktis vegetationslose Strecken. Denn es ist zu beachten, daß die Kurve der möglichen Lebenstätigkeit nicht die gleiche ist wie die der tatsächlichen; ein Same z. B. mag viele Grade unter Null ertragen, aber er keimt erst bei + 5°. Wo immer jedoch eine gewisse höhere Wärme irgendwann eintritt, da gibt es auch vegetatives Leben. Darum ist selbst auf den höchsten Gipfeln unserer Alpen das Dasein von Pflanzen klimatisch noch möglich, wenn sonstige Hindernisse nicht vorhanden sind.

Ähnliche Erwägungen und Erfahrungen gelten, wenn wir den positiv extremen Punkt der Kurven ins Auge fassen. Dauernde beträchtliche Hitze wird ja nur wenigen Arten zuteil. Man hat in heißen Quellen Japans (Molisch) und Indonesiens (Bünning) Blaualgen gefunden, die noch bei 70—80° existenzfähig waren; an anderen Thermen umfängt der Dampf auch höhere Gewächse und steigert zeitweilig die sie umgebende Temperatur erheblich. In Steppen und Wüsten treffen die Vegetation mitunter gewaltige Wärmegrade, die sie freilich durch Verdunstung herabzusetzen vermag. Immerhin ist bekannt, daß in solchen Gegenden 60—70 Grad am Strahlungsmesser nichts Ungewöhnliches sind, und daß zum wenigsten der Stammgrund, der Wurzelhals und auch die Samen starke Hitze aushalten müssen.

Pflanzen der Krater indonesischer Vulkane (z. B. *Vaccinium)* senken ihre Wurzeln in 40—50° warmen Boden hinab.

Der Gipfel der Kurve, der zwischen den Nullpunkten gelegen ist, das physiologische Optimum, stellt natürlich einen wissenswerten Punkt dar, da er über das beste Gedeihen einer Art mit entscheiden wird. Zwar läßt er sich, wie auch die übrigen Werte, durch Gewöhnung bis zu gewissen Grenzen ändern, im ganzen aber pflegen die dadurch erzielten Abwandlungen nicht groß zu sein. Häufig ist auch durch die Verschiedenartigkeit der Einzelkurven die Akklimatisation nur eine teilweise: eine Pflanze gedeiht zwar vegetativ noch gut, bringt es aber selten oder niemals zur Blüte. Dann ist sie natürlich sehr bald am Ende ihrer geographischen Verbreitungsfähigkeit.

Die eigentümliche Natur der Wärmekurven, ihre Vielseitigkeit und Empfindlichkeit läßt es sofort begreifen, warum die Isothermenkarte keineswegs Orte mit gleicher oder auch nur ähnlicher Vegetation verbindet. Welche Gegensätze schon auf der nördlichen Halbkugel durch die 10°-Isotherme berührt werden, zeigt deutlich jede entsprechende Karte. Sie schneidet das nördliche Irland und trifft Odessa. Dort hält die Myrte im Freien aus, aber der Weinstock reift nirgends seine Frucht. Und in Südrußland verhüllt im Winter eine Schneedecke den Boden, während im Sommer die Melone völlig zur Reife gelangt. Die Extreme der Temperatur, der Unterschied der höchsten und niedrigsten Wärme, sind eben durch ihre Beziehungen zu den physiologisch bedeutsamsten Kurven von viel tiefer einschneidender Wirkung. Darum erzielte schon A. von Humboldt einen besseren Ausdruck der Tatsachen, als er Linien zwischen den Orten zog, die gleiche Sommer- oder Wintertemperatur besitzen. Ein weiterer Fortschritt waren die von Dove konstruierten Monatsisothermen. Denn diese lassen in ihrem Verlauf den Gegensatz am schärfsten hervortreten, der zwischen mäßig abgestuften (wenig periodischen) und schroff wechselnden (stark periodischen) Klimaten, zwischen „Seeklima" und „Kontinentklima" besteht. Beide Formen sind für die Verbreitung der Pflanzen um so wichtiger, als sie sich meist durch gleichsinnige Ordnung der Niederschläge kennzeichnen: sie stellen zwei ganz verschiedene „Klimacharaktere" dar.

Endlich wurden durch Carl Troll (1943) die Thermo-Isoplethen-Diagramme in die pflanzengeographische Forschung eingeführt, die in ihrem Koordinatensystem Linien gleicher Temperatur durch alle Stunden des Tages während aller Monate des Jahres darstellen. Sie geben die Möglichkeit zur Veranschaulichung der Gegensätzlichkeit des Hochgebirgsklimas der Tropen mit seinen täglichen starken Wärmeschwankungen bei gleichzeitigem Fehlen jahreszeitlicher Gegensätze, im Vergleich zu den thermischen Jahreszeitenklimaten der hohen Breiten sowie endlich den Temperaturverhältnissen der mittleren Breiten, die durch mittlere Jahreszeiten- und Tageszeitenunterschiede gekennzeichnet sind.

Der Zusammenhang mit den Niederschlägen macht auch die Beurteilung der Wärmewirkung auf die Pflanzenwelt des Hochgebirges, z. B. auf die Lage der Baumgrenze (Brockmann-Jerosch 1919) zu einer schwierigen Aufgabe. Nach klimatologischem Gesetz nimmt die Temperatur auf der ganzen Erde mit je 100 m ungefähr 0,6 ° ab. Es ist dieser Wert gewissen jahreszeitlichen Schwankungen ausgesetzt und unterliegt auch manchen örtlichen Ablenkungen. Doch kommt das für uns nicht in Betracht, weil er für die Vegetationsdecke überhaupt nur bedingte Bedeutung besitzt. Denn stets greift auch das Maß der Niederschläge ein. Erst von diesem Faktorenkomplex hängt die Gliederung der Vegetation nach der Höhe ab. Daher rührt es, daß die Vegetation nach der trockenen Nordseite des Himalaja erst oberhalb 5000 m ihr Ende findet und über 1000 m höher steigt als an den regenreichen südlichen Hängen. Und ähnliche Verschiedenheiten beobachtet man allerorten unter solchen Umständen, oft sogar bei scheinbar nur geringen Unebenheiten des Reliefs.

Die Hochgebirgsflora lehrt übrigens auch besonders klar, daß das Maß der biologisch wirksamen Wärme durchaus nicht genau mit den Werten gegeben wird, die uns die Meteorologen übermitteln (s. S. 98). Diese messen die Temperatur im Schatten etwa 2 m über der Oberfläche. Im Gebirge aber kann die untere Bodenschicht und eventuell der Vegetationsteppich selbst viel erheblicher die Wärme aufnehmen, als die Luftschicht in 2 m Höhe. Schneelagen und schneefreie Stellen sind sehr verschieden gestellt. Ein gleiches gilt für die arktischen Länder, wo überhaupt die Ungleichheit der Wärmekapazität oft überraschende Eindrücke hervorruft.

Alle diese Erfahrungen lehren das eine, daß wir in den klimatologisch bestimmten Werten einen vielfach mangelhaften Ausdruck für die Wärmeverhältnisse einer Pflanze besitzen. Aus diesem Grunde versteht sich das Fiasko aller bisherigen Bemühungen, für die Einwirkung der Wärme auf die Vegetation einen numerischen Ausdruck zu finden. Es waren, wie wir jetzt wissen, widersinnige Versuche, etwas höchst Verwickeltes auf einfache Formeln zu bringen. Sie haben nur historische Bedeutung. Man addierte z. B. die Mittelwerte der Wärme sämtlicher Tage, die für die Entwicklung des Maises von Aussaat bis Samenreife nötig sind. Bei diesem einjährigen Gewächs ließ sich das noch durchführen, aber wenn es sich um ausdauernde Pflanzen handelte, so entstanden unüberwindliche Schwierigkeiten. Es war bei der Roheit der Methode und der gänzlichen Vernachlässigung sonstiger Faktoren natürlich ausgeschlossen, daß ihre Ergebnisse für die Pflanzengeographie jemals höheren Wert gewannen.

Im Zusammenhang mit ähnlichen Bestrebungen erwuchs jedoch ein fruchtbar gewordener Seitenzweig der Pflanzengeographie, die sog. Phänologie (Ihne 1905, Schnelle 1955). Sie verzichtet auf eine willkürliche Trennung der äußeren Faktoren und beschränkt sich auf die Feststellung ihrer vereinten Wirkung, wie sie in der zeitlichen Ordnung des Pflanzenlebens zutage tritt. So unternimmt sie es, genau nach Art meteorologischer Beobachtungen das Erblühen der *Syringa*, das Ergrünen von *Fagus*, das Reifen von *Prunus domestica* u. dgl. nach ihren Daten auf eine Karte einzutragen, verbindet dann die als gleichzeitig erwiesenen Orte und erhält damit Linien gleichzeitiger Entwicklung (Isochronen). Durch vorsichtigen Vergleich mit klimatologischen Karten läßt sich das gewonnene Material in mannigfacher Weise für die Theorie verwerten. Es liegt also ein hoher Wert in solchen phänologischen Beobachtungen. Denn sie sind berufen, nach und nach die Kurven gewisser Lebensphasen der Pflanzen in ihrer Abhängigkeit von den Außenfaktoren beurteilen zu lassen und sie damit für die Aufklärung der geographischen Verbreitung verwendbar zu machen.

b) Licht

Mit dem Einfluß der Wärme und der Hydrometeore verglichen, ist die Bedeutung des Lichtes für die großen Züge der Pflanzengeographie von minderer Wichtigkeit. Freilich ist sie bis vor kurzem unterschätzt worden. Denn die gesamte Arbeitsleistung der Vegetation hängt ja unmittelbar vom Lichte ab, auch wird ihre ganze Struktur aufs nachhaltigste davon beeinflußt.

Seine Rolle für die Verteilung der Gewächse ist räumlich unbegrenzt. Es ist wohl nirgends auf der Landoberfläche zu hell und nirgends zu dunkel, um Pflanzendasein zu ermöglichen. Denn auch an den Polen wird die Schwäche des Lichtes während des Winters ausgeglichen durch die Länge der Bestrahlung im Sommerhalbjahr. Der Erfolg dieses Ausgleichs läßt sich nach Warming z. B. daran ermessen, daß ihn die Wolkendecke erheblich zu beeinflussen scheint. Im Innern der Fjorde Grönlands, wo die Nebel seltener und die Tage heiterer sind, sei die Pflanzendecke viel reicher entwickelt, als an der trüberen Küste, wo eine volle Lichtwirkung nicht zur Geltung gelangt. Wesentlichen Anteil nimmt das Licht an der physiognomischen Ausgestaltung der Vegetation. Es richtet das Laub, hilft es formen und gibt ihm seinen Farbenton; es ordnet oft die Verzweigung und hat einen mächtigen Einfluß auf die Erzeugung der Blüten. Die Blumenpracht der Hochalpen, die Massenhaftigkeit des Blumenflores in Ländern mit vorwiegend heiterem Himmel, wie Australien, Kalifornien oder Südafrika, verdient in diesem Zusammenhang besondere Erwähnung. Im Wasser der Seen und Meere entscheidet das Licht über Sein und Nichtsein pflanzlicher Bewohner, und auch für die Vegetation des Landes bildet es oft den ordnenden Faktor innerhalb der Bestände.

Um die Erkenntnis dieser Beziehung wissenschaftlich zu vertiefen, fehlte es lange Zeit an einer strengeren Methode zur Messung des Lichtes. Erst Wiesner (1907) eröffnete auf Grund der Roscoe-Bunsenschen Methode, die chemisch wirksamen Strahlen durch Vergleich der bewirkten Schwärzung von Silberchloridpapier mit einem bestimmten Normalpapier zu messen, einen gangbaren Weg für die ökologische Lichtmessung im Gelände. Heute erleichtern es die neuzeitlichen Photometer, den Lichtgenuß einer Pflanze, d. h. den Anteil am Gesamtlicht einer Gegend, den sie am jeweiligen Standort empfängt, befriedigend zu ermitteln (vergl. Walter 1949).

Zugleich gelingt es, die Lichteigenschaften der verschiedenen Klimate mehr und mehr aufzudecken. Man erkennt, daß mit Zunahme der geographischen Breite nicht nur der relative Lichtgenuß sich steigert, sondern auch der absolute. Es stellt sich auch heraus, daß verhältnismäßig in der Arktis die Lichtstärke schwach, aber recht gleichmäßig, in den Wüsten ziemlich gering ist. In den Tropen ergeben sich starke Schwankungen. Es zeigt sich, daß die häufige Bewölkung zur Zeit des höchsten Sonnenstandes die Lichtstärke dann herabsetzt. In den Niederungen wirkt das diffuse Licht bestimmend; im Hochgebirge dagegen fand Rübel das direkte Sonnenlicht relativ viel stärker am Gesamtlicht beteiligt als das diffuse. Unter Wasser gibt es z. B. im Bodensee bis zu 30—40 m autotrophe Algen. Die Grenzen des Lichtgenusses liegen bei den einzelnen Arten und Klassen der Pflanzen sehr verschieden. In den Tropen findet sich der letzte Grasanflug bei $^1/_{100}$ Lichtgenuß, in Mitteleuropa bei $^1/_{75}$. Aber Schizophyceen leben in Höhlen oder Gesteinsspalten noch bei etwa $^1/_{2500}$.

Für viele Pflanzen ist die tägliche Beleuchtungszeit von großer Bedeutung; man hat danach Kurztagspflanzen, Langtagspflanzen und tagneutrale Pflanzen unterschieden. Bei den ersten ist die rein vegetative Periode am kürzesten, und sie blühen und fruchten früher, wenn die Beleuchtungszeit weniger als 12 Stunden täglich beträgt, wie dies in den niederen Breiten der Fall ist und z. B. für Ananas, Tabak, Reis und Hirse gilt. Bei den Langtagspflanzen ist sie am kürzesten und sie gelangen schneller zur Fruchtreife, wenn die Beleuchtungszeit über 12 Stunden beträgt, wie es in den höheren Breitengraden für Hafer, Gerste und Rüben zutrifft. Die tagneutralen Pflanzen, wie z. B. Sonnenblume, *Poa annua* und *Senecio vulgaris*, haben dementsprechend einen viel breiteren Bereich günstigen Gedeihens.

Maßgebend für die Stoffproduktion der Pflanzen ist die Gesamtgröße der Blattflächen, die das Licht ausnützen können. Sie beträgt in den Laub- und Nadelwäldern der gemäßigten Zonen das 5- bis 10-fache der Bodenfläche, bei Zwergsträuchern und Polsterpflanzen des Hochgebirges nur noch das 1,3-fache und sinkt mit zunehmender Höhenlage bis 0,45.

c) Luft und Wind

Chemisch übt die Luft der Atmosphäre auf die Verbreitung der Pflanzen, soviel wir wissen, keinerlei Einfluß aus. Dagegen ist die Zusammensetzung der im Boden eingeschlossenen oder im Wasser gelösten Luft auch geographisch von Bedeutung. Sogar in der Physiognomie kann sie zum Ausdruck kommen, indem z. B. die Sauerstoffarmut der Schlammböden oft Gegenreaktionen der Vegetation auslöst.

Eingreifender wirken die Leistungen der bewegten Luft. Schon durch die rein mechanische Kraft vermag sie Schaden zu stiften oder gar zu zerstören. Das zeigt sich besonders deutlich an Vegetationen, die für gewöhnlich keinen übermäßigen Winden ausgesetzt sind, wenn sie von Stürmen betroffen werden. Die Zerknickung der Äste oder Stämme (Windbruch) ist die verderbliche Folge. Häufiger schädigt der Wind durch seine austrocknende Wirkung; Kihlmann (1890) hat diese seine Bedeutung gründlich besprochen. Es handelt sich dabei um eine teilweise Zerstörung der Pflanzengewebe. Der Wind entzieht größeren oder kleineren Zellengruppen das Wasser so schnell durch Verdunstung, daß keine Zeit zur ergänzenden Zuleitung bleibt; sie sterben den Trockentod und hinterlassen äußerlich einen fast wie verbrannt aussehenden Fleck. In großartigem Maßstabe vollzieht sich dies Geschick bei den furchtbaren Orkanen, die gewisse Erdgebiete mehr oder minder regelmäßig heimzusuchen pflegen. So beobachtete Volkens bei einem Taifun auf den Karolinen, daß nach dem Unwetter das Laub der meisten Bäume völlig abgestorben an den Ästen hing, „dürr, verschrumpft, dunkelbraun, wie das Laub junger, in der Schonung stehender Eichen bei uns im Winter".

Andersgeartete Folgen der Windwirkung sieht man in der einseitigen oder eigentümlichen Wuchsweise der von starken und dauernden Winden betroffenen Pflanzengestalten. Auf der Windseite werden viele Knospen getötet oder an normaler Entfaltung gehindert, während das Wachstum auf der Leeseite entsprechend gefördert ist. So neigt sich das wachsende Individuum oder ein ganzer Bestand sozusagen von dem Winde ab: der vorherrschende Wind einer Gegend wird durch die Erscheinung der Pflanzenwelt geradezu „abgebildet". Sand,

Schnee oder Salz können schleifend die Folgen noch verstärken. Gedrückter oder zwergiger Wuchs, Verringerung der transpirierenden Fläche und sonstige auf die Verdunstung wirkende Einrichtungen sind daher an Plateaurändern, auf Kämmen und Gipfeln, am Meeresstrande und in frei ausgesetzten großen Flachländern, namentlich aber auf kleineren Inseln, unter dem Einfluß des Windes ausgeprägte Eigentümlichkeiten, welche dort die gesamte Vegetation mehr oder minder aufzuweisen pflegt. Oft hängt dabei das Bestehen einer Pflanze und ihre Rolle in der Vegetation davon ab, wieweit sie heftigen Wind verträgt.

Die hohe Bedeutung der Winde als Träger großer klimatischer Wirkungen, der Passate, Monsune, Wüstenwinde, Föhnwinde beruht auf ihrem Feuchtigkeitsgehalt; sie bedarf deshalb hier nur kurzer Erwähnung.

Dagegen muß auf die mechanische Rolle der bewegten Luft bei der Verbreitung der Pflanzen hingewiesen werden: sie führt den Pollen fort und kann Früchte und Samen befördern. Ihre Tätigkeit als Pollenträgerin ist so weitgreifend, daß man eine große Anzahl der Angiospermen geradezu als „Windblütler" oder als „anemogam" bezeichnet, weil ihre Blüten darauf eingerichtet sind, von dem Winde bestäubt zu werden. In pflanzengeographischer Hinsicht ist ein Vorwiegen dieser „anemogamen" Arten über die von Insekten bestäubten an stark dem Wind ausgesetzten Örtlichkeiten, z. B. kleinen Inseln, wahrgenommen worden. Doch ist das augenscheinlich eine mittelbare Folge der starken Luftbewegung, indem sie Insektenarmut veranlaßt und somit nur auf einem Umweg in das Verhältnis der Blütenformen eingreift.

Oft behandelt in der Literatur ist die Frage, wie weit der Wind als Transportmittel für Früchte und Samen in Frage kommt. Viele Gewächse haben geflügelte, langhaarige oder befiederte Samen, die Kompositen sind durch ihre meist mit Federkrone gezierte Frucht bekannt; es läßt sich erwarten, daß der Wind imstande ist, solche leichtbeweglichen Gebilde an günstige Plätze zu bringen.

Auch die Fähigkeit, Sporen von niederen Kryptogamen oder Farnarten und die staubleichten Samen mancher Blütenpflanzen (z. B. der Orchideen) weiterzutragen, wird ihm niemand abstreiten wollen. Zweifel bestehen aber über den Umfang seiner Leistungen in dieser Hinsicht. Kerner z. B. meinte, daß er nur auf kurze Entfernungen wirke. Das genügt ja auch in der Regel; es handelt sich vorerst darum, die Samen aus dem Bereich der Mutterpflanze wegzuführen, um dem jungen Keimling Raum für seine Entwicklung zu schaffen. Andere Autoren, wie Vogler (1901), wollen dagegen den Windströmen eine größere Wirkungssphäre für die Verbreitung zuschreiben. Namentlich sind die stärkeren Bewegungen der höheren Luftschichten in den Tropen von Beccari und später von Engler mehrfach zur Erklärung pflanzengeographischer Vorkommen herangezogen worden. Über weitergehende Erfolge konnte Treub nach eigener Wahrnehmung berichten, als er auf der durch den Ausbruch von 1883 entstandenen Insel Krakatau nach Jahren die dort eingetroffene Flora studierte: die ersten Ansiedler waren sämtlich Farne, deren Sporen dem vom nächsten Lande etwa 30 Kilometer entfernten jungen Eiland wohl wesentlich durch Luftströmungen zugeführt worden waren (Ernst 1924).

In neuerer Zeit ist das Forschungsgebiet der Aerobiologie kräftig gefördert worden, besonders durch N. Polunin, der im arktischen Amerika Flüge in verschiedenen Höhen bis zum Nordpol durchführte. Bakterien, Sporen und Pollen wurden in Höhen bis zu 2400 m aufgefangen in Gebieten, wo sie 300—2100 km weit verweht sein mußten.

d) Wasser

Das Wasser entscheidet in der Pflanzenwelt am mächtigsten über die Daseinsmöglichkeit des Organismus. Es prägt ihm seine Gestaltung auf und ist der wesentlichste Faktor, der ihm seinen Wohnplatz auf der Erde anweist und abgrenzt. So hängt also von dem Wasser zum größten

Teile die Tracht der Gewächse ab und damit das Aussehen der Bestände, ja die Physiognomie ganzer Floren. Aber es gibt auch unendlich oft den Ausschlag über die Bedeutung einer Art innerhalb des Verbandes, über ihre Ausbreitungsfähigkeit in einem Gebiete und damit für den Verlauf ihrer natürlichen Verbreitungsgrenze.

Von den Formen, in der das Wasser auf der Erde zu Gebote steht, ist natürlich weitaus am meisten bedeutsam der Regen oder Schnee, wenn er geschmolzen. Er liefert das Betriebswasser des pflanzlichen Daseins und einen wichtigen Anteil seiner Nahrung. Tau ist, allgemein gesprochen, von geringerer Wirkung, darf aber unter besonderen Umständen nicht unterschätzt werden. In Steppengebieten sind gewisse epiphytische Flechten auf Tau angewiesen. In anderen trockenen Gegenden sind Nebel die vornehmliche Form, in der das Wasser sich bietet. Das gilt z. B. für die Namibwüste Südwestafrikas, von deren Vegetation ein Teil nur dem Nebel zu danken ist, welcher von dem kalten Meere gegen das Land hin aufsteigt, und in gleicher Weise für die Küstennebel (Garuas) des chilenisch-peruanischen Grenzgebietes.

Die Bestimmung des einer Pflanze, einer Vegetationsformation, einer ganzen Flora verfügbaren Wasservorrats ist viel verwickelter, als es zunächst aussieht. Denn es handelt sich ja natürlich nicht um die absoluten Größen der Einnahme und Ausgabe, sondern um die Bilanz. Eine Pflanze braucht nicht viel einzunehmen, wenn bei großer Feuchtigkeit der Luft ihr keine bedeutenden Unkosten durch Transpiration erwachsen. Andererseits kann sie selbst in trockener Luft erhebliche Ausgaben sich leisten, solange ihr ein genügender Reservevorrat bleibt. Es hängt also die Wasserökonomie ab von Absorption und Transpiration, und zwar dem Verhältnis zwischen beiden. Die Absorption ist gebunden an die Kraft der Pflanze, das im Boden befindliche Wasser sich nutzbar zu machen; in dieser Beziehung besitzen die einzelnen Arten sowohl wie die verschiedenen Böden sehr ungleichartige Eigenschaften: die Absorption wird also nicht allein an die Regenmenge und Bewässerung geknüpft, sondern sie gerät in Abhängigkeit von edaphischen und konstitutionellen Eigentümlichkeiten. Als Gegenkraft der Absorption wirkt die Transpiration in ebenso verwickelter Form und mannigfacher Bedingtheit. Sie ist stark beeinflußt von der relativen Feuchtigkeit der umgebenden Luft, von der herrschenden Wärme, aber sie erweist sich als eine auch physiologisch recht erheblich mitbestimmte Erscheinung. Damit steht die Beurteilung der Wasserökonomie vor einer keineswegs einfachen Aufgabe. Denn die meteorologisch gemessenen Werte gestatten wohl eine gewisse allgemein zutreffende Schätzung, sie lassen aber sehr häufig im Stich, wenn es sich um eingehendere Erkenntnis handelt. Das Bestreben, exakte Methoden für die Feststellung der mitwirkenden Faktoren zu gewinnen, hat besonders in Amerika zu mannigfachen Vorschlägen und Versuchen geführt.

In Deutschland hat vor allem H. Walter das Studium des Wasserhaushaltes der Pflanzen gefördert und den Begriff der Hydratur für die Wasserbilanz der Pflanzen, ihren Wasserzustand, eingeführt (1931). Als Indikator für die Wasserbilanz verwendet er den in Atmosphären ausgedrückten osmotischen Wert der Zellsaftkonzentration, die Saugkraft der Pflanzen, die diejenige des Bodens überwinden muß. Sie beträgt beispielsweise in den Wurzelhaaren von Landpflanzen 9—11 Atm. und kann in den Kronen der Bäume 50 Atm. überschreiten.

Die Bedeutung der Wasserökonomie für die Pflanzen im einzelnen wie in ihrer sozialen Vereinigung ist so ausgeprägt, daß man sie jetzt der ökologischen Hauptgruppierung der Vegetationsformen zugrunde zu legen pflegt. Man unterscheidet nach dem Zustande dieser Ökonomie in abgestufter Folge die Hydrophyten, Hygrophyten, Mesophyten und Xerophyten.

Die Hydrophyten (Wasserpflanzen) bilden einen extremen Spezialfall. Bei vielen wird die ganze Körperoberfläche zum Absorptionsorgan. Dieser Leistung zuliebe dehnt sie sich in die Weite und entfaltet sich so stark wie möglich. Die Tange der Meere bilden riesige Platten oder sie sind aufgelöst in ein spitzenfeines Zweigwerk. Im Süßwasser folgt die Vegetation den gleichen Prinzipien. Auch dort herrschen große dünne oder fein zerteilte Spreiten vor, die unter dem Wasserspiegel oder auf der Oberfläche liegen. Ihre osmotischen Werte betragen im Mittel 8—11 Atm.

Sobald das Land betreten ist, vollzieht sich ein gründlicher Umschwung durch den veränderten Eintritt und die notwendig werdende Abgabe von Wasser. Aber dieser Umschwung geht nicht so allgemein, so plötzlich, so übergangslos vor sich, wie man wohl denken möchte. Viele Kryptogamen, die an feuchtes Substrat gedrückt gedeihen, leben noch halb wie Hydrophyten. Die zarthäutigen Hymenophyllaceen gleichen in dem durchsichtigen Gewebe ihres oft fein zerteilten Laubes in vielem noch den Wasserpflanzen.

Auch höhere Pflanzen des Landes erinnern unter entsprechenden Umständen noch in gewissen Zügen an die Hydrophyten. In den feuchten Erdgebieten, wo häufige und starke Niederschläge den Boden dauernd durchtränkt halten und gleichzeitig hohe Luftfeuchtigkeit andauert, sind diese „Hygrophyten" am zahlreichsten und am besten ausgebildet. Die Saugkraft ihrer Zellen ist vergleichsweise gering (um 10 Atm.). Möglichste Vergrößerung des dünnen Laubes oder Auflösung des Blattes in zahlreiche Abschnitte verleiht ihnen bezeichnende Tracht. Das sind die Charakterpflanzen der sumpfigen Gründe in dem Äquatorialgürtel: die Musaceen, die großblättrigen Araceen, die gewaltigen Spreiten der Waldfarne. Ja, man hat gemeint, daß diese Hygrophyten unter Umständen sogar unter einer Überfülle von Feuchtigkeit litten und besondere Vorkehrungen träfen, um sich des überschüssigen Wassers zu entledigen. Haberlandt hat dahin wirkende wasserausscheidende Einrichtungen („Hydathoden") bei einer Anzahl von Hygrophyten aufgefunden und ihre Wirkung beobachtet. Die Ausziehung des Blattes in eine abgesetzte, oft lang vorgezogene Spitze, wie sie bei manchen Hygrophyten vorkommt, ist gleichfalls in

Verbindung mit der Wasserökonomie gebracht worden. Jungner sah darin eine „Träufelspitze", die durch schnelle Ableitung des häufigen Regenwassers für die Aufrechterhaltung der nötigen Transpiration sorge. Es ist eine Vermutung, gegen die mehrere Bedenken vorliegen, und die man besser einstweilen ablehnt.

Einen mittleren Stand des Wasserverkehrs weisen die Mesophyten auf. Die Größe der Spreiten nimmt ab, die flächenfördernde Gliederung vermindert sich. Selbstverständlich sind sie mit den Nachbarklassen durch völlig allmähliche Übergänge verbunden.

Eine stärkere Erschwerung oder Beschränkung der Wasserökonomie führt zu den Xerophyten (Volkens 1887). Der Wasserverkehr hält sich bei ihnen durch Sicherung der Absorption oder durch Einschränkung des Verbrauches in dem gebotenen Rahmen, wobei eine Minderung der vegetativen Leistung die unvermeidliche Folge wird. Eine Sonderstellung nehmen die sog. „Sukkulenten" ein. Geringe Oberflächen-Entwicklung, Speicherung des Wassers und sparsamer Gaswechsel kennzeichnen diese bizarren Gewächse. Ihre Wurzeln bleiben dicht unter der Oberfläche; sie vermögen damit selbst leichte Regenfälle auszunützen, die Flüssigkeit in sich aufzunehmen und in einzelnen Zellen oder ganzen Geweben (bei osmotischen Werten von 5—22 Atm.) mit erstaunlicher Zähigkeit festzuhalten. Als dickgeschwollene, nicht selten säulenförmige oder kugelige Pflanzenkörper bilden sie mit ihren festen glatten Häuten, der starren Form der Gestaltung bekanntlich höchst wirksame Züge im Landschaftsbild. Geographisch ist ihre Bedeutung streckenweise unerreicht von anderen Pflanzen. Im trockeneren Amerika bezeichnen die Kakteen in dieser Wuchsform weite Gebiete. In Afrika verbindet sich mit ihr eine größere systematische Vielfältigkeit. *Euphorbia*-Arten von ungefüger Kandelaberform, *Aloë* mit fast metallisch starren Blättern, dazu eine Menge kleinerer, aber nicht minder abenteuerlicher Gestalten setzen das Heer der afrikanischen Sukkulenten zusammen. Auffallenderweise hat Australien in seinen heißen Wüsten diesem Reichtum nichts zur Seite zu stellen. Nur die *Chenopodiaceae* mit ihrem fleischigen Laube treten dort in einer Fülle von Formen zutage; aber das ist nichts Auszeichnendes, denn auch die Trockengebiete von Asien und Nordamerika sind wohlbesetzt mit ähnlichen Pflanzen.

Die Mehrzahl der Xerophyten verzichtet auf Speicherung. Aber die Absorption wird gefördert durch hohe Saugkraft der Zellen (bis zu 60 Atm.), oder sie wird gesichert durch ein besonders weitreichendes Wurzelsystem: man kennt Wüstenpflanzen, deren Wurzeln bis zu 20 und 30 m tief hinabsteigen. Andere Xerophyten sind gegen Rückgang des Wassergehaltes in ihrem Körper überraschend unempfindlich, sie sind „dürreresistent", wie man sich ausdrückt.

Manche können ohne Schaden über die Hälfte ihres Wassergehaltes verlieren, während hygrophile Pflanzen schon bei 15—20 % Wasserverlust absterben.

Sehr allgemein zeigt sich bei ihnen eine Hemmung des Wachstums, auffällig ist besonders die Minderung der Blattflächen bei den Xerophyten. Sie werden nadelförmig, eingerollt, zylindrisch, schuppenförmig. Ganze Länder sind beherrscht von kleinlaubiger Vegetation; namentlich die Gebiete mäßiger Winterniederschläge in den Mittelmeerländern, in Südafrika und Südaustralien haben unzählige Arten dieser Wuchsform. Nur ein Sonderfall der gleichen Erscheinung ist das völlige Schwinden der Blätter, welches mit interessanten Ausgleichserscheinungen verbunden zu sein pflegt. Solche blattlosen Gewächse mit assimilierenden Zweigen finden sich in vielen Trockengebieten.

Die Xerophyten prägen auch im feineren Bau ihrer inneren Gewebe und in der Ausstattung der Haut sehr deutliche Beziehungen zu dem Medium ihres Daseins aus. Manche davon, wie die stark entwickelten Leitbahnen und Fasern, wie die Dicke der Wandungen und der Bau der Spaltöffnungen, sind äußerlich nur wenig wirkungsvoll, andere aber werden physiognomisch von beträchtlichem Effekt. Namentlich gewinnen Haarbildungen bei zahlreichen Xerophyten eine große Bedeutung, sei es als Drüsen, deren Ausscheidung das Laub wie mit einem Lack überzieht, sei es als hellfarbener Überzug, der die Dichte starken Filzes annehmen kann. Schon in Deutschland gewahrt man an trockenen Stellen mancherlei behaarte Gewächse. In den Alpen mehren sie sich auf Geröll und an trockenen Hängen, besonders in südlicher Lage; Edelraute und Edelweiß verdanken dem Haarüberzug ihren Ruf. Die Länder ums Mittelmeer sind im Hochsommer durch nichts besser bezeichnet, als durch die Menge grauwolliger und weißfilziger Pflanzengestalten. Jedes der übrigen Xerophyten erzeugenden Länder bietet Beispiele gleicher Art, so die Hochgebirge Südamerikas, die Geröllhänge der neuseeländischen Alpen, die Savannen Afrikas usw.

Die eigenartige Erscheinung, daß viele Pflanzen der Hochmoore oder auch kalter oder salzhaltiger Standorte xerophytische Merkmale zeigen (kleine, derbe, immergrüne Blätter), hat man früher durch „physiologische Trockenheit" (Schimper) ihrer Standorte erklärt, die zwar physikalisch naß seien, deren Wasser aber wegen des hohen Gehaltes an Humussäuren oder Salzen oder der Kälte des Bodens von den Pflanzen nicht hinreichend aufgenommen werden könne. Heute ist man der Ansicht, daß der Stickstoffmangel des Substrates hierbei eine große Rolle spielt (vgl. S. 92) und daß diese Pflanzen wegen der Armut des Bodens gezwungen sind, bis in den Winter hinein zu assimilieren und daher diese Blattstruktur benötigen.

Die vier Gruppen der Pflanzen nach dem Stande ihrer Wasserökonomie gestatten bei sachgemäßer Fassung der Begriffe einen genügenden Überblick. Die Einordnung eines bestimmten Falles aber bereitet mitunter Schwierigkeiten. Eine häufige Ursache solcher Unsicherheit liegt darin, daß infolge der Periodizität vieler Klimate die Wasserökonomie gleichfalls periodischem Wechsel unterworfen ist. Schimper hat für die extremen dieser Vorkommnisse die besondere Klasse der „Tropophyten" geschaffen. Darin brachte er Pflanzen unter, deren Leben in einem periodischen Wechsel (τρόπος) abläuft. Charakteristische Vertreter dieser großen Gruppe bilden die laubwerfenden Bäume und die einjährigen Pflanzen. Beide verbringen den ungünstigen Teil des Jahres in ruhendem oder wenigstens stark eingeschränktem Zustande: die einjährigen in der Form des Samens, jene blattwerfenden Gehölze unter Stillstand der Assimilationsarbeit. Es kann das völlige Aufhören der atmosphärischen Niederschläge sein, welches die Vegetationsruhe erzwingt: so ist es häufig in wärmeren Gebieten der Erde. Oder es wirkt, wie im Winter bei uns, der Mangel der Wärme. Beide Fälle sind jedoch durch zahlreiche Übergangsstufen mit den übrigen Klassen verbunden; es empfiehlt sich, sie vorläufig unter die Mesophyten einzureihen.

Wie die Möglichkeit des Gedeihens einer Pflanze an einem gegebenen Standort weitgehend von einer bestimmten Niederschlagsmenge abhängt, sei am Beispiel der Rotbuche erläutert. Ein Buchenbaum benötigt für die Aufrechterhaltung seines Transpirationsstromes während der Vegetationsperiode täglich etwa 50 Liter Wasser, in einem Sommer 9000 Liter; 1 Hektar Buchenwald verbraucht in einer Vegetationsperiode 3 600 000 Liter Wasser, entsprechend einer Niederschlagsmenge von 360 mm. Berücksichtigt man, daß von den Gesamtniederschlägen, die dieses Buchenwaldgebiet erhält, ein Teil wieder verdunstet ohne den Boden zu erreichen, ein anderer abfließt, ein weiterer vom Boden und den Pflanzen selbst gebunden wird, so kommt man auf etwa 600 mm Jahresniederschlag, die zum Gedeihen der Rotbuche nötig sind und deren Unterschreitung ihrem Vorkommen (natürlich zusammen mit den übrigen Standortsfaktoren) eine Grenze setzt.

Für die räumliche Anordnung der Vegetation spielen die Feuchtigkeitsverhältnisse gleichfalls eine beträchtliche Rolle im großen wie im kleinen. Ihre Wirkungen sind wahrnehmbar in den großen Zügen der Pflanzenverteilung auf der Erde, wie in der Gliederung eines jeden Stückes Pflanzendecke von beschränktem Umfang. Oft greift in schwer trennbarer Verbindung damit auch die Wärme ein, und der gemeinsame Einfluß von beiden richtet über Form und Verbreitung der Vegetation. De Candolle ordnete die ganze Pflanzenwelt in Klassen je nach ihrem Bedürfnis nach Wärme und Feuchtigkeit; heute aber ist man geneigt, der Wasserökonomie die umfassendere Bedeutung zuzuschreiben.

Im großen bilden die Waldgürtel außerhalb der beiden Wendekreise, der äquatoriale Waldgürtel und die Gürtel der Steppen und Wüsten dazwischen einen Ausdruck der Niederschlagsverhältnisse (vgl. S. 113). Jedes einzelne Land verrät in gleicher Weise ihre Wirkung. Schon in dem klimatisch so langsam und allmählich abgestuften Flachland von Norddeutschland liegt sie unverkennbar offen, wenn man die Heidelandschaft des Nordwestens den kieferreichen Gegenden des Ostens gegenüberstellt. Wunderbar geschärft erscheint in der Schweiz der Gegensatz zwischen der erhitzten trockenen Talfurche des Wallis mit seiner an Sommerdürre gewöhnten Vegetation und dem feuchten Seengebiet jenseits der Berge (Christ 1870, Schröter 1923), das auch im Hochsommer im üppigsten Grün prangt, wo aus allen Felsenritzen zarte Pflanzen lugen, wo weiches, großes Laub die Bäume schmückt und viele Schlinggewächse sich zwischen dem Geäst hindurchdrängen.

In jeder Pflanzengemeinde macht die Verteilung der Feuchtigkeit ihre Rolle geltend, schon im engen Rahmen eines kleinen Bestandes. Da halten sich dicht am Boden, wo es ruhiger und feuchter ist, andere Gewächse auf, als einen Meter höher. Das Pflanzenkleid der Wiese ändert sich, je tiefer sich ihr Boden senkt. Im Moore tragen kleine Rinnen unter dem Einfluß des strömenden Wassers eine kräftigere Vegetation als die höheren Kuppen. Der Gegensatz von Schlucht und freiem Hang oder gar ausgesetzter Höhe ist auf der ganzen Erde eine sprechende Wirkung der Feuchtigkeit. Die Nähe des Grundwassers schafft die Oasen in den vegetationsarmen Wüsten. Die großen Grasflächen Afrikas und Amerikas sind durchsetzt von Rinnen näheren Wassers, die ein Urwaldsaum begleitet, und die wie dunkelgrüne Adern die lichtüberflutete Fläche des Graslandes durchziehen. Der untere Oranje fließt durch eine nahezu niederschlagslose Wüste mit kümmerlichsten Xerophyten, aber seine Ufer sind umsäumt von grünenden Bäumen und Sträuchern, die er mit seinen allzeit fließenden Wassermengen ernährt.

Auch zeitlich wechselnde Bilder sind vom Wasser bedingt. Ist in der Wüste einmal reichlicher Regen gefallen, so ergrünt und blüht die Krauttrift dort, wo gewöhnlich kahler Lehm ist. Tritt ein Strom über die Ufer, so bedecken Sumpfpflanzen die Gelände, die sonst Wiese tragen.

Eine Nebenleistung des Wassers, seine mechanische Kraft, macht bei der Ausbreitung der Gewächse sich stellenweise bemerkbar. Die Strömung bringt Samen vom Oberlauf der Gewässer talabwärts. Gebirgspflanzen des Harzes gehen mit den Bächen hinab bis in die Ebene. Die Alpenflüsse bringen subalpine Bewohner der Berge oft zahlreich ins Flachland. Auffällig wirken auch die regelmäßig auftretenden Tropenströme, wie der Nil, der mit seinen Fluten tropische Unkräuter in die mediterrane Niederung von Unterägypten führt.

Wesentlich ein gleiches liegt in dem Eingreifen der Meeresströmungen vor, die für die räumliche Ausdehnung der Areale bedeutsam werden. Schon Linné hatte an dem Strande Norwegens tropisch-amerikanische Samen aufgesammelt und den Golfstrom dafür verantwortlich gemacht. Später sind solche Beobachtungen viel zahlreicher angestellt und namentlich von Schimper umfassend verwertet worden. Dieser Forscher wies auf die mannigfachen Einrichtungen an Früchten und Samen hin, welche das spezifische Gewicht dieser Gebilde erleichtern und bei strandbewohnenden Arten besonders vollkommen ausgebildet scheinen. Die angespülte Drift an der Südküste Javas lieferte ihm Früchte und Samen, die unzweifelhaft aus einiger Ferne stammten, manche trugen außen auch die Spuren langer Reise durch die

Fluten, aber fast alle zeigten unversehrte Kerne und waren bereit zur Keimung, wo immer sich günstige Bedingungen dazu boten.

e) Boden („edaphische Faktoren")

Sind Licht, Wärme und Wasserökonomie die Momente, welche die Verteilung, Verbreitung und Vergesellschaftung der Pflanzen in ihren großen Zügen regeln, so hängt die Anordnung im kleinen mehr von den Bodenverhältnissen, den „edaphischen Faktoren", ab. Innige wechselseitige Beziehungen bestehen zwischen dem Boden, seiner vegetabilischen Decke und den Kleinorganismen, die in ihm leben.

Die Bodenbildung ist durch das Zusammenwirken von Klima und Vegetation bedingt; im ariden Klima vollzieht sie sich anders als im humiden und nivalen, aber immer ist für das Endergebnis die Mitwirkung der Pflanzendecke ausschlaggebend (vgl. Ramann, Blanck, Russell, Fabry, Kubiena).

Pflanzen vermögen durch ihre mechanischen und chemischen Kräfte die Gesteine anzugreifen und ihre Verwitterung in die Wege zu leiten. Das ist die Art, wie winzige Kryptogamen die ersten Zersetzungserscheinungen hervorrufen. Die meisten Gewächse allerdings siedeln sich erst auf stärker verändertem Boden an. Sie nutzen den Boden nach Maßgabe seines Gehaltes an festen Stoffen, an Wasser und an Luft, ferner seiner Wärme.

Bei den festen Stoffen ist wichtig ihre chemische Natur und der Grad ihrer Zersetzbarkeit. Manche Gesteine sind reicher an zugänglichen Nährsalzen, wie Basalte, Kalke, Löß, Schlick, manche ärmer daran, wie Granit, kristallinische Schiefer oder Sandsteine. Die einen zerfallen rasch in „Erde" (sind „eugeogen"), die anderen zersetzen sich langsam (sind „dysgeogen). Ferner ist wesentlich, vor allem für die Einteilung in „Bodenarten", die Größe des Kornes, vom großen Block über Geröll, Kies, Sand bis zu den feinsten Partikeln im Ton: je kleiner das Korn, um so enger die Poren, um so geringer die Durchlüftung, um so höher meist der mögliche Wassergehalt. Dieser Wassergehalt aber ist oft von entscheidender Bedeutung. Im Einzelfalle kann er durchaus nicht leicht beurteilt oder gemessen werden, weil eine größere Anzahl von Faktoren beteiligt ist, das schließlich Verfügbare zu bestimmen. So werden die Niederschläge von den einzelnen Böden in sehr ungleicher Weise aufgenommen, weiter geführt und festgehalten. Von Ton läuft das Wasser oft ab, ehe es noch hat eindringen können; in Sand sinkt es mit großer Schnelligkeit ein und laugt ihn dabei aus. Der Wassergehalt wird mittelbar wichtig auch durch seinen ausgleichenden Einfluß auf die Wärme des Bodens. Nasse Böden sind schwer erwärmbar, behalten aber ihre Temperatur besser als Sand oder Kalk. Das hat z. B. für die Entwicklung der Vegetation nach kalten Jahreszeiten einen weitreichenden Einfluß. Die Bodenwärme schwankt ferner nach dem Einfall der Sonne, nach der Porosität, nach der Färbung, nach dem Wesen der Bodendecke. Man hat gemessen, daß bei 25 ° Lufttemperatur ein weißer Boden auf 43 °, ein schwarzer auf 51 ° sich erwärmte.

Es ist einleuchtend, daß alle die erwähnten Seiten des Bodenproblems noch verwickelter werden durch die Ungleichheit der Schichten. Flachgründige Böden wirken völlig anders als tiefgründige, gleichartige Oberschichten werden tatsächlich in ihren Eigenschaften durchaus verschieden, wenn die Nachbarschichten ungleich sind. Überhaupt stellt der Naturboden oft sowohl in vertikaler (Bodenprofil!) wie in horizontaler Richtung ein mannigfaltiges und ständig sich verschiebendes Mosaik dar von sehr kleinen chemisch und physikalisch (Kraus 1911) verschiedenen Parzellen, deren jede ein besonderes Medium für die Pflanzendecke bedeutet.

Die Eigenschaften der Böden werden noch mannigfaltiger durch den Einfluß der lebenden oder abgestorbenen Organismen. Wichtig davon ist vor allem der Gehalt und die Wirkung von „humosen“ Stoffen. Humus ist der Sammelname für sehr mannigfaltige Produkte, die bei der unvollständigen Zersetzung organischer Stoffe entstehen und deren Bildung und Verwandlung auf das Wirken der Bakterien und Pilze, sowie der Kleintiere des Bodens zurückgeht. Humusstoffe verändern die Eigenschaften der Böden stark auch in physikalischer Hinsicht und üben auf die edaphische Bedingtheit der Pflanzen daher einen sehr wesentlichen Einfluß. Die entstehenden Humusböden sind je nach den beteiligten organogenen Stoffen und nach dem Grade der Zersetzung sehr verschiedenartig. Es entsteht Torfboden in kühleren Gegenden bei Anhäufung von Kohlenstoff, wenn Sauerstoff abgeschlossen wird, unter Abscheidung von freien Humussäuren; er hat von allen Böden die größte Aufnahmefähigkeit für Wasser und gehört daher zu den kalten Böden. Von gleichfalls saurer Reaktion ist der Rohhumus, dessen Entstehen man eine „Torfbildung auf dem Trocknen" genannt hat. Die in ihm enthaltenen Humussäuren gelangen durch die Niederschläge in die tiefer liegenden Bodenschichten und bringen dort oft eingreifende Veränderungen hervor, nämlich Auswaschung und tiefer unten Ansammlung der Verwitterungsprodukte. Auf solchen Vorgängen beruht z. B. die Bildung von Bleichsand (Podsol) und Ortstein, welche für die Pflanzendecke schädliche Folgen nach sich zieht. Der gewöhnliche Humusboden ist im Gegensatz zu den genannten Formen milde und weist neutrale oder alkalische Reaktion auf. Er besitzt viele Eigenschaften physikalischer und chemischer Natur, die ihn sehr förderlich für die Ernährung der Pflanzen werden lassen. Es ist verständlich, daß wohl die Mehrzahl der Gewächse einen gewissen Humusgehalt des Bodens verlangt, freilich in recht ungleichem Maße. Übrigens sind Wärme, Licht und Sauerstoff den Humusstoffen feindlich, da sie sie bald chemisch zersetzen. Die kühlen und schattigen Gegenden pflegen daher reicher an Humus zu sein, als die heißen und starkem Lichte ausgesetzten.

Das Zusammengreifen der lebenden und verwesenden Organismenwelt mit den anorganischen Stoffen führt zu einem recht komplizierten Chemismus. Zum Teil sind derartige Einflüsse sehr deutlich der äußeren Wahrnehmung zugänglich. Ihre Erörterung hat infolgedessen seit langer Zeit einen breiten Raum in der Wissenschaft eingenommen. Besonders die Wirkungen von Chlornatrium und Kalziumkarbonat haben ausgedehnte Untersuchungen und erhitzte Polemiken veranlaßt, da sich die allgemeine Frage daran knüpfte, ob an den edaphischen Wirkungen die chemischen oder die physikalischen Eigenschaften der Böden größeren Anteil hätten.

Wo immer ein Boden Anhäufung von Chloriden, Sulfaten oder Soda nachweisen läßt, trägt er eine bestimmte, auffallend gestaltete und charakteristisch zusammengesetzte Vegetation. Die dort wachsenden Pflanzen heißen Halophyten. Hierunter versteht man Arten, die durch einen gewissen Salzgehalt des Bodens eine deutliche Förderung erfahren und mehr oder weniger große Salzmengen vertragen, ja sogar zur normalen Entwicklung brauchen. Sie speichern in ihrem Zellsaft erhebliche Mengen an Chloriden oder Sulfaten, wodurch ihre Saugkraft nach Messungen von Walter auf 35—45 Atm. steigt und höher wird als der osmotische Wert der Bodenlösung; dadurch wird die Möglichkeit der Transpiration gewährleistet. Auf stark wechselnde Konzentration der Bodenlösung vermögen sie sich leicht einzustellen. Ihr Gewöhntsein an Salze macht gewissermaßen den Grundzug ihres ökologischen Wesens aus, und sie treten dadurch in Gegensatz zu der großen Mehrheit der übrigen Pflanzen, welche in solchen Salzböden nicht gedeihen können. Viele Halophyten sind gekennzeichnet durch Sukkulenz ihres Körpers. — Die Erklärung dieser Tatsachen liegt offenbar tief im konstitutionellen Chemismus des Stoffwechsels dieser Gewächse begründet; wenigstens ist die allgemeine Neigung zu halotischer Lebensweise in gewissen systematischen Gruppen *(Chenopodiaceae, Plumbaginaceae)* ein Hinweis darauf. Pflanzengeographisch ist daher die Wirkung der Salze recht bedeutend, im großen wie im einzelnen. Die Wüsten und Steppen besitzen Halophytenflora an vielen Stellen, bei uns gibt es außer den Gewächsen des Meeresstrandes an der Nord- und Ostsee auch an den Salzstellen des Binnenlandes eine größere Anzahl von Salzpflanzen, und selbst räumlich ganz beschränkte Plätze, die chloridhaltigen Boden haben, lassen sich an ihren Pflanzenarten erkennen; es ist dies z. B. in der Mark Brandenburg nachgewiesen.

So hat über die Rolle des Chlornatriums und der Sulfate als chemisch wirkenden Verbreitungsfaktoren niemals eine Meinungsverschiedenheit aufkommen können. Dagegen hat die Rolle des Kalziumkarbonats eine Trennung der Ansichten veranlaßt, in deren Erörterung viele Probleme weiteren Umfanges hineingezogen worden sind. In den Alpen Mitteleuropas wies Unger 1836 zuerst auf die floristische Gegensätzlichkeit zwischen dem Urgebirge und den Kalkalpen hin. Er prüfte die gesamte Flora seines Untersuchungsbereiches bei Kitzbühel in Tirol auf ihr edaphisches Verhalten und schied sie danach in mehrere Klassen. Er traf „bodenvage" Pflanzen, die zwischen Urgebirge und Kalk keinen Unterschied zu machen schienen; er bemerkte „bodenholde", die eines der beiden Gesteine bevorzugten, und endlich fand er „bodenstete", die unter allen Umständen nur auf der einen Unterlage wuchsen. Da es in Europa an Gebieten ähnlicher Gegensätze nicht mangelt, so wurden bald darauf andere Forscher auf ähnliche Erscheinungen aufmerksam und gewannen auch entsprechende Ergebnisse. Der Muschelkalk und der Buntsandstein in der Trias, der Zechstein und das Rotliegende, der Jurakalk und die umliegenden Kieselböden, alle wiesen auf dieselben Beziehungen der Flora zu ihrem Untergrunde. Es stellten sich allenthalben gewisse Arten als kalkliebend heraus, wie etwa *Coronilla Emerus, Hippocrepis comosa, Sesleria coerulea, Aster Amellus,* viele *Orchis,* manche „Kalk"flechten; andere dagegen als kalkfliehend, wie *Ulex europaeus, Vaccinium Myrtillus, Jasione montana, Digitalis purpurea, Sarothamnus scoparius.* Bei der kausal gerichteten Untersuchung dieser Verhältnisse ergab sich durch Kultur und Analyse, daß es kein übergroßes oder besonders geringes Bedürfnis nach Kalk sei, das jene Erscheinungen schaffe. Eher sprachen viele Erfahrungen dafür, daß der Kalkboden auslesend wirke, indem er die kalkfeindlichen Arten ungünstig oder geradezu als Gift zu beeinflussen schien. Erheblich erweitert wurde die Erörterung durch Thurmann, der nach umfangreichen Studien im Schweizer Jura zu der Theorie veranlaßt wurde, es sei nicht das chemische Wesen, welches hier wirksam wäre, sondern die Physik der Böden. Obwohl die offenbare Wärmebedürftigkeit der meisten Kalkpflanzen Thurmanns Gedanken als fruchtbar erweist, wurden ihm doch manche Einwände entgegengestellt. Der entfachte Streit zwischen den Vertretern der physikalischen Bodentheorie und den Anhängern der chemischen bereicherte sehr bald die einschlägigen Erfahrungen in wesentlicher Weise. Man lernte einsehen, daß das Problem verwickelter ist, als es anfangs zu sein schien. Die Listen der bodenvagen, bodenholden, bodensteten Arten, wie sie in einer bestimmten Gegend aufgestellt waren, hatten in einem anderen Gebiete keine vollkommene Geltung mehr. Manche Arten, z. B. *Bromus erectus*, waren hier kalkhold, dort bodenvag oder sogar vorzugsweise auf Kieselböden zu finden. Es ergab sich allgemein, daß die Arten, je mehr sie im Kerne ihres Areales wachsen, um so edaphisch gleichgültiger, je näher sie seinen Grenzen kommen, um so empfindlicher werden. Damit wurde es notwendig zuzugestehen, daß ein Ersatz chemischer Eigenschaften durch physikalische möglich sei. Zugleich lenkte der Fortschritt der osmotischen Forschungen den Blick auf physikalisch-chemische Momente, unter denen der Sättigungszustand der Lösungen und der Säuregrad im Boden sich als besonders wichtig herausgestellt haben. Den jeweiligen Säuregrad mißt man an der Konzentration der Wasserstoff-Ionen, pH, deren Bestimmung neuerdings erheblich vereinfacht worden ist. Sauere Böden haben die pH-Zahl 6,7—3, neutrale 7—6,7, basische über 7. Freilich unterliegt der Säuregrad räumlichem Wechsel nach den Schichten des Bodenprofils; aber für den Ökologen kommt zunächst diejenige Schicht in Betracht, in der die saugenden Wurzelteile liegen. Auch zeitlich bleibt die pH-Zahl nicht immer gleich, wenn auch in vielen Böden der Säuregrad nicht wesentlich schwankt. Im ganzen zeigen sich die Beziehungen der Arten und Artenverbände zum pH-Wert ebenso wie bei anderen Faktoren in einer Kurve mit bestimmtem Optimum, die aber nicht absolut verläuft, sondern von vielen Umständen weitgehend beeinflußt wird (Wiegner 1926).

Weiterhin ist der Nährstoffgehalt des Bodens, besonders an Phosphor- und Stickstoffverbindungen, von Bedeutung für die Zusammensetzung der jeweiligen Vegetationsdecke. So hat man festgestellt, daß es Unterschiede im Phosphorgehalt des Wassers sind (und nicht die pH-Werte), die für die Zusammensetzung der höheren Wasserpflanzenvegetation maßgebend sind; die Pflanzen der eutrophen Gewässer stellen diesbezüglich die höchsten Ansprüche. Auch im Meere ist der P-Gehalt oft der begrenzende Faktor. — Genauer ist die ökologische Wirkung des Stickstoffes bekannt, der an verschiedenen natürlichen Standorten, wie Tangwällen des Meeresstrandes, Waldlichtungen, Vogelfelsen, Viehlägern um die Alphütten, Müllabladeplätzen und vom Menschen überdüngten Stellen angereichert wird und eine nitrophile Flora (z. B. Brennessel, Taubnessel) begünstigt. — Die viel umstrittene Xeromorphie der Hochmoorpflanzen (vgl. S. 82) hängt nicht mit dem Wasserhaushalt zusammen, sondern mit der Stickstoffarmut des Substrates. Ähnlich steht es mit der Xeromorphie der Pflanzen kalter Standorte; deren Wurzeln vermögen bei tiefen Temperaturen dem Boden nur wenig N-Salze zu entnehmen und leiden daher unter Stickstoffmangel. — Die Insektivoren, z. B. *Drosera* und *Pinguicula*, verschaffen sich auf Hochmoorboden durch die Aufnahme von tierischem Eiweiß zusätzlichen Stickstoff.

Nach der erwähnten Vorliebe mancher Pflanzen für bestimmte Bodeneigenschaften kann man solche Arten direkt als Indikatoren verwenden, die durch ihr Vorkommen leichte sandige Böden, Lehm- und Tonböden,

Kalkgehalt, die verschiedene Bodenreaktion, milden Humus und Mullboden, Rohhumus, Sumpfboden, Hochmoor, Stickstoffreichtum oder Stickstoffmangel, hohen oder geringen Wassergehalt, Salzboden usw. anzeigen (vgl. Fabry 1950); noch sicherer geht man, wenn man nicht einzelne Pflanzenarten, sondern ganze kennzeichnende Pflanzengesellschaften als Zeiger für Klima und Boden heranzieht (Ellenberg 1950).

In hohem Grade hängen die Eigenschaften des Bodens davon ab, welche Tiere und pflanzlichen Mikroorganismen darin leben und in welcher Menge diese Insekten, Würmer, Protozoen, Spaltalgen und Bakterien vorhanden sind. Denn die Durchlüftung der Erdschichten, ihr Gehalt an Kohlensäure, die Bindung von Stickstoff, der Aufschluß anorganischer Substanzen und der gesamte Kreislauf der Stoffe gehen größtenteils zurück auf die Lebenstätigkeit dieser verborgenen Bodenbewohner. Damit berühren wir bereits die „biotischen Faktoren".

Durch alle derartigen Untersuchungen ist in den letzten Jahrzehnten der Zusammenhang zwischen Klima, Vegetation und Bodenbildung immer klarer geworden. Im ariden Klima ist die Vegetationsdecke sehr locker, die Bodenbildungsvorgänge verlaufen sehr langsam und führen vielfach nicht bis zu völliger Reife. Die löslichen Mineralien werden in der Trockenzeit durch die Verdunstung nach oben gesaugt und können sich als Salzkruste an der Oberfläche ausscheiden. Umgekehrt wird im stark humiden kühlen Klima der Optimalzustand der Bodenreife oft überschritten und die Eigenschaften des Bodens verschlechtern sich; durch die reichlichen Niederschläge werden die Nährstoffe ausgelaugt und in tiefere Schichten hinabgewaschen (Podsolböden). In der Mitte zwischen diesen Extremen liegen die günstigsten Bedingungen der Beeinflussung des Bodens durch Klima und Vegetation. Wir wissen heute, daß jeder Pflanzengesellschaft, die sich durch einen genügend langen Zeitraum entwickelt und ihre Klimaxstufe erreicht hat, ein bestimmtes Bodenprofil entspricht. Umgekehrt kann man aus einem vorliegenden Bodenprofil auf die Pflanzengesellschaft schließen, die, obwohl durch Mensch, Tiere, Feuer usw. vernichtet, dort geherrscht hat. So stellen also auch in dieser Hinsicht die Pflanzengesellschaften Indikatoren dar. Einige wichtige Bodentypen und die auf ihnen vorzugsweise gedeihenden Vegetationsformationen sind folgende: Yerma — Rohböden fast vegetationsloser Trockenwüsten; Solonetzböden — Wermutsteppen und Strauchfluren der Halbwüsten; kastanienfarbige Böden — Kurzgrassteppen; Tschernosem (Schwarzerde) — Hochgrassteppen *(Stipa);* Braunerde — blattwerfende Laubwälder; Gleiböden (Grundwasserböden) — Auenwälder; Bleicherde (Podsolböden) — atlantische Heiden und Fichtenwälder Mittel- und Nordeuropas; die oft teppichartig abziehbaren Rankerböden auf Urgestein — Zwergstrauchheiden, Gras- und Carexheiden in Tundra, Mittel- und Hochgebirge; Rendzina (Humuskarbonatboden, Kalkschwarzerde) — Zwergstrauch- und Polstermatten der Kalkgebirge; Torfböden — Hochmoore und Tundren; Terra rossa (Kalksteinrotlehm, Roterde) — Felsenheiden des Mittelmeergebietes. — Diese Entsprechungen beschränken sich nicht auf die Grobeinteilung in Bodentypen und Formationstypen, sondern lassen sich nach den Feststellungen der modernen Pflanzensoziologie bis hinunter zu den elementaren Grundeinheiten der Vegetation nachweisen; immer bilden Pflanzengesellschaft und Bodenprofil eine Einheit.

f) Fremde Organismen („biotische Faktoren")

Die innige Verkettung der Organismen, ihre soziale Abhängigkeit zeigt sich im pflanzengeographischen Bilde der Erde auf Schritt und Tritt. Doch sind uns die Einzelheiten dieser Beziehungen größtenteils noch unbekannt, auch ist die Entscheidung gewöhnlich schwierig, ob eine wirkliche gegenseitige Abhängigkeit zweier Organismen von einander vorliegt oder das gemeinsame Verknüpftsein mit einem dritten, anorganischen oder organischen Faktor.

Die gegenseitige Abhängigkeit der Pflanzen voneinander tritt zutage, wo immer man die Vegetation näher ins Auge faßt. Unter der Erde streiten die Wurzeln um Raum, um Wasser und Nährsalze, in der Luft die Laubsprosse um das Licht. Die eine Art bietet der anderen Schutz und gibt ihr Halt, oder aber sie entzieht als Schmarotzer ihr Stoffe und Kräfte. Fast überall beeinflussen die Gewächse sich mittelbar, indem sie das Medium ändern: den Boden durch Bedeckung mit Streu und darunter durch Zufuhr der Abfälle, durch Stoffwandlung und Stoffentzug, das Licht durch Beschattung. Solche Vorgänge bilden die wichtigste Ursache des Formationswandels (S. 144).

Hierher gehört auch die als Allelopathie bezeichnete gegenseitige Beeinflussung der Pflanzen durch wasserlösliche chemische Stoffe, die von den Wurzeln oder Blättern abgesondert werden (Knapp 1954, Grümmer 1955). Die Ausscheidungen von Wurzeln können die Samenentwicklung mancher Arten hemmen und anderer Arten fördern. Das Fehlen einjähriger Arten in den Rosmarin- und Heidegesellschaften Südfrankreichs soll auf der Ausscheidung toxischer Stoffe durch diese Halbsträucher beruhen. Wieweit solche hormonalen Beziehungen beim Zustandekommen der Pflanzengesellschaften eine Rolle spielen, ist noch zu klären.

Die Bedingtheit der Pflanzen durch Tiere ist besonders durch Darwins Darstellung des Kampfes ums Dasein in der Welt der Organismen sehr bekannt geworden; namentlich waren es die Bestäubungsverhältnisse der Blumen, und dabei die Abhängigkeiten der Pflanzen von der Insektenwelt, welche den berühmten Forscher beschäftigten. In der Tat hat sich bei praktischen Unternehmungen herausgestellt, daß gewisse Arten in ihrer ganzen Daseinsmöglichkeit an ihre bestimmten Bestäuber gebunden sind; der Tropenlandwirt weiß beispielsweise, daß die Kultur der Vanille ohne künstlich ausgeführte Bestäubung unmöglich ist. In ähnlichem Zusammenhang mag die Blumenstatistik einer bestimmten Flora von dem Insektenleben ihrer Heimat bedingt sein; in Verfolg solcher Gedanken hat man z. B. die Häufigkeit gewisser Blumenfarben mit dem Vorherrschen mancher Tiergruppen in allerdings meist noch lockere und oft hypothetische Beziehung gebracht. Endlich ist darauf hingewiesen worden, daß die tatsächliche Arealausdehnung einer Pflanzenart von ihren Beziehungen zur Tierwelt geordnet sein kann. Einen solchen Fall bietet die Gattung *Aconitum*. Sie ist ausgeprägt an Bestäubung durch Hummeln *(Bombus)* angepaßt, sie bedarf dieser Insekten notwendig, um Samen zu bringen. Die Arten von *Bombus* sind weniger einseitig, sie vermögen auch anderen Blumen ihre Nahrung zu entnehmen. Damit stimmt es überein, daß ihr geographischer Bezirk weiter reicht als das Areal von *Aconitum* und es völlig überdeckt: es gibt nirgendwo *Aconitum* ohne *Bombus*.

Großen Wert messen viele Autoren den Tieren als mittelbaren Förderern pflanzlicher Wanderungen bei. Beeren und fleischige Früchte werden vorzugsweise von Vögeln verspeist. Die Samen, meist hinreichend geschützt gegen die Verdauungssäfte, werden auf diese Weise weitergetragen und können oft in größerer Entfernung von der Mutterpflanze zur Keimung gelangen. Früchte oder Samen mit Anhängseln, Stacheln u. dgl. bleiben an vorüberstreifenden Tieren haften und werden von ihnen fortgeführt. Ameisen verschleppen vieles in ähnlicher Weise. Kurz, die „zoochore“ Verbreitung ist für große Klassen von Gewächsen ähnlich bedeutungsvoll, wie die „anemochore“ für andere Pflanzen.

Größere Tierherden wirken auf die Vegetation auch zerstörend ein; aber solcher Einfluß wird bald zu einem natürlichen Gleichgewicht führen, wenn nicht dauernde Zuwanderungen immer tiefergehende Schäden verursachen.

Von allen biotischen Faktoren weitaus der mächtigste ist der Mensch. Er hat die ursprüngliche Vegetation der Erde in großem Umfang bereits gründlich umgestaltet, ja vielfach gänzlich vernichtet. Teils greift er direkt ein durch Brennen, Roden, Mähen, Beweiden, Düngen u. a., teils mittelbar durch Veränderung der physischen Zustände, wie Trockenlegung von Mooren, Entwässerung und Flußbegradigungen, die den Grundwasserspiegel senken und damit die Vegetation ändern, oder durch die Störung des natürlichen Gleichgewichts zwischen den Arten und Beständen. Diese vom Menschen ausgehenden („anthropogenen") Einflüsse steigern sich mit der Höhe seiner Zivilisation. In dichter bevölkerten Ländern ist die oft sehr kurzsichtige Zerstörung der Urvegetation schon so weit fortgeschritten, daß nicht nur Gefahren in ethischer, ästhetischer und wissenschaftlicher Hinsicht bestehen, sondern für die Zukunft auch schwere Schäden rein praktischer Art zu befürchten sind. Darum haben in allen Kulturländern Bestrebungen eingesetzt, wenigstens einzelne Teile der urwüchsigen Vegetation zu retten, sie in möglichst unberührtem Zustand zu erhalten und unseren Nachkommen ein Stück der echten Natur der Länder zu bewahren. Diese Bewegung für Naturschutz und „Naturdenkmalpflege", ein Ausdruck wahrer Kulturhöhe, verdient, von allen Seiten entschlossen und beharrlich gefördert zu werden.

In manchen Gebieten hat man inzwischen begonnen, durch Wiederaufforstung, Anlage langer Schutzwaldgürtel, schmaler Heckenwindschutzstreifen usw. der Versteppung und Bodenerosion Einhalt zu gebieten.

g) Zusammenspiel der Faktoren; Relativitätsgesetz; kausale Pflanzengeographie

Am Standort wirken nun alle diese Kräfte gemeinsam auf die Pflanze bzw. die Pflanzengesellschaft. Sie haben im Laufe der phylogenetischen Entwicklung das Erscheinungsbild aller Pflanzenarten geprägt, entscheiden heute die Möglichkeit des Gedeihens am jeweiligen Wuchsort und bestimmen so das Verbreitungsareal der Arten. Je nach der topographischen Lage des Wuchsortes ist bald der eine, bald der andere Faktor von besonderer Wichtigkeit; in einem tropischen Trockengebiet wird die nutzbare Wassermenge ausschlaggebend sein, im Polargebiet ein ausreichender Wärmegenuß. Der ökologisch maßgebende Faktor ist in der Regel ein Faktor im Minimum oder ein Faktor im schädlichen Überfluß; in diesen Wirkungsgrenzgebieten ist die relative Bedeutung eines Faktors am größten. Lundegårdh hat diese Erscheinung als Relativitätsgesetz bezeichnet. — Das entscheidende Problem für jede Pflanze ist immer, ob die Standortsfaktoren ihr ermöglichen, ungünstige Jahreszeiten zu überdauern und im Laufe einer Vegetationsperiode soviel organische Substanz zu erzeugen, daß nicht nur der unumgängliche Verlust an solcher (Laubfall, Abwurf von Zweigen usw.) gedeckt wird, sondern darüber hinaus ein Zuwachs und die Ausbildung von reifen Früchten oder vegetativen Vermehrungsorganen möglich ist. Werden im Gebirge mit zunehmender Höhe oder in der Ebene gegen die Arealgrenze hin die Standortsverhältnisse immer ungünstiger, so sinkt bald die Substanzproduktion so weit ab, daß zuerst keine reifen, dann gar keine Früchte mehr ausgebildet werden und schließlich der Zuwachs den Substanzverlust nicht mehr ausgleichen kann. Hierdurch wird zunächst das potentielle Areal einer Art begrenzt; ob es tatsächlich auch ausgefüllt ist oder noch werden kann, hängt von den in Abschnitt II, 3 (S. 17) besprochenen Faktoren (der Akzessibilität) ab. — Diese eng mit der Physiologie zusammenarbeitende Methode, den Gedeihensmöglichkeiten der Pflanzenarten nachzuspüren, hat Boysen Jensen (1949) kausale Pflanzengeographie genannt. Ihr Forschungsfeld umfaßt damit die Gesamtwirkung der endogenen, exogenen und historischen Kräfte.

2. Gesamtwirkung der exogenen Kräfte

Die Bedingtheit der Vegetation durch die sie beeinflussende Außenwelt tritt am stärksten hervor in ihrer Physiognomie und in den sozialen Gebilden, in die sich die Vegetation der Länder unter jenen exogenen Kräften gliedert.

a) Physiognomik

Auf die Erfassung jener durch die Umwelt geprägten Formen kam es schon Alexander von Humboldt in seinen „Ideen zu einer Physiognomik der Gewächse" an. Der ökologische Zusammenhang der Erscheinungen war ihm dabei freilich noch weniger klar, als wir ihn in mancher Hinsicht heute sehen. Auch brachte er noch andersgeartete und andersbestimmte Momente mit in seine Betrachtung hinein, wenn er „gewisse Hauptformen" zu erkennen strebt, „auf welche sich viele andere zurückführen lassen". Aber in seinen Anschauungen liegt schon der Kern einer ökologischen Auffassung der Vegetation geborgen.

Humboldt nennt unter seinen 19 Formen Palmen, Bananen, Malvaceen, Mimosen, Heidekraut, Orchideen, Casuarinen, Araceen, Kaktus, Nadelhölzer, Lianen, Aloe, Gras, Farngewächse, Weidenform und Lorbeerform. Es sind also Gruppen, die durch Häufigkeit und Wuchsform den Charakter einer Landschaft bestimmen. Aber ihre Bedeutung besteht auch darin, daß der Zusammenhang zwischen Struktur und Umgebung bei ihnen klarer sich heraushebt, als es bei den rein systematischen Klassen geschieht. Darauf weist Grisebach hin, wenn er sagt, die physiognomische Gruppierung wolle die klimatologische Seite der Pflanzengeographie widerspiegeln, während die verwandtschaftliche (also systematische) Gruppierung die Entwicklungsgeschichte aufzuhellen strebe. Praktisch hat freilich die physiognomische Klassifizierung bedeutende Schwierigkeiten. Nur mit Zwang hätte man den Rahmen des Humboldtschen Versuches einhalten können; deshalb vermehrte Grisebach die Zahl der Gruppen auf 54, freilich nur, um damit die Unausführbarkeit des ganzen Gedankens zu erweisen. Die Wissenschaft hat seitdem diese Bahnen verlassen, sie verzichtet auf physiognomische Charakterisierung im Humboldtschen Sinne und stellt die ökologischen Wuchsformen und ihr Zusammentreten zu Formationen bzw. Vegetations-Typen in den Vordergrund. — Die erwähnte systematisch-stammesgeschichtliche Gruppierung der Pflanzen zu einem „natürlichen Verwandtschaftssystem" berücksichtigt vor allem die Organisationsmerkmale, d. h. die Merkmale, die unter den verschiedensten Lebensbedingungen gleich bleiben und von ihnen unabhängig sind, wie besonders der Bau der Blüten und Früchte; die Einteilung der Pflanzen in Wuchsformen nach ökologischen Gesichtspunkten dagegen achtet hauptsächlich auf die Anpassungsmerkmale, die die Einwirkung der Umweltfaktoren besonders auf die vegetativen Organe erkennen lassen.

b) Wuchsformen

Als ökologische Wuchsformen der Landpflanzen (Du Rietz 1931) kennen wir Holzgewächse (d. h. Bäume und Sträucher), Stauden, Gräser, Kräuter, Lianen, Epiphyten, Sukkulenten und Parasiten, sowie Moose, Flechten, Pilze und Algen. Diese ökologischen Wuchsformen werden in der Literatur oft auch Lebensformen oder Vegetationsformen genannt. Streng genommen sollte unter Wuchsform immer der Habitus einer Pflanze verstanden werden (z. B. Schopfbaum, Knollenstaude), unter Lebensform die Beziehung zur Umwelt (z. B. Schwimmpflanze, Felshafter). Eine scharfe Trennung beider Begriffe ist jedoch kaum möglich, wie z. B. die Begriffe „Liane, Epiphyt" zeigen, die auf beides hindeuten.

1. Die Holzgewächse besitzen in ihren oberirdischen, meist verzweigten, verholzten, langlebigen Stämmen einen leistungsfähigen Apparat zur Regelung des Wasser- und Stoffverkehrs. Das Laub ist in allen Fällen von kürzerer Dauer als das Holzgerüst der Pflanze. Periodisch — teils regelmäßig, teils unregelmäßig — wird es abgestoßen. Das Normale ist dauernde und langsame Erneuerung, die die Pflanze immer grün erscheinen läßt. Sehr oft aber findet der Laubwechsel periodisch und plötzlich statt, und dieser Modus wird zur Notwendigkeit, wenn strenge Periodizität des Klimas eine andere Ordnung unmöglich macht: so in warmen Gebieten mit ausgeprägter Trocken-

zeit, so in winterkalten Gegenden wie bei uns. Die Holzgewächse setzen eine gewisse Großzügigkeit des Wasserverkehrs voraus, sie sind deshalb in trockenen Ländern an besondere Vorzüge des Mediums gebunden, in feuchten dagegen weit verbreitet und oft die vorherrschende Wuchsform. Der Baum bildet die ausgeprägteste Form der Holzgewächse, ist aber durch viele sanfte Übergänge mit dem Strauch verbunden.

Nach der Verzweigung und Blattanordnung kann man Schopfbäume und Wipfelbäume unterscheiden, nach der Kronenbildung Kegel-, Schirm-, Etagenbäume usw., nach der Ausbildung des Stammes und der Wurzeln Dickstamm-, Tonnen-, Stelzwurzel-, Brettwurzelbäume u. a., nach der Blattgestaltung Laub-, Nadel- und Schuppenblattbäume, erikoide und Rutenbäume, nach der Periodizität immergrüne und trocken- oder winterkahle Bäume.

2. Die Stauden erfahren in ihren oberirdischen Teilen keine starke Verholzung, weisen aber oft eine vieljährige Lebensdauer auf. Das wird dadurch erreicht, daß der Stamm durch die Verlegung unter die Erdoberfläche oder wenigstens in die tieferen Schichten der Pflanzendecke vor äußeren Schädigungen besser gesichert wird; er trägt Knospen in mancherlei Anordnung und mit mancherlei Befähigung, die die Anlagen der Vegetationsorgane bergen. Der Blattwechsel vollzieht sich, wie bei den Holzgewächsen, entweder dauernd und allmählich, oder plötzlich durch völlige Entlaubung. In den Ländern üppigster Vegetationsentfaltung bilden die Stauden in den Waldungen gewissermaßen das Erdgeschoß des mehrstöckigen Vegetationsgebäudes. Wo aber das Klima periodische Ruhepausen erzwingt, da sind sie offenkundig bevorzugt durch ihre Fähigkeit, die ungünstige Zeit unterirdisch zu überdauern. Die Notwendigkeit, die Lebensfunktionen zeitlich zu ordnen, hat eigentümliche Anlagen für die Stoff- und Kraftreserven erwachsen lassen: sie hat die Formen der Zwiebel-, Knollen- und Rhizompflanzen geschaffen, die in der Ruhezeit den Wasserverkehr stillstellen, ihre

oberirdischen Teile einziehen und sich dadurch von den Außenwirkungen in hohem Grade unabhängig machen.

3. Die Kräuter entsprechen gleichfalls einem periodischen Wechsel des Lebensganges. Sie vegetieren nur während einer einzigen Vegetationsperiode (oder zweien), wachsen, blühen und bringen Frucht, um dann zum Ausganspunkte zurückzukehren, dem im Samen schlummernden Keimling. Der Samen ist eine oft höchst widerstandsfähige Form pflanzlicher Lebensmöglichkeit und als solche geeignet, schwere und lange Krisen zu überstehen. Alles dies läßt die einjährigen oder zweijährigen Kräuter sehr geeignet werden bei einer ausgeprägten Periodizität des Klimas. Gleichmäßige Witterung dagegen, wie sie in feuchten Tropengebieten oder in mild temperierten Ländern, auch auf ozeanischen Inseln vorherrscht, ist für Kräuter nicht vorteilhaft, und in solchen Teilen der Erde kommen sie daher nur in beschränkter Anzahl vor oder fehlen gänzlich.

In ihrer vegetativen Ausstattung sind die Kräuter oder „Annuellen" sehr plastisch. Je nach Lage und Gunst der vegetationsfördernden Jahreszeit erreicht sie ein stattliches Ausmaß oder bleibt gering und dürftig; je kürzer jene wird, um so mehr beschränkt sich die Entfaltung der vegetativen Organe. Wo nur zwei bis drei Monate Regen fällt, und zwar in dem kühlsten Abschnitt des Jahres, wie z. B. in Nordafrika oder im Kapland, da gibt es ein ganzes Heer von vegetativ bescheidenen Annuellen. Aber auch bei ihnen ist die Samenerzeugung ergiebig; geringe Ansprüche an Platz befähigen sie, den Raum auszunutzen, wie wenig andere Pflanzen; die Widerstandskraft der Samen öffnet ihnen Standorte, wo andere Formen versagen, wie z. B. periodisch austrocknende Teiche oder extreme Dürregebiete. Für die floristische Physiognomik gewinnen sie unter diesen Umständen hohen Wert. Bei uns geben die künstlichen Felder der Saaten, des Rapses, des Leins das Bild eines Annuellenbestandes. In anderen Ländern schafft die Natur solche Felder, die von malerischer Wirkung sind, wenn Größe oder Färbung der

Blüten sich mit ihrer Menge vereinen. So sind in Kalifornien, den peruanischen und südafrikanischen Küstenwüsten, Vorderasien, Australien manche Gegenden ausgezeichnet durch reiche Kräutervegetation.

4. Die wichtige Klasse der Gräser schließt sich an die der Stauden an, erhält aber durch die Wuchsverhältnisse und namentlich durch die konstitutionell gegebene Eigenart der beteiligten Gewächse einen Charakter für sich. Der rasige Wuchs, der vielen dieser Pflanzen zukommt, läßt das Individuum einen größeren Raum beherrschen; entweder bildet sich dadurch ein geschlossener Rasen, wie auf unseren Wiesen, oder es bleibt zwischen den Grasbüscheln eine anderweit bewachsene oder auch kahle Stelle übrig: so ist es meistens bei den Steppen und Savannen. — Die Grasform umfaßt nicht nur die echten Gräser, *Gramineae*, sondern erstreckt sich auch auf die *Cyperaceae*, *Juncaceae*, *Restionaceae*, *Eriocaulaceae* und andere ähnlich gestaltete Monokotylen. Ökologisch wichtig ist die vorherrschend flache Bewurzelung dieser Gewächse; sie sind daher meist auf eine oberflächliche Benetzung wenigstens während der Vegetationszeit angewiesen und verlangen eine häufigere, wenn auch nicht besonders starke Bewässerung in ihrer Wuchsperiode. Schimper stellte ein „Grasflurklima“, das diesen Anforderungen entspricht, geradezu in Gegensatz zu einem „Gehölzklima“ mit zeitlich vielleicht weniger zuverlässigen, dafür aber quantitativ jedesmal beträchtlichen Niederschlägen. In Wahrheit liegen die Dinge nicht so einfach, um sich in dieser Gegenüberstellung erschöpfen zu lassen, und die Pflanzengeographie kennt zahlreiche Erscheinungen, die mit der Schimperschen Anschauung nicht in Einklang stehen.

Außer Holzgewächsen, Stauden und Kräutern bleiben einige Wuchsformen zu betrachten, die zwar keine Formationsbildner ersten Ranges bezeichnen, die aber als nebengeordnete Bestandteile für die Formation von hoher Bedeutung sein und auch mit ihren Hauptelementen in genetischem Zusammenhang stehen können:

5. Die Lianen (Schenck 1893) wurzeln im Boden, treiben langgliedrige, anfangs schlaffe Sprosse und würden zur Erde zurücksinken, wenn sie nicht durch irgendwelche Stützung in die lichten Regionen aufsteigen könnten, um dort Blätter und Blüten zu entfalten. Allmählich erstarken diese kletternden, schlingenden oder windenden Pflanzen; viele bilden zuletzt bis armdicke Holzstämme. Physiognomisch spielen sie in mehreren Formationen eine ansehnliche Rolle, besonders in den wärmeren Ländern mit ausgeglichenem Klima. Neun Zehntel der Lianen beschränken sich auf die Tropen, und dort sind sie am häufigsten in den feuchten Waldungen. Aber auch in den lichteren Formationen sind sie keineswegs selten, sobald sich stützende Gehölze bieten. Ist dies nicht der Fall, so bleiben sie niedrig und strecken ihre schlaffen Zweige am Boden aus, wie wir es von unserer *Clematis*, auch *Rubus* u. a. kennen. Dank der Fähigkeit, starkes Licht zu ertragen, sind wahrscheinlich selbst typisch entwickelte Lianen imstande, bei langsamer Wandlung der Umgebung zum aufrechten Wuchs zurückzukehren. An die hohe Feuchtigkeit der Waldatmosphäre gewöhnt, unterliegen dergleichen Arten allerdings einer starken Reduktion in xerotischer Richtung. Manche extremen Xerophyten in den Campos von Südamerika, im trockenen Afrika, auf der regenärmeren Ostseite von Neuseeland u. a. gehören offenbar zur Klasse der wiederum aufrecht gewordenen Lianen. Sie sind gewissermaßen Vermittler des Waldes und der Savanne. Viele Pflanzengattungen enthalten in diesem Sinne aufrechte und kletternde Arten nebeneinander: so *Ficus, Clematis, Combretum, Lonicera* und manche andere.

6. Die Epiphyten (Schimper 1888) haben sich von dem Erdboden, in dem die Landpflanzen sonst wurzeln, gänzlich losgesagt. Halt, mineralische Nahrung und Wasser, das sonst der Boden den Pflanzen gibt, finden sie auch auf anderer Unterlage. In den kälteren Ländern nisten Algen, Flechten und Moose auf Stämmen und Ästen der Holzpflanzen und in feuchtwarmen Ländern sogar als

epiphylle Pflanzen auf langlebigen Baumblättern (Santesson 1952) und treffen dort alles, wessen sie bedürfen. Anspruchsvollere Gewächse und Blütenpflanzen aber finden an solchen Plätzen nur bei der üppigen Stoffbildung und der hohen Feuchtigkeit gleichmäßig feuchtwarmer Klimate für ihre Bedürfnisse Genüge: sie sind die Epiphyten im engeren Sinne. Das Luftleben der Epiphyten setzt leichte Beweglichkeit ihrer Samen voraus; in der Tat sind die Farnkräuter mit ihren mikroskopischen Sporen und die Orchideen mit ihren staubfeinen Samen wohl die häufigsten aller höher organisierten Epiphyten, sie spielen in der Flora der Tropenländer eine sehr beträchtliche Rolle. Ein weiteres Bedürfnis vieler Epiphyten infolge der Unsicherheit der Wasserversorgung an ihren oft sonnigen und dem Winde ausgesetzten Standorten sind xerotische Einrichtungen des Vegetationskörpers, die man in allen epiphytisch lebenden Gruppen, am reichsten wohl bei Bromeliaceen und Orchideen antrifft. Übrigens zeigt sich eine klare Beziehung zwischen Epiphytismus und Gestaltung des Klimas insofern, als große klimatische Gleichmäßigkeit und eine gewisse Höhe der Temperatur den Epiphytismus am meisten begünstigt und jede Entfernung von diesem Daseinsoptimum die Zahl der Arten vermehrt, die die epiphytische Lebensweise aufgeben, wieder auf den Boden herabsteigen. Das ist z. B. in Neuseeland und im östlichen Australien vorzüglich zu beobachten. Andrerseits sind manche Epiphyten durch einseitige Betonung des Xerotismus so erhaben über die ursprünglichen Bedürfnisse ihrer Wuchsform, daß sie in ihrer geographischen Verbreitung ein sehr weites Areal haben erobern können. So hat Schimper die Epiphyten Floridas und Argentiniens für echt tropischen Ursprungs erklärt und angenommen, daß sie aus den Äquatorialländern mit Hilfe ihres ausgesprochenen Xerotencharakters in die höheren Breiten vorgedrungen seien. Ähnliches hat Diels für die Epiphyten Neuseelands wahrscheinlich gemacht.

7. Die Sukkulenten (s. S. 80) sind xerotische Pflanzen mit geringem Wurzelwerk, aber guter Entwicklung

wasserspeichernder Gewebe. In der Schwäche ihrer Verholzung gleichen sie den Stauden, aber ihre Lebensdauer ist oft so lange wie die der Bäume. Je nach dem Sitze der sukkulenten Eigenschaften unterscheidet der Morpholog Stamm- und Blattsukkulenten, die aber in ihrer geographischen Verbreitung keine Sonderung wahrnehmen lassen. Von den Stammsukkulenten sind die *Cactaceae* Amerikas, die *Euphorbia*-Arten, einige afrikanische *Geraniaceae* die bekannteren; zu den Blattsukkulenten gehören die *Aloe, Agave,* viele *Crassulaceae* und die *Aizoaceae,* von denen die Gattung *Mesembryanthemum* besonders in Südafrika höchst formenreich auftritt.

8. All diesen wurzelnden Pflanzen stehen als „Haftpflanzen" die Moose, Flechten, Pilze und Luftalgen gegenüber. Die Laubmoose sind durch die Massenhaftigkeit ihrer Entfaltung in vielen Teilen der Erde wertvoll zur Kennzeichnung der Vegetationen, auch bilden sie durch ihr eigenartiges Verhältnis zum atmosphärischen Wasser einen beträchtlichen biotischen Faktor für die übrige Pflanzenbekleidung jener Länder. Physiognomisch ähnlich können Bestände von Strauch- und Laubflechten wirken, die im Hochgebirge und in den subarktischen Gebieten tonangebend zu werden vermögen. Die Gesteinskrustenflechten dagegen bilden eine Erscheinung für sich; ihre Lebenszähigkeit zeigt sich Verhältnissen gewachsen, bei denen sonst jedes Pflanzenleben erstorben ist, wie in den höchsten schneefreien Lagen der Hochgebirge oder in den Polargebieten.

9. Endlich sind einige Lebensformen zu nennen, die zwar selten durch ihre Menge im Vegetationsbild auffallen, dafür aber um so mehr durch ihre oft absonderliche Gestaltung, die sie infolge ihrer abweichenden Ernährungsweise angenommen haben: die Insektivoren, auf nährstoffarmen Böden sich durch Insektenfang zusätzlich Stickstoffnahrung verschaffend, die Saprophyten, die von modernden organischen Stoffen lebend auf Assimilation verzichten können und daher meist des Chlorophylls entbehren, und die Parasiten oder Schma-

rotzer, die lebenden Wirtspflanzen organische Stoffe aussaugen; ihr Körper ist zuweilen völlig reduziert auf einen Wurzelstock, der einzelne Blüten *(Rafflesia)* oder kolben- und zapfenförmige Blütenstände *(Balanophoraceae)* aus dem Boden hervorbrechen läßt.

Jede der hier erwähnten Wuchsformen ließe sich naturgemäß noch weiter in Unterformen gliedern, wobei zu beachten wären: Gestalt und Dauer der Blätter, Art des Knospenschutzes, Einrichtung der Absorptionsorgane, gewisse Züge von Blüte und Frucht, endlich die Besonderheiten, die in der nicht näher verständlichen Konstitution liegen. Derartige Wuchsformen-Übersichten sind kürzlich von mehreren Autoren vorgeschlagen worden. Am meisten Anklang hat das System von Raunkiaer (1934) gefunden, das als Leitmotiv der Anordnung die Anpassungen der Gewächse an die ungünstige Jahreszeit (besonders die Lage der Laubknospen) wählt.

In „biologischen Spektren" hat Raunkiaer den prozentualen Anteil seiner Wuchsformen an der Flora der verschiedensten Erdgebiete berechnet und gezeigt, daß sie gut die jeweiligen klimatischen Verhältnisse widerspiegeln können. So überwiegen z. B. in den tropischen Waldgebieten die Holzgewächse, in den Wüstengebieten die Einjährigen, in den gemäßigten Zonen die Oberflächenstauden, in den Polargebieten die Zwergpflanzen. Doch braucht dieses prozentuale Überwiegen einer Wuchsform in der Gesamtartenzahl noch lange nicht zu bedeuten, daß sie auch das Vegetationsbild beherrscht, denn hier ist nicht die Artenzahl, sondern der Deckungsgrad der tonangebenden Arten ausschlaggebend. So machen in einem mitteldeutschen Laubwaldgebiet die Oberflächenstauden zwar 54 % aller Arten aus, das Vegetationsbild bestimmen aber nicht sie, sondern die Holzgewächse, die nur 6 % erreichen.

Der Begriff der Wuchsform bezieht sich auf die Einzelpflanze; in der freien Natur treten nun die Individuen zu Beständen zusammen: die Bäume zum Wald, die Sträucher zur Strauchflur, die Gräser zur Wiese oder Steppe usw. — Selten bestimmt eine einzige Wuchsform allein den Bestand; in der Regel beteiligen sich daran mehrere, meist liegen sie in Schichten übereinander, wie in unseren Wäldern, wo unter den Bäumen oft Sträucher wachsen, darunter Kräuter und zu unterst Moose.

V. Gesamtgebiet und Gliederung der Vegetationskunde

Die ersten Aufgaben der Vegetationskunde bestehen darin, die sozialen Gebilde der Pflanzendecke, die Pflanzengesellschaften, zu erkennen, zu umgrenzen, zu beschreiben, zu gliedern und zu vergleichen; ihrer Bedingtheit durch die endogenen, exogenen und historischen Kräfte nachzuspüren, ihre Entwicklung, Funktion und Verteilung zu untersuchen, sind die weiteren Erfordernisse.

Die Gesellschaften, zu denen sich die Pflanzen auf der Erde vereinigen, können in verschiedener Abstufung und nach vielen verschiedenartigen Gesichtspunkten begrifflich begrenzt und eingeteilt werden. Die beiden am häufigsten gebrauchten Einteilungen sind die physiognomisch-ökologische, die von den standörtlich bedingten Wuchsformen ausgeht (Formationslehre), und die floristische, die die charakteristische Artenverbindung der Gesellschaften in den Vordergrund stellt (Soziologie). — Wie weit oder eng die zu behandelnden Einheiten gefaßt und welche Einteilungsgrundsätze verwendet werden können, wird ganz vom Zweck der jeweiligen Betrachtung abhängen. Dem Geographen wird oft die physiognomisch-ökologische Betrachtungsweise angemessen erscheinen. Sie ist ohne eingehende floristische Kenntnisse durchführbar, setzt aber eine gute Kenntnis der Wuchsformen voraus (Ginzberger und Stadlmann 1939). Sie kann deduktiv vorgehen, vom Großen ins Einzelne, wenn etwa ein Forscher ein unbekanntes Gebiet zunächst vom Flugzeug aus überblickt und da zuerst Grasland und Wälder unterscheiden, diese später in immergrüne und laubwerfende trennen kann, die immergrünen wieder in Laub- und Nadelwälder, usw. — Der Botaniker dagegen, der über gründliche floristische Kenntnis eines zu untersuchenden Gebietes verfügt, wird die induktive soziologische Methode bevorzugen, die von den Grundeinheiten ausgeht und später nach deren vergleichender Betrachtung übergeordnete Einheiten erkennen läßt.

VI. Formationslehre; Vegetationstypen

Die vergleichende physiognomisch-ökologische Vegetationskunde wird zunächst untersuchen, wie die Einzelbestände sich zu Formationen zusammenfügen, zu ökologisch bedingten Gesellschaften von einheitlichen Standortsbedingungen und einheitlicher Physiognomie mit bestimmten maßgebenden Wuchsformen. Es kommt ihr darauf an, diejenigen Formationen zu erkennen, festzuhalten und allgemein vergleichbar zu benennen, welche als Typen der Vegetationsgestaltung auf der Erde erscheinen (V e g e t a t i o n s - T y p e n). Zu diesem Zwecke wird man die beteiligten Verbände nach den Wuchsformen der herrschenden Arten, die — nebst einer z. T. nicht ausschaltbaren Beeinflussung durch ihren phyletischen und konstitutionellen Charakter — viele Züge des umgebenden Mediums ausdrücken, sowie nach ihrer Wasserökonomie anordnen. Man kann sie weiterhin in klimatische, edaphische und anthropogene Formationen einteilen. Damit sind die Vegetationstypen begrifflich nach ihrer Ökologie gefaßt. Sie stellen den sichtbaren Ausdruck der Gesamtheit der ökologischen Faktoren an einem Orte dar, geben also einen Maßstab dafür, was ein bestimmter Erdraum an Vegetation hervorzubringen imstande ist. Daraus ergibt sich, wie unersetzlich wertvoll es für jegliche Planung ist, die natürlichen Pflanzengesellschaften zu erforschen und sie kartographisch nach ihrem Vorkommen festzulegen. Die Benennung der Vegetationstypen ist schwierig und die gegenseitige Abgrenzung oft nicht einfach.

A. VEGETATION DER GEWÄSSER

Für die an das Wasser gebundenen Organismen ist die chemische Natur ihres Mediums von wesentlicher Wichtigkeit, vor allem der Gehalt an Chloriden. Die meisten Arten sind in dieser Hinsicht einseitig organisiert, so daß sich scharf scheiden läßt zwischen den Formationen des Salzwassers und denen des Süßwassers.

Beiden gemeinsam sind gewisse Züge der Bedingtheit, durch welche sie sich von der Vegetation des Landes unterscheiden.

Das Problem der Wasserversorgung, das für die Landpflanzen oft existenzentscheidend ist, entfällt für die Wasserpflanzen vollkommen. Vom umgebenden Wasser getragen, brauchen ihre Organe nicht in dem Maße wie die Landpflanzen Gewebe zur mechanischen Stützfestigkeit auszubilden; viel wichtiger ist die Zugfestigkeit, z. B. bei den viele Meter langen Meerestangen. — Die Wärme wird für die Wasserpflanzen nicht so bedeutsam, da sie zu gleichmäßig ist, vielmehr wirkt am nachhaltigsten die Verteilung des Lichtes. Je nach der gegebenen Lichtmenge findet eine zonale Schichtung der Wasservegetation statt: die „euphotische" genießt reichliche Belichtung, die „dysphotische" erhält nur abgeschwächtes Licht, in die „aphotische" Zone gelangt keine meßbare Lichtmenge mehr. Zugleich übt dabei die Farbe des Lichtes Einfluß aus, die sich ja mit der Wassertiefe ändert. Ein weiterer tiefgreifender Unterschied in der aquatischen Pflanzen- wie Tierwelt liegt darin, ob die Individuen frei leben oder ob sie festgewachsen sind. Danach sondert man Plankton und Benthos. Die Arten des Benthos haften auf dem Boden oder an Felsen der Ufer. Das Plankton dagegen schwimmt frei umher. Wie die tierischen Planktonorganismen zeigen die Arten des Phytoplanktons Einrichtungen, die die Oberfläche vergrößernd das spezifische Gewicht verringern, und zwar in schöner Abstufung je nach der Dichte des Wassers. Im Benthos sowohl wie im Plankton treten oft mannigfaltige Gemenge vieler Arten auf, oft aber auch große Massenbestände einer einzigen Spezies.

1. Meeresvegetation

Das Meeresplankton (Stiasny 1913) besteht überwiegend aus sehr kleinen, oft einzelligen Formen. Wenn größere Tange und ähnliche Dinge frei schwimmend angetroffen werden, so handelt es sich meist um abgerissen umhertreibende Teile. Floristisch ist im Phytoplankton der Meere die Wichtigkeit der Peridineen beachtenswert. Die Entfernung von der Küste spielt eine ansehnliche Rolle für den Charakter des Planktons, indem küstennahe Meeresteile von anderen Elementen bevorzugt werden als küstenferne.

Die höher organisierten Formen des Meeresbenthos leben in der euphotischen Zone. Die Blütenpflanzen, wie *Zostera, Posidonia, Cymodocea* u. a., wurzeln gewöhnlich auf dem Grunde des flachen Meeres und können dort förmliche „Wiesen" unter der See bilden. Die Algen haften lieber an Felsen, so daß klippenreiche Gestade besonders reich sind an diesen Pflanzen. Im großen und ganzen ziehen die grünen und braunen Algen die stärker beleuchteten Zonen vor, während die roten Rhodophyceen die schattigen lichtschwächeren Lagen einnehmen. Doch gibt es hier vielerlei Unregelmäßigkeiten. Die Breite der Zonen namentlich ist stark von örtlichen Verhältnissen beeinflußt.

Die geographische Verbreitung der marinen Wasserpflanzen ist in den letzten Jahrzehnten durch Börgesen, Funck, O. C. Schmidt u. a. näher bekannt geworden. Es scheint eine ziemlich ausgeprägte Verschiedenheit der Floren zu bestehen, sowohl floristisch wie physiognomisch. Zum Beispiel hat das Rote Meer eine andere Algenflora als das Mittelmeer, die Küsten Australiens bergen sehr eigentümliche Formen, die arktischen Floren weichen von den antarktischen in vieler Hinsicht ab.

Lange galt die Algenflora der tropischen Meere für ärmer als die der temperierten. In warmgemäßigten Gewässern dagegen wurde sie für vielförmig gehalten. Dabei gab das Mittelmeer das Muster ab. Dort fand man in den oberen euphotischen Schichten ein Maximum der vegetativen Tätigkeit in der lichtschwächeren Zeit des Jahres, also im Winter. Im Sommer dagegen, wo auch die tieferen Lagen durchleuchtet werden, sinkt die Zone größter Aktivität tiefer, und oben, wo es hell und heiß ist, wird es ziemlich still. In den kälteren Meeren endlich fällt die vegetative Betätigung fast ganz in die helle, warme Zeit, im Winter bilden sich die Fortpflanzungsorgane. Bei vielen Algen tritt vor der ungünstigen Jahreszeit eine Art Laubfall ein, indem sich die vorzugsweise assimilierenden Glieder des Körpers ablösen.

Befremdend ist die Tatsache, daß in den kalten Meeren der subpolaren Gebiete, deren Temperatur meist nur wenige Grade über dem Nullpunkt liegt, ganz riesenhafte Formen in reicher Massenentfaltung gedeihen. Sie zeigen nach Kjellman eine überraschende Gleichgültigkeit gegen Licht und Wärme; sie gedeihen im arktischen Winter trotz Kälte und Finsternis kaum schlechter als zur Sommerszeit.

In dem vom nordatlantischen Stromkreis umflossenen Raum, der Sargassosee, sammeln sich riesige Mengen abgerissener Tangzweige zu oft dichten Beständen an.

2. Süßwasservegetation

Das Süßwasserplankon entwickelt sich aus einleuchtenden Gründen wesentlich in stehenden Gewässern. Höhere Pflanzen sind nur wenige darunter, dagegen sind zahlreiche *Schizophyceae*, viele Flagellaten und Diatomeen, auch manche Grünalgen daran beteiligt; *Peridineae*, die im marinen Plankton eine Hauptrolle spielen, trifft man dagegen seltener.

Reicher gliedert sich das Süßwasserbenthos. Eine Menge von höheren Kryptogamen und Blütenpflanzen, ferner viele Grünalgen und einige wenige braune und rote

Algen nebst gewissen *Schizophyceae* gehören in seinen Verband. Die höher stehenden Teilnehmer dieses Benthos erscheinen in verschiedener Gestalt, je nachdem sie mit dem ganzen Körper untergetaucht leben (wie *Isoëtes* oder *Chara)* oder ihre Sprosse über die Oberfläche erheben. Ihre Assimilationsorgane, sowohl die untergetauchten und die auf dem Wasser schwimmenden, wie die ganz in der Luft ausgebreiteten Blätter, wechseln auffallend in Gestalt und innerem Bau je nach ihrem Verhältnis zum Wasser, und auch die Blütenerzeugung ist eng damit verknüpft. Ebenso erleiden in fließendem Wasser alle diese Arten gewisse Abwandlungen, die dem Zuge der Strömung entsprechen. Die lebhafteste Bewegung des Wassers ertragen die an Steinen haftenden Wasserpflanzen, wie bei uns einige Algen und Moose, in den Tropen auch die phanerogame Familie der *Podostemonaceae.* Übrigens sind sämtliche höheren Wasserpflanzen auf die euphotische Zone beschränkt, die bei uns zwischen 5 und 30 m unter dem Spiegel ihr Ende findet. Tiefer leben im Süßwasser nur noch mikroskopische Algen, besonders Diatomeen.

Nach ihrem Nährstoffgehalt kann man unterscheiden eutrophe (nährstoffreiche) Gewässer mit zahlreichen Lebewesen und daher getrübt erscheinend, mesotrophe (nährstoffarme) Gewässer mit klarem Wasser und dystrophe (kalkfreie, saure) Gewässer, durch gelöste Humusstoffe braun gefärbt und ebenfalls planktonarm.

B. VEGETATION DES LANDES

α Gehölze

3. Regenwald

Der Regenwald (Richards 1952) ist in seiner besten Entwicklung in den Tropen der großartigste Ausdruck, den Vegetationskraft gegenwärtig auf der Erde findet. Er stellt gewissermaßen die „Normalvegetation" unserer Erde dar, die, seit ältesten Zeiten unter günstigsten Umständen herausgebildet, noch keine Anpassungen an widrige Umweltfaktoren brauchte, wie sie uns die Pflanzenwelt der klimatisch und edaphisch weniger bevorzugten Gebiete so reichlich bietet. Er ist nur in Gebieten entwickelt, wo eine Regensumme von 200—400 cm gemessen wird und keine ausgeprägte Trockenzeit den fortwährenden Gang des Wachsens unterbricht. Der Regenwald ist ein Wald, der von äußerst mannigfaltigen Bestandteilen gebildet wird und die verschiedensten Wuchsformen vereinigt. Vereinzelt wachsende Arten sind häufiger als gesellige. Auf einem Hektar hat man 60—100 Baumarten gezählt. Der Umriß des Waldes verrät schon von fern an der unruhigen Linie, die ihn oben begrenzt, wie ungleich an Höhe, wechselnd im Profil, verschieden im Umfang der Krone die zahlreichen Arten sind, welche als Bäume der Formation zugehören. Tritt man näher, so bestärkt sich derselbe Eindruck durch die Fülle der mannigfach abgestuften grünen Farbentöne im Mosaik der Belaubung. Genauerer Einblick zeigt an der Verschiedenartigkeit der Stämme nach Höhe, Umfang, Rindenbeschaffenheit von neuem die Vielzahl der Waldelemente. An manchen der stärkeren Stämme entwickelt sich gegen den Grund hin das „Plankengerüst", meist aus mächtigen Auswüchsen der Wurzelbasen, gebildete Strebepfeiler. Ihre Funktion ist noch nicht aufgeklärt, doch muß irgendein Zusammenhang mit dem Medium des Regenwaldes bestehen, weil dort das Plankengerüst bei Bäumen der verschiedensten Verwandtschaftskreise vorkommt.

Weiter zeigen die Bäume eine schwache Borkenbildung und eine relativ geringe Verzweigung der Krone: die Zusammendrängung der Individuen mag daran schuld sein. Das Laub ist bei den meisten Arten immergrün, es erneuert sich gewöhnlich ganz allmählich, seltener sprungweise; bei den höchsten Bäumen pflegt es lederig zu sein, bei den mehr niederen ist es zarter und größer. Die Blüten sind häufig unansehnlich und in der Färbung oft wenig auffallend; sonderbarerweise treten sie bei vielen Arten nicht an jüngeren oder ganz jungen Zweigen auf, sondern brechen aus dem Stamme hervor. Diese als „Kauliflorie" bekannte Erscheinung findet sich bei zahlreichen verschiedenen Gattungen des tropischen Regenwaldes vor, während sie in anderen Formationen nur selten angetroffen wird; ihre biologische Bedeutung ist oft erörtert, aber noch nicht einwandfrei aufgeklärt worden.

Nach der Höhe ordnen sich die Bäume des Waldes ungefähr in 5—6 Stockwerke. In sanfter Abstufung gehen sie endlich in die Strauchform über. Je tiefer sie wachsen, um so hygrotischer ist der Bau des Laubes. Die Stauden des Urwaldgrundes zeigen dies in höchstem Maße; viele davon sind strotzend von Saft und mit großen weichen Blattspreiten versehen.

Im Regenwalde sind Lianen und Epiphyten machtvoller und formenreicher entwickelt als in irgendeiner anderen Formation. Die Lianen zeigen sich in allen Formen des Aufsteigens, Klimmens und Kletterns. Sie verhüllen die Linien der Baumwipfel, so daß nur gestaltlose Laubmassen zu erkennen sind. Im Urwald der Alten Welt sind die kletternden Palmen der Gattung *Calamus* die mächtigsten Erscheinungen darunter, die oft mehrere Baumkronen überwuchern und umranken; man maß davon einst ein Exemplar von 240 m Länge. Andere gewöhnliche Gestalten in der Schar der Lianen sind Araceen mit mannigfachster Bildung des Laubes, einige Pandanaceen und Bambuseen, dann zahlreiche *Piper, Vitis* und vielerlei Leguminosen.

Die Epiphyten sind ungleich je nach der Höhenlage ihres Standortes. In den unteren Etagen gehören dazu noch stark hygrophile, meist fakultativ epiphytische Arten (S. 104). Höher hinauf, mit steigender Trockenheit nimmt der xerotische Charakter mehr und mehr zu. Oder aber es kommt zu einer teilweisen Rückkehr zum terrestrischen Dasein, dann spricht man mit Schimper von Hemiepiphyten; diese machen zwar in der Höhe der Baumstämme und Kronen die Keimung und erste Entwicklung durch, senden später aber lange Wurzeln zum Boden und finden dort ihre hauptsächliche Nahrung. So entwickeln sie sich nicht selten zu sehr kraftvollen Organismen; große Araceen, mächtige *Ficus*-Arten liefern dafür Beispiele.

An geschützten Stellen siedeln sich selbst auf den Blättern Epiphyten an; besonders Algen und kleine Moose sind häufig solche „Epiphyllen" (vgl. S. 104).

Der Regenwald in der geschilderten Form findet sich am reichsten und großartigsten im feuchtwarmen Asien von Ceylon und Hinterindien über die Sunda-Inseln und Neuguinea nach Polynesien. Der große Urwald Mittelafrikas steht dem asiatischen und amerikanischen an Zahl der Elemente vielleicht etwas nach. In Amerika dagegen entfaltet er sich vom südlichen Mexiko bis ins mittlere Brasilien in einer dem südasiatischen Walde ebenbürtigen Vollkommenheit. Überall in diesen Gebieten bedarf seine feinere Gliederung noch sorgfältiger Untersuchungen, wozu kürzlich z. B. auf den Philippinen und in Guayana erfreuliche Anfänge gemacht sind.

Der Regenwald in subtropischen und gemäßigten Gebieten, entsprechend also auch in Berglagen, erscheint als eine abgeschwächte Form des tropischen. Der Formenreichtum nimmt etwas ab, die Großblättrigkeit wird seltener, die Plankengerüste sind verschwunden, holzige Lianen und Epiphyten treten zurück, Kauliflorie kommt nicht mehr vor. Dies gilt für den subtropischen Regenwald, wie etwa in Nordmexiko, an der Südspitze Floridas, im südlichen Brasilien und in Nordargentinien, in Natal und an der australischen Ostküste, sowie für den Lorbeerwald der Kanaren.

Mit dem Vorrücken gegen die gemäßigten Gürtel geht diese Verarmung weiter. Der epiphytische Einschlag verliert an Blütenpflanzen stark, die Lianen lassen in Formenreichtum nach. Auch der bunte Wechsel der Bäume mindert sich zugunsten gewisser Formen, die in großer Individuenfülle die Vorherrschaft an sich ziehen. Aber alles dies versteht sich als Folge der abnehmenden Niederschläge, die nur noch 100—150 cm im Jahre betragen, in Japan sowohl wie in Australien. Denn sobald man wieder stärker befeuchtete Gebiete betritt, so gewinnt der Regenwald auch in hohen Breiten eine Fülle zurück, die durchaus an tropischen Reichtum erinnert. Dies vollzieht sich in Neuseeland und Südchile. Besonders bevorzugt ist das westliche Neuseeland mit 300 cm Regen. Die Wälder sind dort erfüllt von Lianen, die Mannigfaltigkeit der Bäume ist noch tropisch, wenn auch floristisch-systematische Unterschiede aufkommen. Moose und namentlich Farne werden verhältnismäßig zahlreicher und wichtiger. Auch die wachsende Teilnahme der Koniferen bringt einen Zug in das Vegetationsgemälde, der den tropischen Waldungen fremd ist. Der südchilenische Regenwald ist weniger formenreich an Bäumen, aber dicht besetzt mit Lianen und durch die Massenhaftigkeit der Kryptogamen ausgezeichnet.

Den montanen Regenwald kann man in den echten Tropenländern etwa bei 1500 m ü. M. beginnen lassen. Die abnehmende Wärme, die stärkeren Extreme zwischen großer Luftfeuchtigkeit und erheblicher Trockenheit der Luft, oft auch die absolute Abnahme der Niederschläge wirken auf den Wald ähnlich, wie es das Klima der Subtropen tut. Mit dem tropischen Regenwald verglichen, pflegt die Höhe der Stämme geringer zu sein, ihr Holz ist fester gebaut, Plankengerüste fehlen. Lianen und Epiphyten in den großartigen Formen des Tieflandes werden seltener. Dafür treten die Kryptogamen in mächtiger Entfaltung auf den Plan: Farne und wuchernde Moose (besonders in den „Nebelwäldern" der Wolkenstufe), höher auch Flechten werden tonangebend für die Szenerie. Eine mustergültige Schilderung dieser Änderung und Verarmung des Tropenwaldes hat Volkens (1897) vom Kilimandscharo gegeben.

Eine oft erwähnte Form des Regenwaldes ist der Galeriewald. Er ist bezeichnend für Gegenden, deren Klima regenwaldartige Bestände nur noch dort gestattet, wo dauernde Wasserzufuhr gegeben ist, also in Flußrinnen, bei hochstehendem Grundwasser. Der Entwicklungsgrad des Galeriewaldes hängt demgemäß von der Ausdehnung des ihn speisenden Inundationsgebietes ab.

In sehr umfangreichen Flußauen kann er äußerlich dem echten Regenwald gleich werden, an schmalen Wasseradern dagegen stellt er ein verkümmertes Gebilde dar, das schließlich nur eine Auswahl der allerwiderstandsfähigsten Elemente aus den benachbarten Regenwaldgegenden umfaßt.

4. Monsunwald

Tritt in den Tropen eine stärkere Periodizität des Jahresklimas mit Trockenzeit ein, wobei nur noch 9$^1/_2$—7 Monate humid sind, so verliert in dem Maße dieser Störung die Eigenart des Regenwaldes ihre wesentlichen Merkmale. Besonders wird bei vielen Arten der Laubfall auf den Beginn der Trockenzeit gelegt: der Wald wird zu dem „regengrünen" Monsunwalde.

Die Stammhöhe seiner Bäume pflegt geringer zu sein, die Planken an der Basis seltener, Jahresringe zeichnen sich im Holzgefüge deutlicher ab, die Rinde erzeugt öfter eine dicke grobschuppige Borke. Die Verzweigung der Kronen ist besser entwickelt als im Regenwald. Die Blätter sind im Durchschnitt nicht so umfangreich. Kauliflorie scheint selten vorzukommen.

Am besten studiert sind solche Monsunwälder in Asien. Im östlichen Java und in Hinterindien z. B. sind die Wälder der *Tectona grandis,* des Tiekholzbaumes, zwischen Juni und Oktober völlig kahl; das gefallene Laub bedeckt als knisternd trockener Belag den Boden. Lianen sind in diesen Wäldern seltener als im Regenwald, die Epiphyten viel weniger formenreich aber widerstandsfähig gegen Dürre; merkwürdig häufig sitzen parasitische *Loranthus*-Arten an den Ästen der Bäume. Überhaupt wird angegeben, die Blütenfülle dieses Monsunwaldes sei größer als im Regenwald, namentlich käme sie mehr zur Geltung, weil die Blütezeit mit der Trockenperiode zusammenfällt, in der die Belaubung so stark gemindert erscheint. Entsprechende Monsunwälder von floristisch natürlich abweichendem Gefüge kennen wir aus Afrika und Brasilien.

5. Trockenwald

Wo die Wasserzufuhr dauernd oder im größeren Teil des Jahres nur gering ist, da fehlen die wichtigsten Vorbedingungen für ein gutes Gedeihen der Bäume. Daher sind die „Trockenwälder“ bei weitem nicht so einheitlich und faßbar in ihrer Erscheinung wie Regenwald oder Sommerwald. Ein leichtes Schwanken der Umgebung nach der ungünstigen Seite hin bringt die Gehölze gänzlich zum Weichen und führt die konkurrierenden Formationen zum Sieg, oder es schafft einen Zustand des Gleichgewichtes, bei dem wesensverschiedene Genossenschaften sich gegenseitig durchdringen.

Die Trockenwälder gleichen oft bei lichter Stellung der Bäume einer Parklandschaft. Die Höhe des Stammgerüstes ist im Durchschnitt geringer als in anderen Waldungen, doch gibt es da mancherlei Abweichungen und Ausnahmen. Von starker Borke überdeckt, ist der Stamm mit festem Holz versehen oder durch Einschaltung wasserführender Gewebe aufgetrieben und dann von schwammiger Beschaffenheit. Die Krone bildet sich häufig in Gestalt einer verkehrten Pyramide oder noch flacher in Form eines Schirmes aus. Solcher Umriß der Wipfel ist von starker physiognomischer Wirkung. Es ist eine Wuchsform, die in allen wärmeren Trockengebieten vorkommt; nach ihrer ökologischen Bedeutung harrt sie noch einer befriedigenden Erklärung. Das Laub der Bäume ist mittelgroß oder klein, xerotisch immergrün oder in den trockensten Zeiten abzuwerfen. Sehr eindrucksvolle Trokkenwälder finden sich in Australien. Die Gattung *Eucalyptus* gibt dort den Ton an mit schmalen, sichelförmigen Blättern in senkrechter Stellung und von blaugrüner Färbung, auch Arten von *Acacia* spielen eine beträchtliche Rolle; der Unterwuchs besteht aus Gras oder aus immergrünem Strauchgestrüpp. Danach lassen sich vielleicht in allen Erdteilen die Trockenwälder gliedern in Savannenwälder (mit kniehohem Grasunterwuchs) bei 7—$4^1/_2$ humiden Monaten und in Dorn- und Sukkulentenwälder (mit xerotischem Strauchwuchs) bei $4^1/_2$—2 feuchten Monaten, wobei freilich viele Übergänge zu anderen Formationen noch näherer Untersuchung bedürfen. Sehr typische Dornwälder besitzt Brasilien in seiner „Caatinga", die schon Martius geschildert hat. Da herrschen unter den höheren Gehölzen dornige *Mimoseae;* niedrige Palmen, säulenförmige Kakteen stehen in den Lücken, dünne Schlinger winden sich an den Stämmen empor. Den Boden bedecken harte Bromeliaceen. Kräuter und Gras gibt es so gut wie gar nicht.

6. Sommerwald

Der Sommerwald ist eine ökologische Parallele zum Monsunwald. Für seine Bäume ist die Zeit des Entlaubtseins gleichfalls eine physiologische Trockenperiode, in der eine ausreichende Wasseraufnahme nicht möglich ist, der Winter. Demnach spielt sich auch im Sommerwalde das Leben der meisten Gewächse in einer wellenförmig auf- und niedersteigenden Kurve ab.

Er bevorzugt gemäßigtes, stark ozeanisch getöntes Klima und findet sich daher vor allem in den Randgebieten der großen nördlichen Kontinente.

Während der Vegetationszeit herrscht ersprießliche Witterung. Die Assimilation geht energisch vor sich. Wenn der Höhepunkt vegetativer Leistung überschritten ist, werden die Blütenknospen für das folgende Jahr angelegt. Die vorbereiteten Assimilate wandern aus den Laubzweigen in den Stamm, wo sie während des Winters aufbewahrt bleiben. Schließlich tritt Verfärbung des Laubes ein, und die Blätter fallen ab. Der Winter bringt beträchtliche Verlangsamung des Wachstums; die Knospen sind von harten Schutzblättern umhüllt. Im Frühjahr findet unter allgemeiner Umsetzung der gespeicherten Stoffe die oft vorzeitige Entfaltung der Blüten und das Austreiben der neuen Laubzweige statt.

Die Sommerwälder sind meist aus sehr viel weniger Arten zusammengesetzt als die Regenwälder. Die Bäume selbst sind in ihrer Tracht gleichartiger. Ihre Stämme umhüllt, wie im Monsunwald, eine stark borkenbedeckte

Rinde. Die Verzweigung der Wipfel ist oft sehr ausgiebig, das Blattmosaik dichter und gleichartiger. Das Laub erreicht zwar nicht die stattlichen Ausmaße mancher tropischer Blätter, ist aber zart gebaut, frisch und rein grün, im ganzen höchst assimilationsfähig. Die Blüten öffnen sich größtenteils vor der Belaubung des Waldes und sind, vielleicht damit im Zusammenhange, meist auf Windbestäubung angewiesen.

Während im Regenwalde, wenn er gut entwickelt ist, eine Folge von fünf und sechs Schichten unterscheidbar ist, finden sich im Sommerwalde gewöhnlich nur drei oder zwei, nicht selten sogar nur eine einzige. Die hohen Bäume, die alles beschatten, geben das Dach. Ihr Nachwuchs bildet tiefere Lagen. Der Strauchwuchs kann in den reichen Sommerwaldgebieten recht üppig sein, in den weniger bevorzugten dagegen verarmt er und wird abhängig von der Belichtung. Unser Buchenwald zeigt einen sehr ungünstigen Fall; er ist zuweilen so schattig, daß selbständig assimilierender Unterwuchs nicht gedeiht und nur noch Saprophyten und Schmarotzer unter der toten Laubdecke nisten. Für die Lianen gilt dieselbe Beobachtung: auch sie sind noch ganz reichlich, wenigstens an Individuen, in den Grenzgebieten zu den Regenwäldern hin, verringern sich von dort ab jedoch auffallend schnell. Epiphytische Blütenpflanzen fehlen dem Sommerwald ganz. Der Bodenwuchs erlangt eine relativ große Wichtigkeit. Wie im Regenwalde erfreut er sich trefflicher Wasserversorgung. Das spricht sich aus in der Dünnblättrigkeit und der Zartheit aller Organe bei vielen seiner typischen Bestandteile. Eigenartig gestaltet sich sein Lichtgenuß. Denn im Sommerwalde besteht eine Periodizität des Lichtes, die mit der allgemein klimatischen nicht zusammengeht. Das Maximum des Lichtgenusses fällt in das Frühjahr, wenn die Baumkronen noch wenig Schatten werfen.

Daher üben manche Bodenpflanzen des Sommerwaldes ihre lichtbedürftigen Funktionen zeitig im Frühjahr aus. Die Staudenflora unserer Laubwälder, und ebenso der von

Asien und Nordamerika, entfaltet dann größtenteils ihre Blüten und färbt den Waldboden bunt für einige Wochen. Auch das assimilierende Laub erscheint bei vielen dieser Arten früh, ist aber bei manchen nur von kurzer Dauer. Unsere bekannte *Anemone nemorosa,* die Arten von *Corydalis, Arum maculatum* z. B. fangen bereits an zu vergilben, wenn die Bäume sich eben erst belaubt haben. Die länger grün bleibenden Stauden ziehen von dem höheren Kohlensäuregehalt des Waldgrundes Nutzen.

Wie sich die ökologischen Eigentümlichkeiten des Sommerwaldes ursprünglich entwickelt haben mögen, wird anschaulich aus dem Verhalten, das er gegenwärtig in China und Japan bietet. Denn dort steht er noch am deutlichsten im Zusammenhang mit dem Regenwalde. Manche Bäume hat er damit gemeinsam, Lianen kommen noch zahlreich vor, unter den Epiphyten gibt es wenigstens noch Farne. Der geregelte Blattfall setzt sich erst allmählich durch, man sieht ihn förmlich in der Entstehung begriffen. Bei Eichen, Birken, Magnolien, Rhododendren, Lauraceen, Ahorn gibt es nebeneinander immergrüne und blattwerfende Spezies, ja es scheinen fakultativ abfällige Arten vorzukommen. So ist in Mittelchina oder im südlichen Teile Japans der Sommerwald gewissermaßen in statu nascendi zu beobachten. Geht man nördlich weiter, so wird er immer typischer, d. h. eine durch Ausscheidung alles Empfindlicheren verarmte und gleichmäßig gewordene Formation. In Nordamerika ist eine derartige Verbindung des Sommerwaldes mit reicheren Formationen nicht so sichtbar, doch ist er wenigstens im bevorzugten Südosten noch formenreich. In Europa und Vorderasien tritt er am artenärmsten auf. Noch das üppigste Waldbild bietet sich dort an der Südostküste des Schwarzen Meeres. Blattwerfende Laubhölzer stehen hier in majestätischen Exemplaren zusammen, aus den Gattungen *Quercus, Ulmus, Carpinus, Tilia* und *Fagus.* Als Lianen klettern *Smilax, Vitis* und *Hedera* empor in die höchsten Kronen, Moose und an lichten Stellen auch der Bodenwuchs sind sehr üppig. Im übrigen Europa wird der Wald viel ärmer, neben Mischwaldungen gibt es größere Bestände, die fast rein von Eichen, Buchen oder Birken gebildet sind. Je nach dem Boden ist der Unterwuchs recht verschieden; Cajander (1909 u. 1926) hat gezeigt, daß sich danach gut unterscheidbare „Waldtypen" kennzeichnen lassen. Im Bereiche strömenden Wassers wachsen Auenwälder von *Salix* (Weiden), *Populus* (Pappeln) oder *Alnus* (Erlen).

Auf der südlichen Halbkugel ist das Klima der Entstehung von Sommerwäldern nicht günstig, da es keine solche periodische Zuschärfung und keine so kalten Winter kennt. Unter diesen Umständen erstreckt sich ja der typische Regenwald in Südamerika und auf Neuseeland bis in die Breiten von Deutschland. Nur in Patagonien schiebt sich zwischen die immergrünen Küstenwälder des Westens und die Steppen im Osten eine schmale Mittelzone ein, die von blattwerfenden *Nothofagus*-Arten gebildet wird.

7. Nadelwald

Schon im Bereiche der Sommerwälder gibt es ausgedehnte Bezirke, die von immergrünen Nadelwaldungen eingenommen werden, vor allem aber in den Gebieten ausgesprochen kontinentalen Klimas im Inneren der nördlichen Erdteile. Die Nadelwälder haben in ihrem Unterwuchs ökologisch viele Beziehungen zu den Sommerwäldern, aber die herrschenden Bäume leben nach einem ganz anderen Plane. Die Koniferen oder Nadelhölzer gehören einem anderen Stamme des Pflanzenreiches an als die Blütenpflanzen, ihr anatomischer Bau zeigt beträchtliche Unterschiede, sie sind, geologisch gesprochen, älter. Es ist daher nicht zu verwundern, wenn auch nicht wirklich erklärbar, daß ihre Ökologie in vielen Stücken abweicht. Wo bei den Blütenpflanzen der Typus des blattwerfenden Baumes ausgelöst ist, da behalten sie mit wenigen Ausnahmen (z. B. der Lärche) ihr sonderbar xerotisches Nadellaub und sind befähigt, auch die härtesten Winter damit zu ertragen. In den Gebirgen steigen sie gewöhnlich in höhere Zonen hinauf als die Laubbäume, ebenso gehen sie oft in höhere Breiten und bilden daher in den arktischen Gebieten nicht selten die Polargrenze des Baumwuchses überhaupt. Die räumliche Ausdehnung der Koniferenwälder ist eine höchst beträchtliche, ganz besonders in den kälteren Gürteln der nördlichen Halbkugel, wo nicht selten eine einzige Art über ungeheure Strecken den Bestand bildet und von Laubbäumen nur die Birke mit ihnen in Wettbewerb tritt. Auf der südlichen Hemisphäre spielen sie dagegen eine geringere Rolle, und zu reinen Beständen vereinigen sie sich dort selten, wie z. B in den Araukarienwäldern Südbrasiliens.

8. Hartlaubgehölze

Bei subtropischem, „mediterranem“ Klima mit heißen, trockenen Sommern und niederschlagsreichen, kühlen Wintern (die den Gefrierpunkt kaum unterschreiten) entwickeln sich an der Westseite der Kontinente immergrüne, 4—6 m hohe Gehölze aus wenigen Baum- und vielen Straucharten mit ausdauerndem, lederig-hartem, dunkelgrünem, oft kleinblättrigem Laub. — Eine typische Form dieser Gehölze ist die Macchia der Mittelmeerländer (Rikli 1943—48).

Wärme und Feuchtigkeit, die beiden großen Förderer vegetativen Gedeihens, trennen sich in unvorteilhafter Weise. Die Konstellationen sind niemals ganz günstig, freilich auch niemals völlig ungünstig. In solchen Lagen ist das immergrüne, eingeschränkte, etwas xerotische Laub am Platze, wie es den Macchiensträuchern eigentümlich ist. Reiche Verzweigung, viele, doch kleine Blätter, oft zahlreiche Blüten: das ist die Normalform dieser Gewächse.

Die Macchie ist mitunter aus wenigen Arten zusammengefügt, in anderen Fällen aber vielförmig in hohem Grade. Doch auch dann bleibt ihr Aussehen eintönig, weil die Sträucher in der Tracht sich fast alle gleichen. Nebenbestandteile treten wegen Raummangels meist weniger in die Erscheinung als bei den Waldungen. Was vorkommt, das sind Zwiebel- und Knollenpflanzen, einzelne schwächliche Anfänge des Lianenwuchses, wenige Kräuter. Die Färbung des Laubes ist meistens dunkel, oft stumpf und fahl, sie verleiht der Macchie etwas Düsteres und Schwermütiges.

Name und Begriff der Macchie stammen aus dem Mittelmeergebiet. *Olea europaea, Myrtus communis* und die zartblütigen Arten von *Cistus* sind berühmte Gewächse dieser Formation. Auch *Arbutus Unedo* und *Erica arborea* zählen zu den wichtigsten unter ihren Elementen. Knollen- und Zwiebelpflanzen sind reich und schön, vergängliche Kräuter schmücken im Lenz den Boden mit frischem Grün. Ähnliche Vegetationsformen herrschen im südwestlichen Kapland in einer floristisch sehr reich gegliederten Pflanzenwelt. Mit dem ersten Winterregen beginnt die Blütenentfaltung dieser Kapheiden. Knollenpflanzen und Zwiebelgewächse, auch Kräuter erscheinen zuerst; ihre Blumen sind zahlreich und bunt gefärbt. Es sind also die Nebenbestandteile, die den Reigen eröffnen. Erst später breitet sich das Blühen aus über die strauchige Vegetation, die prachtvollen Proteaceen, die schönen Rutaceen, die Leguminosen und über das Heer von *Erica*-Arten, die zu Hunderten auf den Flächen wachsen. In der ökologischen Ausprägung recht ähnlich, wenn auch systematisch ganz eigenartig, entwickelt sich die Macchie in Südaustralien. Es ist ein höchst vielseitiges Gemisch von Sträuchern, das arm ist an Nebenwuchs und bei ähnlichstem Laube erst zur Blütezeit offenbart, wie mannigfaltig es sich zusammensetzt. In Amerika herrscht die Macchienform in Kalifornien und Chile, in systematisch wiederum gänzlich abweichenden Floren.

Macchienartige Hartlaubgehölze gibt es endlich auch auf den tropischen Hochgebirgen in den oberen Zonen. Die hohen Vulkanberge Afrikas und der Sunda-Inseln haben derartige Strauchbestände in der Nähe ihrer Gipfel, und auf den Anden Südamerikas ziehen sie sich bei 3000—3500 m ü. M. als dunkle Bänder an den Abhängen entlang.

9. Schopfbaumflur

Die eben erwähnten Strauchbestände tropischer Hochgebirge leiten zuweilen über in die Schopfbaumflur, eins der eigenartigsten Vegetationsbilder unserer Erde. In Höhen von 3000—4500 m bilden hier mehrere Meter hohe phantastisch-bizarre Schopfbäume lockere, das Landschaftsbild beherrschende Bestände; ihre Stämme tragen eine riesige (zuweilen mehrere) Rosette großer, wollig behaarter Blätter, und aus dem Blattschopf erhebt sich ein riesiger, oft kerzenförmiger Blütenstand. Diese Schopfbäume sind eins der schönsten Beispiele dafür, wie unter gleichen Lebensbedingungen in weit auseinanderliegenden Gebieten Angehörige der verschiedensten Familien konvergente Wuchsformen entwickeln, so die Compositen mit *Senecio* (Ostafrika), *Espeletia* (Anden) und *Saussurea* (Osthimalaja), die Lobelien (Ostafrika und asiatische Tropenberge), *Lupinus*-Arten (Anden), Bromeliaceen *(Puya* und *Pourretia,* Anden) und Cruciferen *(Pringlea,* als Parallelerscheinung auf den subantarktischen Kerguelen-Inseln).

10. Knieholzflur

Oberhalb der Waldgrenze im Hochgebirge bzw. nördlich derselben in der Arktis treten Straucharten zu 1—2 m hohen und durch ihren Wuchs dem Schneedruck angepaßten Knieholz-Beständen zusammen, wie die Legföhren, Zwergwacholder, Grünerlen, Zwergbirke und verschiedene Weidenarten, und leiten allmählich über zu den Zwergstrauchheiden.

11. Zwergstrauchheiden

Als atlantische Heide gehen die vorzugsweise aus *Erica*-Arten, *Calluna* und *Ulex*-Arten gebildeten Zwergstrauchbestände an den ozeanischen Küsten der gemäßigten Zone entlang, in den Winterregengebieten Südwesteuropas beginnend und von den sandigen, nährstoffarmen Böden Nordwestdeutschlands besonders bekannt geworden (Graebner 1901); hier dürften sie im Anschluß an umfangreiche Waldrodungen nach dem Jahre 1200 stärkere Ausbreitung mit einem Maximum um das Jahr 1800 erreicht haben, heute sind sie durch die Landkultivierung wieder weit zurückgegangen. — In den nordischen Zwergstrauchheiden treten *Empetrum* und zahlreiche andere Ericaceen-Gattungen sowie *Dryas* und zwergige Weiden an Stelle der *Erica*-Arten, und in den alpinen Zwergstrauchheiden gesellen sich noch die Alpenrosen-Arten hinzu. Starke Winde, niedrige Temperaturen, z. T. auch lange Schneebedeckung und kurze Vegetationszeit werden von all diesen kleinblättrigen Zwergsträuchern gut vertragen.

12. Mangrove

Verdanken die unter 3—11 betrachteten Gehölzformationen ihr Zustandekommen hauptsächlich den klimatischen Gegebenheiten, so sind die folgenden (12—13) durch die besonderen Eigenarten des Untergrundes bedingte edaphische Formationen.

An tropischen und subtropischen Küsten entwickelt sich an geschützteren meist schlammreichen Buchten die Formation der Mangrove (Schimper 1891, W. Troll 1930), eine Gehölzformation, mit der sich die tropische Landvegetation noch über die Flutlinie hinaus vorschiebt. Ihr Gedeihen knüpft sich an mehrere ökologische Anpassungen sehr eigentümlichen Wesens. Die Festigung des Individuums geschieht durch die Entwicklung sogenannter „Stelzwurzeln“. Dem Sauerstoffmangel des schlammigen Untergrundes wirken besondere Atmungsorgane entgegen, vertikal emporgerichtete „Pneumatophoren“. Bei der sehr verbreiteten Mangrove-Art *Avicennia officinalis* haben diese Ventilatoren das Aussehen spargelartig aufgeschlossener Sprosse, die rings um den Baum aus dem Schlamme hervorragen. Diese nach oben strebenden Atemwurzeln entsenden wieder abwärts gerichtete Ankerwurzeln und seitwärtswachsende Nährwurzeln, die in dem Maße neu gebildet werden, wie sich der Boden durch fortschreitende Ablagerung erhöht. Am eigentümlichsten aber ist die Fürsorge für die Nachkommenschaft bei den Mangrovepflanzen. Sie äußert sich in der weitgeförderten Ausbildung der Keimlinge noch während ihres Zusammenhanges mit der Mutterpflanze. Der Keim von *Rhizophora* erreicht bereits an der Frucht eine Länge von 60 cm und mehr, ehe er abfällt: dann ist er schon genug gekräftigt, um in kurzer Zeit einige Wurzeln zu treiben und in dem Schlamme Fuß zu fassen, ehe die neue Flut ihn hinwegspülen könnte.

Diese sehr speziellen Einrichtungen, die das Leben in der Mangrove verlangt, dann die hohe Widerstandsfähigkeit gegen die Chloride und die starken Schwankungen des Salzgehaltes, welche dabei erforderlich scheint, machen es verständlich, daß die Zahl der Mangrovepflanzen eine beschränkte ist. Eigentlich gibt es nur zwei Formen der Mangrove: die östliche, an den Küsten des ganzen Indischen und an der Westseite des Stillen Ozeans — und die westliche, welche die tropischen Küsten des Atlantischen Ozeans und die amerikanische Seite des Pazifikum bewohnt. Die Mangrove reicht vom Äquator unter günstigen Umständen bis zu 30—32°. Die äußersten Vorposten bildet öfters *Avicennia officinalis*, wobei sie zu einem niedrigen Strauche herabzusinken pflegt.

Kurz erwähnt werden mögen aus der Fülle weiterer tropischer Küstenformationen nur die Schraubenpalmenbestände und die Kokospalmenhaine des sandigen Strandes.

13. Sumpfwälder

In den Überschwemmungsgebieten der riesigen tropischen Tieflandsströme (Amazonas, Paraná, Kongo, auf Sumatra und Borneo usw.), wo der Boden oft monatelang unter Wasser steht, bildet der Regenwald eine besondere und floristisch oft stark abweichende Erscheinungsform aus, den Sumpfwald (vgl. S. 85). Ähnlich können die Palmsavannen Venezuelas zu Überschwemmungssavannen werden. Aus den Subtropen seien die Wälder der Sumpfzypresse *(Taxodium distichum)* Floridas erwähnt, mit langen Bärten der *Tillandsia usneoides* behangen und mit ihren kegelförmig die Oberfläche überragenden Wurzelknien an die Atemwurzeln der Mangroven erinnernd. — Aus den gemäßigten Klimaten sind die Erlenbruchwälder sowie die Weiden- und Pappelauenwälder der Flußanschwemmungen hier anzuschließen, aus dem Nadelwaldgürtel die riesigen, undurchdringlichen Flächen der sibirischen Sumpf-Taiga.

β Gras- und Staudenfluren

14. Savanne

Die Savanne stellt eine von Gramineen beherrschte Formation dar, eine „Grasflur", die mit eingestreuten Bäumen verschiedensten Wuchses und Höhenmaßes besetzt ist. Sie beschränkt sich auf wärmere Gebiete der Erde (über 20 °) bei Niederschlagsmengen von 90—150 cm und läßt sich nach deren Höhe und der Dauer der niederschlagbringenden Zeit gliedern in Feuchtsavanne (6—8½ humide Monate, übermannshohes Gras, an die Regenwaldgebiete anschließend), Trockensavanne (3½—6 feuchte Monate, brusthohes Gras, noch anbaufähig) und Dornsavanne (1—3½ feuchte Monate, kniehohes Gras in offenem Bestande, mit Dornsträuchern und Sukkulenten untermischt, nicht anbaufähig). — Vom Aussehen der Savanne gilt in den meisten Gegenden, was Schomburgk (1876) von den Llanos in Britisch-Guayana sagt. Der Anfang der Vegetationszeit liegt dort im April; da beginnen die Gräser zu treiben. In kurzer Zeit erreichen sie großes Ausmaß und bilden übermannshohe Rasen, doch sind die einzelnen Büsche durch kahle Zwischenräume geschieden. Anfangs sieht das ganze Gesichtsfeld aus wie eine Meeresfläche von Halmen, allerdings nie so rein grün wie die Wiesen des Nordens, weil vergilbte Reste des Vorjahres zwischen dem frischen Grün stehenbleiben. Die schließliche Höhe des Wuchses schwankt erstaunlich nach der Ergiebigkeit des jeweiligen Regens; es ist häufig vorgekommen, daß Reisende dieselbe Gegend nicht wiedererkannten, weil die veränderte Höhe der Savanne sie täuschte. Zwischen dem Grase eingestreut finden sich zahlreiche Stauden — besonders *Leguminosae*, *Amarantaceae*, *Compositae* —, Sträucher und kleine Bäume, alle mehr oder minder xerotisch ausgestattet und in der guten Jahreszeit mit Blumen geschmückt. Gegen Ende der Vegetationszeit vergilbt die ganze Fläche rasch. In den dürren Monaten gewährt sie einen winterlichen, trübseligen Anblick.

Solche Savannen nehmen in Brasilien (vgl. S. 174) und namentlich in Afrika riesenhaft ausgedehnte Flächen ein. Weniger umfangreich ist ihr Gebiet in Asien, während sie in Australien wieder in den Vordergrund treten, und zwar in sehr enger Verbindung mit dem grasigen Eukalyptuswalde.

15. Steppe

Im engeren Sinne ist die Steppe eine xerophile Grasflur ohne Baumwuchs; manche Autoren rechnen jedoch auch offene, lockere Bestände von Stauden oder Halbsträuchern hierher und sprechen z. B. von *Artemisia*- oder *Astragalus*-Steppen. — Im Gebiet der Steppe herrschen heiße Sommer und kalte Winter, die meist zu einer zweimaligen Unterbrechung des Wachstums führen, einmal im Winter, dann in einer sommerlichen Trockenzeit.

Neben den xerotischen Gramineen setzt sich die Steppe zusammen aus hochwüchsigen Stauden, vielen Knollen- und Zwiebelgewächsen; zeitweilig nimmt sie auch jährige Pflanzen auf.

Der Name der Steppe stammt aus dem südlichen Rußland, und ihre Entwicklung dort gibt einen zureichenden Begriff von der allgemeinen Bedingtheit der Steppe. Es handelt sich um Gebiete, die bei extremem Winter und Sommer einen Niederschlag von 30—45 cm empfangen. Der tiefgründige Boden ist wenig ausgelaugt und enthält in den oberen Schichten ungefähr 10 % Humus („Schwarzerde"). Die im Winter herrschenden Winde aus dem östlichen Quadranten gelten als wesentlich für die Erhaltung der Steppe, da sie dem Baumwuchs feindlich sind. Ihrer

Herrschaft folgt ein Frühsommer, der in guten Jahren mit zuverlässigen Niederschlägen das Gedeihen der Steppe fördert; wenn der Regen aber kärglich ausfällt, so bleibt sie stark zurück an Artengehalt und Wuchskraft.

Die herrschenden Gräser der südrussischen Steppe gehören den Gattungen *Festuca, Andropogon, Koeleria* u. a. an, besonders wirksam aber sind die Arten von *Stipa,* hochhalmige Gestalten mit anmutig sich neigenden Blütenrispen. Am Anfang der Vegetationszeit sprießen zwischen Algenflecken, Moosrasen und jungem Grase unscheinbare Kräuter mit bescheidenen Blumen und einzelne hübsche Zwiebelpflanzen hervor. Erst im Mai beginnen höhere und stolzere Stauden ihre Blumen zu entfalten, z. B. *Crambe, Papaver;* auch einzelne niedrige Sträucher blühen um diese Zeit. Später, im Sommer, folgen stattliche Doldenpflanzen und Labiaten, prachtvoll blühende *Astragalus,* steife *Euphorbia.* Wenn diese Flora vertrocknet ist und der heiße, dürre Spätsommer Einzug gehalten hat, dann legt die Steppe ein düsteres, graues Gewand an. Stark behaarte Stauden mit aromatischem Laubwerk gewinnen die Oberhand neben den verdorrenden Grashalmen. Sukkulente Chenopodiaceen werden bemerklich in fahlen Farbtönen, nur die Euphorbien bewahren ihr lebhaftes Grün in der herbstlichen Steppe.

Die Ausdehnung der altweltlichen Steppe reicht von Rumänien durch die aralokaspische Niederung nach dem südlichen Sibirien und weiter bis fast zum Stillen Ozean. In Amerika wiederholen die Prärien des Nordens und die Pampas des Südens das Bild der Steppe mit bestimmten Abweichungen im einzelnen. Die Prärie (Weaver 1954) löst sich aus wiesenartigen Beständen allmählich durch mancherlei Übergangsstufen heraus, um bei 96—98 ° w. L. am meisten typisch zu werden. Dort liegen jene weiten Grasfluren mit dem bunten Blumenflor der Stauden, der den ganzen Sommer in stetem Wechsel sich erneuert und infolge der längeren Befeuchtung Nordamerikas bis gegen den Herbst hin erhalten bleibt, bis er mit vielen hochwüchsigen Kompositen den Abschluß findet.

Aus den Pampas hat uns Lorentz, der Erforscher der Vegetation von Argentinien, ein hübsches Bild entworfen von dem Farbenwechsel der Grasflur in den einzelnen Jahreszeiten. Schwarz sieht sie im Frühjahr aus, wenn die großen Grasbrände über sie hingegangen sind. Blaugrün färbt sie sich, sobald die jungen Blätter dem Boden entsprießen, braungrün im Zustand des Erwachsenseins, silbern sind die Gräser zur Blütezeit, da ihre Spelzen sich entfalten.

Auf weite Flächen hin sind in den erwähnten alt- und neuweltlichen Gebieten die ursprünglichen Steppen heute zu Weizenanbaugebieten geworden, oder sie werden, wo die Niederschläge spärlicher sind, als Weideflächen genutzt.

In den Tropen sind echte Steppen offenbar seltene Erscheinungen. Doch sind den Steppen im Aussehen ähnlich die Grasfluren auf den Hochgipfeln Afrikas und auf den hohen Anden von Südamerika, die man als Paramos bezeichnet. Auch hier wachsen zahlreiche höhere Gräser in gesonderten Horsten; aber die Lücken dazwischen sind mattenartig erfüllt von niedergestreckten Stauden oder Rosettenpflanzen, auch fehlt es fast ganz an einjährigen Pflanzen, denen das jahraus jahrein gleichmäßig kühle nebelreiche Klima der Paramos nicht zusagt.

16. Wiese

Auch die Wiese wird durch die Herrschaft der Gramineen bezeichnet. Aber sie ist der Ausdruck eines weniger exzessiven Klimas, bei dem die Gegensätze der Temperaturen geringer sind und die Winter in der Regel milder verlaufen. In der Vegetationszeit herrschen sehr ersprießliche Witterungsverhältnisse, der Bau der Wiesengräser hat daher manche hygrotischen Züge, eine ansehnliche Laubfläche erlaubt ihnen beträchtliche Assimilationstätigkeit. Im Winter sterben nur in ungünstigen Jahren ihre oberirdischen Teile ab, oft aber bleiben sie wenigstens teilweise grün und halten eine beschränkte Funktionsausübung aufrecht.

Typische Wiesen sieht man in Mitteleuropa, wenn auch ihre floristische Zusammensetzung keine ursprüngliche mehr ist und durch menschliche Wirtschaft starke Veränderung erlitten hat. Die Gramineen sind meist ausdauernd, bezeichnet durch unterwärts lebhafte Verzweigung und entsprechende Wurzelbildung, die einen zusammenhängenden Rasen erzeugt. Bemerkenswert ist die große Anzahl (oft 20—30) verschiedener Grasarten, die sich an der Bildung einer Wiese beteiligen, wenn nicht durch künstliche Mittel gewisse Arten bevorzugt werden und ein Übergewicht erlangen. Mit den Gräsern teilen sich Stauden in die Beherrschung der Wiese, in wechselndem Verhältnis, aber gewöhnlich gleichfalls in einer Mehrzahl von Spezies. Wenig Raum bleibt für Annuelle, sie sind nur spärlich eingestreut. Unter den Stauden der deutschen Wiesen sind Arten wie *Ranunculus acer, Cardamine pratensis, Lychnis flos cuculi, Rumex acetosa, Primula officinalis, Taraxacum officinale*, mehrere Doldenpflanzen, im Westen auch *Colchicum autumnale* die gewöhnlichsten und am allgemeinsten verbreiteten.

Wiesen von ähnlichem Typus gibt es in allen feuchteren, kühleren Gebieten der nördlichen Hemisphäre. Doch haben sie in den meisten Ländern erst durch die regelmäßige Mahd und sonstige Eingriffe des Menschen ihre jetzige Zusammensetzung und die heutige Ausdehnung gewonnen: es sind „Halbkulturbestände". An den Grenzen zu mehr trockenen Gegenden ziehen sie sich auf die Niederungen und Überschwemmungsgebiete zurück. Daneben machen sich mit Abnahme der Niederschläge zahlreiche Übergänge zu den Steppen bemerkbar: so besonders in Sibirien und Nordamerika. Wo dagegen die Vegetationszeit durch Kälte oder lange Schneedauer verkürzt wird, beginnt sich das Verhältnis von Stauden und Gräsern zu verschieben, so daß eine Annäherung zur Matte stattfindet. Das beobachtet man in den Gebirgen des Wiesengebietes, dann besonders auch im nordöstlichen Asien gegen die Küsten hin. Im nördlichen Japan, im Amurlande und um die Ochotskische See ist die Untermischung der Wiesengräser mit großartig hochwüchsigen Stauden so bedeutend, daß ein eigenartiger Typus entsteht, dessen Platz bei den Matten ebenso berechtigt wäre wie bei den Wiesen.

17. Wiesenmoor
(Niedermoor, Flachmoor)

Im Mangel der Gehölze und in wesentlichen ökologischen Zügen ihrer Bestandteile schließen sich an die Wiesen die Wiesenmoore (Früh u. Schröter 1904) an. Ihr Bestand ist jedoch viel mehr an rein tellurisches Wasser, d. h. an hohes Grundwasser geknüpft als bei der Wiese, sie sind also vorzugsweise auf tiefgelegenen, flachen Geländeteilen entwickelt. Ihr Boden ist nicht mildhumös wie dort, sondern er ist vertorft, enthält viel freie Humussäuren und ist daneben meist reich an mineralischen Salzen. Der Vegetationsbestand ist oft geschlossen wie auf der Wiese, aber er wird gewöhnlich nicht von den Gräsern beherrscht, sondern von den physiognomisch nächst verwandten Cyperaceen, in den kühleren Ländern der Erde besonders von der Gattung *Carex;* einige Moose, Juncaceen, Gramineen (z. B. *Molinia)* und eine bedeutende Zahl von dikotylen Stauden vervollständigen das normale Bild des Wiesenmoores. Den meisten sind mehrjährige Lebensdauer und speichernde Organe unter der Bodenfläche eigen, die oberirdischen Teile pflegen im Winter abzusterben.

Die Wiesenmoore sind genetisch oft mit Wasserpflanzenbeständen verknüpft durch eine Reihe von Übergangsformationen, deren Studium für die Entwicklungskunde der Pflanzenvereine allgemein bedeutsam gewesen ist. Eine sehr wesentliche dieser Stufen, wenn man will, der Beginn des Wiesenmoores, wird vertreten durch das Röhricht, durch Bestände gewisser hoher Gräser oder Cyperaceen am Saume der Gewässer. Diese Pflanzen, vor allen *Phragmites communis,* das Schilfrohr, wurzeln im

Schlamm und bilden keinen geschlossenen Rasen, sondern lassen in Zwischenräumen allerorten das klare Wasser hervortreten. Ihre hohen, schlanken Halme neigen sich leicht im Winde und im Anprall der Wogen; sie steigen auf aus weitkriechenden, kräftigen Wurzelstöcken und bilden große Gesellschaften. Rohrbestände gibt es beinahe überall auf der Erde, wo reichliches Wasser steht, überall sind gewisse Gramineen oder Cyperaceen die Herrscher, und nur der Zusatz der Nebenbestandteile unterliegt systematischem Wechsel.

18. **Moosmoor** (Hochmoor)

Hängt das Wiesenmoor vom nährenden, stoffreichen, tellurischen Wasser ab, so verlangt das Moosmoor (Weber 1902, Osvald 1923) stoffarmes, oft nur atmosphärisches Wasser in hohen Beträgen. Sein Vorkommen beschränkt sich daher auf die niederschlagreichen Gebiete der Erde, und unter diesen auf die kühleren oder kalten. Denn nur bei niedriger Temperatur können die Moose, welche das Hochmoor charakterisieren, zu eigenen Bestandbildungen gelangen. Es sind vorzugsweise Angehörige der Gattung *Sphagnum*, eines isolierten Geschlechtes der Moospflanzen, das in seinen Vegetationsorganen sehr sonderbare Einrichtungen aufweist. Gegen Kälte und z. T. auch Austrocknung durch innere Eigenschaften geschützt, vermögen sie durch den feinporösen Bau ihrer kleinen Blätter das Wasser kapillar zu leiten und festzuhalten. In dauerndem Spitzenwachstum führt das Individuum ein zeitlich und räumlich kaum beschränktes Dasein. Das ganze Moor nährt sich fast gänzlich von den Niederschlägen der Wolken. Von innen nach außen sucht es selbsttätig den Umfang seines Bereiches ständig auszudehnen. Meist liegen die ältesten Teile, in der Mitte des „Hochmoores", am höchsten; die jüngeren, am Rande, sind niedriger: das ganze Moor erhält dadurch einen gewölbten Umriß, im Gegensatz zu der meist ebenen Fläche des Wiesenmoores.

Für die allermeisten Pflanzen enthält der torfige Boden und das Wasser der Hochmoore zu wenig nährende Stoffe (vgl. das auf S. 92 über Xeromorphie und Stickstoffmangel Gesagte). Neben *Sphagnum* ist es also eine recht artenarme Pflanzengesellschaft, die das Moosmoor besiedelt; aber sie ist sehr bezeichnend dafür und tritt selten in andere Formationen über. In der nördlichen Hemisphäre gehören dazu mehrere Cyperaceen, dann namentlich niedrige Sträucher aus der Familie der Ericaceen, z. B. *Erica tetralix, Ledum palustre, Vaccinium-* und *Kalmia-*Arten, einzelne Rassen von Kieferarten, ferner die sonderbaren fleischverdauenden Sonnentauarten *(Drosera)* und in Nordamerika noch einige andere Insektivoren, wie *Sarracenia* und *Dionaea.* Es ist bemerkenswert, daß auch auf der südlichen Hemisphäre die Hochmoore eine ganz ähnliche Vegetation besitzen, ja daß sogar die floristischen Züge vielfach übereinstimmen. *Sphagnum* und *Drosera* finden dort gleichfalls ihr Gedeihen, und für die Ericaceen treten die *Epacridaceae* ein, welche im System ihre Schwestergruppe ausmachen. Als Hauptverbreitungsgebiet der Moosmoore ergeben sich die Gebiete, deren Jahrestemperatur durchschnittlich unter 10° gelegen ist, und die gleichzeitig eine ausgeglichene feuchte Vegetationsperiode besitzen. Das sind also größere Stücke von Nordamerika und Nordeuropa. Hier haben die Moosmoore eine z. T. sehr ausgedehnte Verbreitung, gehen aber ebenso wie die Wiesenmoore durch menschliche Eingriffe mehr und mehr verloren. Weiter südwärts ziehen sie sich auf die höheren Gebirge zurück und verschwinden endlich ganz. Einige Wichtigkeit erlangen sie erst wieder in den am meisten südlichen Ländern, Patagonien, Neuseeland, Tasmanien und auch auf den Inseln der antarktischen Gewässer.

Einen abweichenden Typ stellen die von C. Troll (1948) beschriebenen Hartpolstermoore der Subantarktis und der tropischen Hochanden dar; hier werden die Moose durch torfbildende, außerordentlich harte Kugelpolster von Juncaceen, Cyperaceen und einer Anzahl dikotyler Polsterbildner ersetzt.

19. Matte

Die Stauden, welche im Unterwuchs des Waldes, auf den Wiesen und in den Mooren schon eine beträchtliche Rolle spielen, gewinnen in gewissen Fällen eine noch größere Bedeutung. Ganz besonders steigert eine abgekürzte Vegetationszeit ihren Wert in der Formation. Die Speicherung größerer Mengen von Assimilaten in ihren unterirdisch gelegenen Organen setzt sie in die Lage, die günstige Wendung der Jahreszeit sofort aufs nachdrücklichste auszunutzen, in kurzer Zeit ein umfangreiches Assimilationssystem aufzubauen und die obwaltenden Umstände in idealer Weise zu verwerten. Davon überzeugt man sich bei uns in den mittleren Zonen der Gebirge (Schröter 1923—1926), wo die Vegetation nach der späten Schneeschmelze sofort in förderliche Witterungsverhältnisse versetzt wird. Da sind Stauden wie die hohen *Aconitum, Delphinium, Gentiana, Adenostyles, Ligularia, Geranium, Mulgedium* der sichtbarste Ausdruck dafür, wie vorteilhaft unter solchen Umständen die Staude ausgestattet ist (Hochstaudenflur). In noch höheren Lagen wird ihr Wuchs niedriger, die Blätter bleiben geringer an Größe und drängen sich oft rosettenartig zusammen, der ganze Rasen erhebt sich nur wenig über den Boden: das ergibt dann die Matten des Hochgebirges mit ihrem duftenden Heu und den prächtig gefärbten Blüten, die beinahe alle Gebirge der kühleren Erdgebiete auszeichnen.

In den höchsten Zonen der Gebirge, welche noch Pflanzenwuchs tragen, führen die Wärmemaße und die Verdunstungsverhältnisse zu einer besonderen Prägung der Gebirgsmatte, zur Polsterflur. Die Gräser werden seltener. An den Stauden verkürzen sich die Sprosse stark, die Blätter werden kleiner, das Ganze drängt sich oft zusammen zu moosartigen Rasen oder dichtgefügten Polstern. Aber die Blüten bewahren ihre Größe und vertiefen öfters die Färbung. Das stärkere Licht der Höhe, die Luftverdünnung, die Windbewegung, der rasche Wechsel von feucht und trocken, die meist niedrige Temperatur des zugänglichen Wassers, alles das führt in komplizierter Gesamtwirkung zu der typischen Tracht der Alpenpflanzen, die in allen Gebirgen wiederkehrt. Trotz ihrer systematischen Verschiedenheit zeigen die meisten Hochgebirgsfloren der Erde sehr ähnliches Aussehen, eben weil die Daseinsbedingungen so ähnlich werden, weil überall gleiche Kärglichkeit das Leben in beengte Bahnen zwingt.

Auch hier wieder weisen die subantarktischen und tropisch-hochandinen Gebiete eine Spezialform auf, die Hartpolsterflur, für die besonders die Umbellifere *Azorella* mit ihren gewaltigen verharzten und fast holzharten welligen Kissen typisch ist, neben zahlreichen anderen Polstergewächsen aus den verschiedensten Familien.

20. Trockenheide, Felsenheide, Trift

Wo in niederschlagsärmerem Klima oder auf trockenem oder felsigem Boden in einer Formation Trockengräser, Stauden oder Halbsträucher herrschen, spricht man von Trockenheide, Felsenheide oder auch, soweit das Weidevieh auf sie getrieben wird, von „Trift".

Nach der Ausgestaltung ihrer oberirdischen Vegetationsorgane ist sie xerotisch, sie läßt sich auffassen gewissermaßen als Seitenstück zur Steppe, Steppe mit zurückgetretenem Graswuchs.

In Mitteleuropa ließe sich die Pflanzendecke einer trokkenen Sandfläche, soweit Stauden sie beherrschen, als eine Trift bezeichnen. Typischer noch ist die Flora trockener Hügel, z. B. mit Muschelkalkunterlage, oder der sog. „Steppenheiden" (Gradmann) auf den Schotterzungen des Alpenvorlandes. Sie bieten uns ein Gemisch von Kräutern und verschiedensten Stauden mit schnell wechselnden Erscheinungen während der Wachstumsperiode. Im Frühjahr blütenreich, später weniger farbenbunt, gehören sie zu unseren floristisch am reichsten bedachten Beständen. Wie in der Steppe steht der Pflanzenwuchs nicht in allseitigem Zusammenhang, sondern läßt vielerorts den nackten Boden hervorschauen. Allgemein tritt xerotische

Einrichtung des Daseins in der Organisation mit voller Deutlichkeit zu Tage.

Ähnliche Trocken- und Felsenheiden, reich an Labiaten, sind auch in den Ländern um das Mittelmeer häufig, teils als ursprüngliche Gebilde, teils erst durch die Verwüstung der Wälder entstanden, so die Garigue in Frankreich, die Tomillares in Spanien, die Phrygana in Griechenland.

In höheren Bergzonen besitzt die montane oder alpine Trift eine weite Verbreitung. Denn überall, wo die Gehänge zu steil werden oder nicht genug Niederschlag empfangen, wo der Boden zu durchlässig ist oder wo bei größerer Höhenlage die Extreme in Wärme und Feuchtigkeit sich allzu schroff fühlbar machen, da tritt sie für die Matte ein als xerotischer Ersatz. Schöne Beispiele solchen Wechsels zeigen schon unsere Alpen. In der Gegend des Col di Tenda z. B. herrscht eine durch Trockenheit beschränkte, aromatische, filzreiche Flora an der sonnigen Südabdachung, ein üppiges, halbmannshohes Dickicht kräftiger Mattenstauden an der feuchtschattigen Nordseite. Einen noch großartigeren Fall ähnlichen Gegensatzes bietet Neuseeland in seinem südlichen Hochgebirge. Die Hänge dort tragen im Osten nur ausgeprägt xerotische, locker bewachsene, dauernd „offene" Triften auf unstetem, geröllreichem Boden, im Westen aber prächtige dicht geschlossene Matten selbst an steiler geneigten Lehnen.

21. Tundra

An die Formationen der Hochgebirge (Zwergstrauchheide, Matte, Trift) läßt sich die arktische Tundra anschließen, die zu ihnen sowie zu Wiese und Moor viele Beziehungen hat. Ein ganzer Komplex von Bedingungen, namentlich die niedere Durchschnittstemperatur und die Kürze der Vegetationszeit, gleicht sich bei beiden; andere freilich, wie besonders die Lichtverhältnisse, bieten starke Unterschiede. Die Pflanzendecke der Arktis zeigt demnach vielerorts triftartige Anordnung und hat in physiognomischer und floristischer Beziehung mit der oreophilen viele Ähnlichkeiten, die man auf die äußeren Einflüsse zurückführen kann. Wie im Hochgebirge verkürzt sich die Vegetationsperiode auf etwa zwei Monate. Nur im Juli und August liegt das Tagesmittel über dem Nullpunkt. In diesen wenigen Wochen muß alles geleistet werden. Die eiserne Notwendigkeit drängt alle Gewächse zu gleicher Betätigung. Es gibt eigentlich keine Frühlingsflora und keine Herbstflora. Alles blüht zugleich mit einem Schlage auf. Das Laub entwickelt sich rasch aus seinen Knospen. Das Klima duldet nur wenig vegetative Entfaltung, benachteiligt aber die Blüte nicht. Wie in den Hochalpen, ist das Bild des kleinen, mit Blüten übersäten Polsters gewöhnlich in der arktischen Pflanzenwelt. Das Verblühen schreitet rasch voran, bald gibt es Früchte und Samen, und was sich irgend verspätet, wird vom Winter überrascht.

In den noch verhältnismäßig günstigen Lagen unmittelbar nördlich oder oberhalb der Wald- bzw. Baumgrenze ist die Tundra noch als Zwergstrauchtundra ausgebildet, an feuchteren Stellen überwiegen Gräser und Wollgräser, Moose oder Moorbildungen, an trockneren herrscht oft die Flechtentundra. Je ungünstiger die Bedingungen werden, desto offener werden die Pflanzenbestände und leiten allmählich zur Kältewüste über.

22. Edaphische Staudenfluren

Außer den schon besprochenen verschiedenen Formen der Moore sind als durch die Untergrundverhältnisse bedingte Staudenformationen noch kurz zu erwähnen die Schlickfluren des Strandes (z. B. die Quellerflur mit *Salicornia*, bei uns allerdings nur einjährig), die Sandfluren des Strandes und der Küsten- und Binnendünen, die Salzfluren, in die in den wüstennahen Gebieten auch die Steppen übergehen können, sowie endlich die Schutt- und Gesteinsfluren der Gebirge, in denen bei zunehmender Unzugänglichkeit des Untergrundes die Stauden schließlich durch Moose, Flechten und Algen ersetzt werden und die so ebenfalls zu den Einöden hinführen.

γ Krautfluren und Einöden

23. Trockenwüste und Halbwüste

Zur Wüste als letztem Reduktionsergebnis leiten die verschiedensten Formationen über. Als Halbwüste lassen sich offene Bestände bezeichnen, wo sich die Vegetation so stark aufgelockert hat, daß mehr Bodenfläche kahl als pflanzenbedeckt erscheint, z. B. die Sukkulentenfluren des trockenheißen Amerika mit ihren vielgestaltigen Kakteen, Agaven und xerophilen Bromeliaceen und die entsprechenden afrikanischen Gebiete mit den habituell so ähnlichen *Euphorbia*- und *Aloe*-Arten. — Klimatisch ist am Zustandekommen der Wüste der Mangel und die Launenhaftigkeit der Niederschläge schuld. Man rechnet die Gebiete mit durchschnittlich weniger als 25 cm jährlichen Niederschlages in nur 0—1 Niederschlagsmonat im allgemeinen zu den Wüsten. Hohe Lufttrockenheit und starke Temperaturkontraste sind ihnen allen eigen. Mannigfaltig aber gestalten sich die edaphischen Zustände, je nachdem kahler Fels, harter Kies, wehender Sand oder salziger Lehm den Boden bildet.

Die Ausstattung der Wüste mit Pflanzen ist ärmlich und äußerst licht, doch nicht überall so dürftig, wie die gewöhnliche Vorstellung von der Wüste wohl annimmt. Ökologisch gliedert sie sich stets in zwei Typen: die Grundwasserflora und die Regenflora.

Die Grundwasserflora ist die dauernd bleibende. Sie besteht aus Sträuchern und Stauden mit stark xerotisch gebautem Achsen- und Laubwerk, entweder durch Speicherung sukkulent oder vorbeugend die Verdunstung beschränkend, oft auch mit gewaltig entwickeltem Wurzelsystem. Die Sträucher neigen zur Verdorrung, zu verworrener Astbildung, ihre Umrisse sind rundlich, der ganze Körper strebt der Kugelform zu. Viele vertragen zwar bedeutenden Salzgehalt im Boden, aber auch sie finden auf weiten Strecken ihre Grenze an der übermäßigen Salzsättigung mancher Wüstenböden.

Ganz verschieden davon gibt sich die Regenflora. Auf die sporadischen Regenfälle angewiesen, ist sie von vergänglichem Dasein. Vornehmlich setzen sie Kräuter zusammen, Kräuter, die alle Eigentümlichkeiten dieser Wuchsform — kleine, aber gegen Verdunstung ungeschützte Laubflächen, rasche Fruchtreife, widerstandsfähige Samen — in höchster Vollkommenheit entwickelt zeigen. Ferner beteiligen sich auch Rhizomstauden und Knollengewächse am Regenflor; ihre oberirdischen Organe sind physiologisch ähnlich wie bei den ephemeren Annuellen ausgerüstet.

Die subtropischen Gebiete um die Wendekreise herum sind auf der Erde in weitem Umfange wüstenartig. Besonders mächtig ist der Wüstengürtel in der nördlichen Hemisphäre der Alten Welt, wo er vom westlichen Afrika durch Asien bis fast zum Stillen Ozean in wenig unterbrochenem Zusammenhange sich hinzieht. Minder umfangreich sind die amerikanischen Wüsten mit ihren wunderlichen Kakteen. In Südwestafrika kennzeichnet sich die Namib als ein besonders ausgeprägtes Gebiet fast völliger Regenlosigkeit, das in *Welwitschia mirabilis* die merkwürdigste aller Wüstenpflanzen besitzt. In Australien ist das gesamte Innere wüstenartig, und im Nordwesten greift der Wüstencharakter weiter bis ans Meer heran. Die Flora bringt Zwerggesträuch und Sukkulentenbestand in vielseitigem Wechsel. Ausgedehnte Strecken werden von einem starr stechenden Grase *(Triodia)* erfüllt. Wieder andere weite Gebiete sind gänzlich entblößt von oberflächlichem Wasser und trotzdem mit dichtem etwa mannshohem Strauchdickicht von stark xerotischer Tracht bedeckt. In der Regenflora herrschen annuelle Kompositen vor, viele mit bunten, papierartigen Hüllchen um die Blütenköpfe geziert („Immortellen"); damit verglichen, treten alle anderen Elemente weit in den Hintergrund.

Auch in unseren gemäßigten Breiten sind einjährige Krautfluren zu beobachten, so auf Schuttstellen (Ruderalpflanzen) oder als Unkrautgesellschaften unserer Felder.

24. Kältewüste

In der obersten Stufe der Hochgebirge, im Hochland von Tibet und vor allem in der Arktis sind es die niedrigen Temperaturen sowie die langdauernde oder ewige Schnee- und Eisdecke, die an der Dürftigkeit oder dem völligen Fehlen spärlichen Pflanzenwuchses schuld sind; gleichzeitige extreme Trockenheit ist hier seltener, aber doch auch beobachtet worden, z. B. im nördlichsten Grönland.

C. FORMATIONSVERTEILUNG

Wo sich über größere Flächen gleichmäßig ebenes Gelände mit mittelguten Böden erstreckt, bestimmt das herrschende Klima die Formation, die man als zonengemäße („zonale") bezeichnen kann. Die Vegetationskarte der Erde (s. Anhang) läßt beim Vergleich mit einer Klimakarte (z. B. Köppen und Geiger, Klima der Erde, 1 : 16 000 000, G. Perthes/Darmstadt) diese Übereinstimmung bestens erkennen. Ja, man hat sogar die Klima-Typen in Anlehnung an die jeweils vorherrschenden Vegetations-Typen als Regenwaldklima, Savannenklima, Steppenklima, Wüstenklima, Tundrenklima usw. bezeichnet. — Entsprechend dem Relativitätsgesetz (S. 98) entscheiden in den wärmeren Zonen die Niederschlagsmengen, in den kalten Zonen die Temperaturen darüber, welcher Vegetationstyp landschaftsbeherrschend wird. — Der Idealfall einer solchen zonengemäßen Vegetation ist keineswegs überall verwirklicht. Meist ist die Oberfläche bewegt, es wechseln Höhen und Senken, Ebenen und Abhänge, Trocknis und Nässe ab, und daraus ergeben sich Unterschiede der Böden und des Mikroklimas, die andere Pflanzengesellschaften mehr begünstigen als die zonengemäße Formation und deshalb einen Wechsel in der Verteilung der Bestände veranlassen. Daher bietet sich in der Natur sehr häufig ein gesetzmäßiges Nebeneinander verschiedener Formationen.

In der Waldzone Osteuropas bedeckt der Wald Berg und Tal, in der Steppenzone zieht er sich auf die Hänge oder in die Senken zurück. In den Wüsten sind die Hochflächen pflanzenleer, während in den Senken eine aufgelockerte Trift sich hält. Wo sich Süßwasser in Vertiefungen sammelt, wird das Röhricht zum herrschenden Bestand, eine vom Klima fast unabhängige — „azonale" — Formation.

D. FORMATIONSWANDEL

Schon aus sich selbst heraus hat jeder Vegetationstypus im Laufe der Erdperioden mit der sich wandelnden Pflanzenwelt seine phylogenetische Entwicklung zur heutigen Gestaltung durchgemacht und unterliegt jetzt bei jeder Neubesiedlung eines aus irgendwelchen Ursachen pflanzenfreien Gebietes einer ontogenetischen Entwicklung (Clements 1905 u. 1916, Lüdi 1930), bis er zu dem Endstadium („Klimax") gelangt, welches den herrschenden Bedingungen am besten und vollkommensten entspricht. In dieser als „Vegetationsdynamik" bezeichneten Arbeitsrichtung hat man eine solche Entwicklung „Sukzession" genannt. Dabei lösen relativ schnell verschiedene Phasen einander ab, die man als transitorische Formationen den (scheinbar) stabilen Endstadien, den Dauerformationen, gegenüberstellen kann. Bei allen diesen Vorgängen sieht man die einzelnen Arten je nach ihren Fähigkeiten eine ganz verschiedene Rolle für die Entwicklung der Bestände spielen; Pavillard hat im Hinblick darauf aufbauende, erhaltende, festigende, neutrale und zerstörende Arten unterschieden.

Es entsteht an der Küste, an den Ufern der Gewässer, am Saume zurückziehender Gletscher, auf eruptivem Auswurfboden auch gegenwärtig noch Neuland, das im Boden keinerlei Keime enthält: wo sich der Vegetation also völlig unberührtes Siedelungsgelände bietet. Die allmähliche Eroberung solcher Stellen durch die Vegetation vollzieht sich in gesetzmäßiger Stufenfolge, eben in einer Sukzession.

Zum Beispiel pflegen auf einer frisch gebildeten Düne zunächst blaugrüne Algen stellenweise eine leichte Verkittung des Sandes herbeizuführen. Dann folgen ausgeprägte Halophyten, die durch ihr Wurzelwerk den unsteten Sand hier und da zusammenbinden. Ihnen schließen sich xerotische Gräser an, wie etwa *Triticum junceum* oder *Psamma arenaria,* und diese befördern mit ihren widerstandsfähigeren und kräftigeren Wurzeln die Festigung des lockeren Bodens viel nachhaltiger. Auch für empfindlichere Gewächse bieten sich im schirmenden Schutze der Strandgräser bald passende Siedelplätze. Unter der Einwirkung der Niederschläge wird das Salz aus dem Boden allmählich ausgelaugt. Die Vegetation nimmt in ihre Reihen auch nichthalophile Arten auf. Es kommt zur Bildung einer Sandtrift, und diese ist fähig, nach und nach in andere Formationen überzugehen. — Eine Callunaheide sah Graebner auf Neuland in folgenden Stufen entstehen. Der frische feuchte Boden wird von Schizophyceen durchwoben. Ihre zersetzten Reste geben ihm die ersten Spuren von Humus. Er wird besiedelbar für Moose und kleinere Blütenpflanzen. Deren Wurzeln machen die Unterlage fester, ihr Zerfall mehrt die Humusmenge. Zuletzt ist alles vorhanden, was das Leben der echten Heidepflanzen erfordert. Die Formation gelangt zu ihrer gegenwärtigen Schlußstufe. — Aus einem See geht durch „Verlandung" allmählich ein Wiesenmoor hervor; dies ändert sich zur Wiese, und daraus kann unter Umständen ein Wald sich bilden. In anderen Fällen dagegen wandelt sich das Wiesenmoor zum Zwischenmoor, und dies wiederum zum Sphagnummoor. — Das bewegliche Kalkgeröll der östlichen Alpen wird anfangs etwa von *Thlaspi rotundifolium* locker besiedelt. Darauf erscheinen die angedrückten Deckensträucher der *Dryas octopetala* und breiten sich aus. Zwischen ihrem Gezweig häufen sich Humus und Staub an, Grassamen keimen darin, und daraus werden Grashorste, die langsam die *Dryas* überwuchern und sie schließlich töten.

In allen diesen Fällen wird anfangs das neue Land durch Keime aus benachbarten Formationen besiedelt und nach und nach in Besitz genommen, wobei jede Stufe durch ihre eigenen Wirkungen, besonders auf die Beschaffenheit des Bodens, sich allmählich aufhebt und die nächste herbeiführt, bis der beste Ausgleich mit dem Medium erreicht ist (Braun-Blanquet u. Jenny 1926).

Etwas anders gestaltet sich der Verlauf, wenn die Keime des zugänglich gewordenen Bodens in ihm selbst schon enthalten sind, also wenigstens teilweise nicht aus der Umgebung oder weiteren Entfernung stammen: hier kommt es, wie man sagt, zu einer „sekundären Sukzession". Dieser Fall trifft auf Lichtungen und Rodungen zu, auch bei oberflächlichen Verwehungen und Verschüttungen. Denn ob nun Axt oder Feuer die alten Bestände beseitigt hat, es bleiben stets manche unterirdischen Teile unversehrt, viele Samen verharren ungestört, bis sie keimen können. Jedenfalls wird bald von der alten Vegetation ein Teil von neuem emporwachsen und sich mengen mit solcher, deren Keime aus der Umgebung hinzugeflogen sind. Es sind namentlich krautige Pflanzen, Annuelle oder Stauden, welche solchen entblößten Boden zuerst wieder mit Bewuchs überziehen. Anfangs stehen sie zerstreut und locker, dann schließen sie sich durch reiche Vermehrung zu dichten Gesellschaften, wie etwa *Epilobium angustifolium* auf unseren Waldlichtungen. Dabei ist die beteiligte Artenzahl am Beginne gering, steigt dann rasch zu einer gewissen Vielheit, sinkt aber schließlich wieder herab, und der Bestand wird zuletzt gleichartiger. Dem krautigen Dickicht der ersten Stufe folgen Gehölze, zuerst lichtliebende, später solche, die Schatten brauchen. Das Schlußstadium liefert auch hier gewöhnlich die Formation, der die betreffenden Verhältnisse am besten entsprechen. Es ist daher die Regel, daß eine künstlich vernichtete Formation von selbst allmählich sich vollständig wiederherstellt. In der Tat ist dies nicht nur bei uns festgestellt, sondern hat sich z. B. auch für die mediterrane Macchie oder den echten Regenwald auf Java nachweisen lassen. Doch kennt man von der Norm auch Ausnahmen. Wenn die betreffende Formation dort, wo sie vernichtet wurde, nicht unter den besten Bedingungen des Gedeihens stand, sondern eine bereits schwierige Lage verteidigte, so kann es geschehen, daß sie zur natürlichen Verjüngung nicht mehr die Kraft besitzt. Die hierüber vorliegenden Mitteilungen sind nicht alle zuverlässig und sollten mit einer gewissen Vorsicht aufgenommen werden; jedenfalls müssen sich einschlägige Beobachtungen über längere Zeiträume erstrecken. Aber es darf erwähnt werden, daß aus verschiedenen Gegenden berichtet wird, abgebrannter Wald habe sich nie wieder ergänzt, es habe sich Grasflur an seiner Stelle ausgebreitet, und andrerseits, vernichtete Steppe sei dauernd einem Walde gewichen. Es scheint, als ob derartige bleibende Änderungen bei sonst gleichen Verhältnissen nur in strittigen Grenzbezirken erfolgen, dort, wo verschiedene Formationen miteinander ringen und wo geringfügige Ausschläge nach der einen oder anderen Seite weittragende Folgen nach sich ziehen können.

Ein weiteres Beispiel für die Sukzession der Pflanzengesellschaften liefern die Trümmerflächen unserer kriegszerstörten Städte (vgl. S. 14). Die zuerst auftretenden einjährigen Krautgesellschaften werden von mehrjährigen Staudenbeständen abgelöst, dann werden Holzgewächse immer häufiger, und bei ungestörter Entwicklung könnte (wenn die mikroklimatischen Verhältnisse es gestatten) auch hier der Wald das Endstadium werden.

VII. Pflanzensoziologie

Die heute zur selbständigen Wissenschaft gewordene Pflanzensoziologie (Braun-Blanquet 1928, 2. Aufl. 1951, Du Rietz 1921 u. 1930, Knapp 1948—49, 1954, Vareschi 1950, Ellenberg 1956) kann hier nur ganz kurz behandelt werden. Sie geht von den Assoziationen als Grundeinheiten aus, worunter man nach internationalem Beschluß von 1910 Gesellschaften von bestimmter floristischer Zusammensetzung (d. h. mit gewissen Leitpflanzen), einheitlichen Standortsbedingungen und einheitlicher Physiognomie versteht, wie z. B. unser Buchenwald, das „Fagetum silvaticae". Ihre Entstehung und Erhaltung beruht in erster Linie auf dem Wettbewerb der teilnehmenden Arten, der zu einem Gleichgewicht gegeneinander wirkender Kräfte führt und unter Einwirkung der übrigen Umweltfaktoren die Harmonie der Vegetationsgruppierung erzeugt. — Zur Festlegung der Assoziationen gelangt man durch Untersuchung und Vergleichung der Flora zahlreicher Einzelbestände.

Neben der Feststellung, welche Arten überhaupt vorkommen, ist es dabei von großer Bedeutung für den physiognomischen Eindruck und für das tiefere Verständnis, in welchem Mengenverhältnis sie vertreten sind und wie weit sie regelmäßig der Gemeinschaft angehören. Es gibt strenggenommen kaum eine Assoziation, welche sich rein aus einer einzigen Art zusammensetzt; doch kommt es auf kürzeren Strecken vor, daß eine Spezies gewaltig vorherrscht, wie bei uns etwa die Fichte unter bestimmten Verhältnissen. Der gewöhnliche Fall dagegen ist eine Mischung mehrerer oder vieler Arten. Deren mengenmäßige Verteilung kann man durch Schätzung zu bestimmen suchen. Nach dem Geselligkeitsgrad z. B. werden unterschieden gesellige, herdenweise auftretende, häufig eingesprengte Bestandteile; auch zerstreute und einzelne Arten pflegt man bei genauen Darstellungen zu erwähnen, obwohl sie für die Physiognomie keine Rolle spielen.

Da jedoch solchen auf subjektiver Schätzung beruhenden Feststellungen eine gewisse Willkür anhaftet, so hat man sie durch exakte Methoden zu ersetzen versucht, die heute von vielen Autoren angewandt werden. Man steckt z. B. im Untersuchungsgebiet kleine Flächen ab, etwa Quadrate von bestimmter Seitenlänge, und ermittelt die Beteiligung der Arten, indem man sämtliche darin wachsende Individuen zählt. Wenn man mehrere derartige Probeflächen auszählt, gelangt man zu Durchschnittswerten.

Wie immer man aber auch das Gefüge der Assoziation zu zergliedern sucht, stets bietet das Mengenverhältnis verschiedene Seiten, die nähere Untersuchung verlangen.

Neben dem bereits erwähnten Geselligkeitsgrad (Soziabilität) der Arten erheischen Beachtung die relative Individuen-Anzahl (Abundanz), der Deckungsgrad (Dominanz), den man durch Raumausmessung oder durch Wägung ermittelt, und die Frequenz einer Art, die sich daraus ergibt, in wie vielen Probeflächen sie vorkommt. Auch auf die rhythmischen Erscheinungen im Leben der Assoziations-Mitglieder, wie Keimung, Belaubung, Blühen, Fruchten, auf ihren jeweiligen Entwicklungszustand und auf ihr Vermögen, sich im Bestande zu behaupten, muß geachtet werden. Endlich soll der Vergleich der Aufnahmen ermitteln, ob eine Art fest an eine bestimmte Assoziation gebunden ist und als Charakter- oder Kennart betrachtet werden kann, oder ob sie auch an anderen Verbänden teilnimmt. Die Lösung dieser Aufgabe erfordert besondere Umsicht, da die feste Bindung („Treue") gewöhnlich nur für kleinere Gebiete gilt, bei vorschneller Verallgemeinerung also Fehlschlüsse zu befürchten sind.

Neben den Kennarten unterscheidet man als Trennarten oder Differentialarten solche, die keine enge soziologische Bindung haben, aber bestimmte standörtliche Beziehungen erkennen lassen und zur Unterscheidung zweier oder mehrerer floristisch nahestehender Gesellschaften herangezogen werden können.

Verwandte Assoziationen werden zu Verbänden zusammengeschlossen (Endung -ion), diese zu Ordnungen (Endung -etalia), diese endlich zu Klassen (Endung -etea), z. B.:

Ass.: Querceto-Carpinetum subatlanticum (Eichen-Hainbuchenwald), gehört mit mehreren anderen zum

Verband: Fraxino-Carpinion (anspruchsvolle mitteleuropäische Laubmischwälder), dieses zur

Ordnung: Fagetalia silvaticae (Buchen- und Edellaubmischwälder), diese schließlich zur

Klasse: Querceto-Fagetea (Schlehengebüsche und anspruchsvolle Laubmischwälder).

Für Westeuropa führt Braun-Blanquet (1951) folgende Gesellschaftsklassen auf:

1. Asplenietea rupestris (Felsspaltengesellschaften),
2. Adiantetea (Gesellschaften der Tuffablagerungen),
3. Ammophiletea (Stranddünengesellschaften),
4. Cakiletea (Spülsaumgesellschaften),
5. Secalinetea (Halmfruchtgesellschaften),
6. Chenopodietea (Nitrophile Ruderal- und Hackfruchtgesellschaften),
7. Atropetea (Schlaggesellschaften),
8. Potametea (haftende Schwimmpflanzengesellschaften),
9. Litorelletea (untergetauchte Teichrandgesellschaften),
10. Isoëto-Nanojuncetea (Zwergbinsengesellschaften),
11. Montio-Cardaminetea (Quellflurgesellschaften),
12. Phragmitetea (Röhricht und Großseggengesellschaften),
13. Salicornietea (Salztriftgesellschaften),
14. Juncetea maritimi (Salzwiesengesellschaften),
15. Corynephoretea (Silbergras-Sandgesellschaften),
16. Arrhenatheretea (Fettwiesengesellschaften),
17. Molinio-Juncetea (Streuwiesengesellschaften),
18. Scheuchzerio-Caricetea fuscae (Flachmoorgesellschaften),
19. Festuco-Brometea (Trockenrasengesellschaften),
20. Betulo-Adenostyletea (Hochstauden- und Hainwaldgesellschaften),
21. Oxycocco-Sphagnetea (Hochmoorgesellschaften),
22. Ulicetea (Ericaceen- und Ulexheiden),
23. Quercetea robori-sessiliflorae (bodensaure Fallaubwälder),
24. Vaccinio-Piceetea (bodensaure Nadelwälder und Zwergstrauchgesellschaften),
25. Querceto-Fagetea (nährstoffreiche Fallaubwälder).

Als höchste Einheit eines vegetationskundlichen Systems auf floristischer Grundlage wird von Braun-Blanquet der Gesellschaftskreis aufgefaßt, der durch bestimmte Charakterklassen gekennzeichnet wird, z. B. der eurosibirisch-boreoamerikanische, der mediterrane, der alpin-hochnordische.

Zu dieser beschreibenden und klassifizierenden Soziologie gesellen sich als weitere Arbeitsgebiete die Physiologie und Ökologie der Gesellschaften, ihre Geschichte und ihr Wechsel, endlich ihre Verbreitung. Die angewandte Pflanzensoziologie schließlich hat bereits zu Ergebnissen von ungeheurer praktischer Bedeutung für Forst- und Landwirtschaft, Wasserbau und Landesplanung geführt.

VIII. Übersicht der Florenreiche

Die vier Formen der Pflanzengeographie, nämlich die areal-vergleichende, die physiologisch begründende, die historisch-genetisch forschende und die vegetationskundliche, vereinigen sich in dem Versuch, die Pflanzenwelt der Erde naturgemäß einzuteilen. Betont man dabei mehr die physiognomisch-ökologische Seite, so gelangt man zu einer Gliederung in mit den Klimazonen übereinstimmende Vegetationszonen (vgl. Karte 2, Anhang); hält man sich dagegen mehr an die floristischen und genetischen Tatsachen, so kommt man zu einer Einteilung in Florenreiche, die wiederum in Florengebiete und Florenprovinzen zerlegt werden können.

Die erdgeschichtliche Entwicklung, die schon in frühen Epochen die Südkontinente voneinander trennte, während die nördlichen Landmassen noch lange in Verbindung blieben, spiegelt sich deutlich in der Gliederung der Erde in 6 Florenreiche wieder: das nördlichste umspannt die gemäßigte und kalte Zone der ganzen nördlichen Halbkugel; in den Subtropen und Tropen tritt eine Sonderung in ein altweltliches und ein neuweltliches Florenreich ein, und südlich davon lassen sich sogar 3 Florenreiche unterscheiden (Karte 1, Anhang).

1. Holarktisches Florenreich (Holarktis)

Die gemäßigten und kalten Gürtel der nördlichen Hemisphäre zeigen so viel enge Beziehungen in ihrer Flora, daß sie zu einem einzigen Florenreiche vereinigt werden müssen, dem größten der Erde, dem holarktischen. Es wurde früher (S. 48) bereits angedeutet, daß die Gründe dieser Ähnlichkeiten zum Teil genetische sind und daß wir es mit dem Weiterbestehen von Verhältnissen zu tun haben, die bereits in der Tertiärperiode vorhanden waren.

a) Ostasiatisches Gebiet

Ostasien zeichnet sich aus durch ein niederschlagreiches Klima; nirgends fällt die jährliche Summe unter 50 cm, häufig steigt sie über 150 cm. Die Regenzeit trifft mit dem Sommer zusammen, der Winter ist trocken, im Süden noch mild, im Norden, wenigstens im Binnenlande, bereits rauh und frostreich.

Von den Formationen entwickelt der Süden noch einen subtropischen Regenwald. Er befindet sich mit dem angrenzenden malesischen in enger Verbindung. Und hier ist eigentlich die einzige Stelle der Erde, wo alle Klimagürtel in breitem Austausch miteinander stehen. Der allmählich abnehmende Niederschlag und die Zuschärfung der kälteren Jahreszeit läßt freilich die empfindlicheren Regenwaldtypen nach und nach zurücktreten. Die Großblättrigkeit nimmt ab, Plankengerüste an den Bäumen verlieren sich, nur Lianen gibt es noch in Fülle, und auch einige Epiphyten aus der Farn- und Orchideenwelt bleiben vorhanden. Doch systematisch ist der ostasiatische Regenwald noch gut gegliedert. Von den Hängen des östlichen Himalaja reicht er bis ins mittlere China und von Formosa bis Südjapan. *Lauraceae*, immergrüne *Quercus*, *Magnoliaceae*, *Theaceae* u. dgl. nehmen in Menge an seiner Zusammensetzung teil, auch mehrere Nadelhölzer gesellen sich dem Bestande zu.

Ganz allmählich entwickelt sich daraus der Sommerwald (S. 120). Seine systematische Mannigfaltigkeit ist geringer, der Blattfall tritt ausgeprägter in die Erscheinung, die Lianen und Epiphyten sind anfangs noch zahlreicher, vermindern sich aber rasch nach Norden hin. Doch trotzdem bleiben die Sommerwälder Ostasiens ungleich reicher als die europäischen. *Juglandaceae*, *Betula*, *Alnus*, *Quercus*, *Acer*, *Prunus*, alle sind viel artenreicher entwickelt als bei uns. Und neben ihnen wachsen Gattungen, die wohl in unsern Parks gedeihen, die jedoch der einheimischen Flora des kühleren Europas fehlen: *Morus, Gleditschia, Sophora, Ailanthus, Rhus, Paulownia, Catalpa* u. a. Sehr bedeutend ist die Beteiligung der Nadelhölzer, vorzugsweise in den höheren Zonen und im nördlichen Japan. Vielförmiger gestaltet sich auch der strauchige Unterwuchs, etwa der *Ribes, Deutzia, Hydrangea, Rosaceae, Rhododendron, Ligustrum, Syringa, Lonicera,* in sehr abwechselnden Arten je nach der Höhenlage.

Von den Grasfluren sind die Wiesen (S. 132) im Norden Ostasiens bekannt durch die Beteiligung hochwüchsiger Stauden; das üppige Gras mit seinen Stauden verbirgt Mann und Roß, gerade wie auf den besten der tropischen Savannen, nur ist es viel weicher, viel gleichmäßiger frisch, viel reiner grün, viel blumenreicher. Auf den Gebirgen in Japan und mehr noch im inneren China liegen über den Waldungen wie in Europa niedrige Strauchbestände von *Berberis, Rhododendron, Juniperus* u. a. und in vielfachem Wechsel damit ausgedehnte Matten. Es ist eine höchst artenreiche Form der Matte, mit zahlreichen Liliaceen, *Rheum,* Ranunculaceen, Umbelliferen, Scrophulariaceen usw. Im östlichen Tibet ernährt sie mit ihren Rhizomstauden oft ganze Bevölkerungen, und ihre Heimat ist für den chinesischen Drogenhandel das ergiebigste Stammland.

Der Osten Chinas und weite Gebiete von Japan sind durch die intensive Kultur und dichte Bevölkerung gänzlich der ursprünglichen Vegetation entkleidet. Neben den allgemein verbreiteten Feldfrüchten der nördlich gemäßigten Zone ist der Reis am bedeutsamsten für den Anbau. Ferner hat Ostasien den Tee geliefert und ist noch immer das Haupterzeugungsgebiet dieses Gewächses.

Floristisch ist von den Ländern Ostasiens am längsten Japan bekannt und hochberühmt durch die graziöse Schönheit seiner Pflanzenwelt. Im Süden mit immergrünem Wald beginnend, läßt sie im Norden den Sommerwald stets tiefer herunterziehen, bis er die Ebene erreicht. Die Eigentümlichkeit der japanischen Vegetation, ihr Besitz an endemischen Gattungen und Arten mußte früher für sehr bedeutend gelten. Gegenwärtig aber hat sich die Zahl der Endemiten schon auf die Hälfte vermindert durch die Aufschließung der Insel Formosa und der inneren Provinzen Chinas. Diese gehören z. T. schon dem Gebirgslabyrinth von Osttibet an, jenem riesigen Knoten von Gebirgen, der in gewaltiger Anschwellung die höchsten Ketten der Erde entsendet. Ihm ist der östliche Himalaja gänzlich tributär. Nördlich steht der Tsin-ling-schan damit in Verbindung, der die üppige Waldvegetation Szetschuans von den zur Mongolei führenden Steppen des mittleren Hoangho scheidet.

Ostasien und namentlich das innere China zeigen in ihren Wäldern wie in ihrer Gebirgsflora eine hochbedeutsame Anhäufung von allgemein borealen Zügen: zu Nordamerika bestehen enge Beziehungen, ebenso zu Europa. Nur sind viele Gattungen reicher entwickelt und vollzähliger vertreten. Boreale Gruppen wie *Polygonatum*, *Lilium*, *Delphinium*, *Epimedium*, *Berberis*, *Saxifraga*, *Rhododendron*, *Primula*, *Gentiana*, *Pedicularis*, manche *Senecio* stehen dort auf der Höhe. Dazu gibt es sehr eigenartige Endemiten: *Tetracentron*, *Eucommia*, *Davidia*. Geologisch sind manche Teile des Gebietes von beträchtlichem Alter, seit lange konnte sich die Vegetation dort ohne bedeutendere Störung entwickeln. Breiter als irgendwo auf der Erde berühren sich tropische und gemäßigte Lagen. Hohe Feuchtigkeit trägt der Monsun bis zu den innersten Grenzen der Gebirge. In Osttibet legen sich die Ketten nicht wie ein Riegel vor die Leben spendenden Luftströme, wie am Himalaja. Durch zahlreiche Pforten ergießt sich der milde Hauch in die Gebirgswelt. Feine Tönung des Klimas vereint sich mit der tausendfältigen Gliederung des Geländes, der Höhe, dem Wechsel der Böden. Dies alles machte das Gebiet geeignet, aus der tropischen Fülle die nordische Flora auszulesen, die heute die Halbkugel beherrscht. Da konnten sich laubwerfende Bäume bilden, da wurden Spezies erzeugt, die dem rauhen Klima Tibets gewachsen waren, die zum trockenen Himalaja wandern, die die Steppen weiter westlich besiedeln konnten. Osttibet nebst Westchina erscheint als ein in seiner Fernwirkung vielleicht unerreichtes Land. Wenn es auch nicht gerade die Stammflora jener Vegetation enthält, die heute die Holarktis bewohnt, so hat es jedenfalls von ihrem Bestande noch die treueste Kunde bewahrt.

b) Zentralasiatisches Gebiet

Zentralasien, das von Grisebach schlechthin als „Steppengebiet" bezeichnet wurde, stellt im Westen außer den reicheren Teilen Turkestans ein wüstes Tiefland dar, dem sich weiter östlich als 1000—1500 m erhöhte Fläche die Gobi und südlich das noch höhere Tibet ansetzt. Dürftige Niederschläge und höchst extreme Temperaturen verleihen dem Gebiet das Gepräge.

Waldungen gibt es nur in den höheren Zonen der Gebirge, in Lagen, welche Niederschläge von etwa 30 bis 50 cm Regen empfangen. Namentlich sind es im Tienschan an den Nordhängen Bestände von *Picea Schrenckiana*, welche die baumlosen Einöden unterbrechen. Auch wo die Gebirgswasser sich zu größeren Flüssen vereinigt haben, umsäumen Bäume die Ufer. *Populus* und *Salix* sind davon die wichtigsten im wilden Zustand, die Kultur hat oft noch manches hinzugefügt.

Im äußersten Westen des Gebietes sind Grassteppen von typischer Ausbildung (S. 130) verbreitet. Aber in dem Wechsel von Frühjahr, dürrem Sommer und frostigem Winter verkürzt sich die Spanne günstiger Bedingungen auf der aralokaspischen Fläche und im westlichen Turkestan sehr bald erheblich, wenn man ostwärts vorschreitet. Die Grassteppe fristet nur noch streckenweise auf günstigem Boden ihr Dasein. Auf Sand bilden sich Strauchfluren, die im Frühjahr Zwiebelpflanzen, später starres Gebüsch (*Astragalus, Caragana*) hervorbringen. Bei stärkerem Salzgehalt des Bodens finden sich mit zahlreichen Arten die *Chenopodiaceae* ein, unerschöpflich in wechselnden Gestalten und Formen des Wuchses. Überall ist die

Kärglichkeit des Daseins ähnlich. Wohl gibt es unter ganz besonders schlimmen Umständen nahezu vegetationslose Strecken, aber sie sind nicht sehr ausgedehnt. Im übrigen herrscht fast die gleiche Xerophytenflora von der Niederung bis hoch hinauf in die Gebirge. Erst bei sehr bedeutender Erhebung bleibt aus der abgehärteten Menge nur eine Schar der Allerwiderstandsfähigsten zurück. Dies ereignet sich in Tibet. Dort, wo bei 4000—5000 m ü. d. M. die Vegetationsmöglichkeit auf kürzeste Frist zusammengedrängt wird, da ist die Flora arm zum äußersten. Kaum 300 Arten kennt man in der ganzen Ausdehnung zwischen den Quellen des Indus und denen des Hoangho. Die gesamte Vegetation trägt den Stempel ärgster Einschränkung, aber es gelingt ihr, in Tibet wohl höher zu steigen, als irgendwo sonst auf der Erde. Noch mehr als 100 Arten fanden sich oberhalb 5000 m, und es ist sicher, daß einige Spezies sogar noch über 5700 m hinaufreichen.

c) Mittelmeer-Gebiet (Mediterraneum)

Von den übrigen holarktischen Teilen der Alten Welt ist das Mittelmeergebiet (Rikli 1943—48) ökologisch durch die Herrschaft der Hartlaubgehölze und der Felsenheiden, floristisch durch engere Beziehungen zu gewissen afrikanischen Elementen verschieden.

Die Ausbildung der Formationen wird veranlaßt durch die Herrschaft des Winterregens, die um so deutlicher sich ausprägt, je südlicher sie vorrückt. Nur in den Gebirgen ist sie weniger entschieden, weil sich auch im Sommerhalbjahr regenbringende Einflüsse geltend machen. Das absolute Maß der Niederschläge unterliegt vielen und stark örtlich bedingten Schwankungen, doch nehmen sie im allgemeinen von West nach Ost und von Nord nach Süd ab. In der Wärme sind die westlichen Teile gleichmäßiger, der Osten ist schrofferen Gegensätzen unterworfen.

Die Formationen der Mittelmeerländer sind durch die uralte Kultur dieser Region vielfach gestört oder gar vernichtet worden. Doch waren wohl die niederen Gebiete niemals viel besser bewaldet als gegenwärtig. Soweit man überhaupt von Wäldern in dieser Lage sprechen kann, sind sie sehr licht. Sie bilden sich aus Koniferen, aus dauerblättrigen Eichen oder dem Ölbaum, örtlich auch aus Lorbeer. Vielfach aber erscheinen sie zu Gesträuch verkümmert, woran Eingriffe von Vieh und Menschen zumeist schuld sind. Nur in den Wasserrinnen entstehen durch Hinzutreten von *Populus* und *Platanus* höherwüchsige Bestände. Erst in den oberen Stufen der Gebirge, wo das Klima viel von seiner strengen Periodizität einbüßt und die echt mediterrane Färbung der Landschaft verblaßt, da beginnt stärkere Waldbildung, und zwar ganz im Sinne der angrenzenden Landschaften des Nordens mit blattwerfenden Bäumen oder immergrünen Nadelhölzern.

Für das eigentliche Mediterrangebiet ist die Macchia (S. 124) die führende Formation. In ihrem Wesen gleicht sie der kapländischen (S. 125), nur das floristische Gewebe ist ein verschiedenes und weniger mannigfaltiges. Wie dort mengen sich kleinlaubige, immergrüne Sträucher, häufiger daneben im Winter blattlose, mit starker Blütenerzeugung. Auch die schnell vergänglichen Zwiebelpflanzen und zarte Annuellen sind zahlreich. Nur Sukkulenten gibt es viel seltener. Dafür entschädigt der Reichtum der Stauden, die auf steinigen Halden und auf Felsboden auch eigene Bestände bilden: viele Labiaten mit würzigem Aroma und oft starker Behaarung, hohe Dolden, Königskerzen und Artemisien, steife Gräser und mancherlei Kompositen finden sich zu diesen Trockenheiden zusammen, die durch alle Zonen hindurch reichen, bis sie auf den Kuppen der Gebirge als niedrige Hochweiden ausklingen.

Sehr große Flächen des Gebietes sind völlig von den Kulturpflanzen eingenommen. Die Mittelmeerländer bilden ja seit ältester Zeit die Brücke zwischen den Tropen und dem kalten Norden, dem Orient und den Ländern des Westens. Zudem reizte die Möglichkeit künstlicher Bewässerung, die vielerorts durch die Nähe höherer Gebirge gegeben ist, den Menschen dazu, dem Boden mehr abzuringen, als das örtliche Klima zu gewähren schien. Noch immer freilich sind die einheimischen Kulturgewächse, die ohne Bewässerung gedeihen, die bedeutendsten und wichtigsten: Gerste und Weizen, Ölbaum und Weinstock. Die Bewässerung aber läßt den Feldbau zur Gartenwirtschaft werden: Obstbäume und Maulbeere, Mais und Tabak, schließlich Gemüse aller Art und sogar Reis und die Agrumen bringen die Kulturflächen ums Mittelmeer hervor.

In der Flora zeigt sich das Mittelmeergebiet infolge seiner feinen Gliederung und zeitlich schon lange bestehenden, allerdings wechselvollen Zersplitterung reich ausgestattet und von großer Mannigfaltigkeit. Schon die Pyrenäenhalbinsel vereinigt große Gegensätze zwischen dem gesegneten Westen und den einförmigen Hochflächen des Innern oder dem warmen trockenen Gestade des Ostens. Italien ist in seiner Nordhälfte, abgesehen von der örtlich bevorzugten Riviera, relativ arm und auch klimatisch der am wenigsten echte Teil des Mediterraneums. Erst von Neapel südwärts dringt Mittelmeercharakter durch, und Sizilien hat wieder endemische Arten in größerer Anzahl. Auf der Balkanhalbinsel verbleibt das gesamte Bergland vorwiegend mitteleuropäisch, die Mediterranflora säumt nur schmal die Küste und besetzt erst in Griechenland auch das Binnenland in allgemeiner Verbreitung. Von Kleinasien zeigt nur noch die Westküste rein mediterranes Gepräge, im Innern wird die Vegetation schrittweise xerotischer und stellt den Übergang her zu den Steppengebieten und Halbwüsten des ferneren Orients. Die südlichen Randländer des Mittelmeeres endlich sind naturgemäß weniger verschieden untereinander. Im Klima ähnlicher, von Hemmnissen weniger durchsetzt, bilden sie einen mehr gleichartigen Länderstreifen; in Küstennähe und an den Gebirgen ist ihre Pflanzenwelt reich an Heiden und Triften, binnenwärts verarmt sie allerseits, um schließlich in den Wüsten der Sahara sich zu verlieren.

Sehr eigenartig in Vegetation und Flora sind die Kanarischen Inseln. Ihre heute vielfach zerstörten

Wälder zeigen den Charakter eines subtropischen Regenwaldes (Lorbeerwald); ebenso wie die offenen Felshänge sind sie reich an stenotopen Endemiten (Burchard 1929), während die xerotische Flora der kahlen Niederung etwa an Südmarokko erinnert.

d) Eurosibirisches Gebiet

Von Island bis Kamtschatka reichend, übertrifft dies Gebiet an Ausdehnung alle bisher betrachteten, ist aber von einer überraschend gleichartigen Vegetation bedeckt. Diese Gleichartigkeit kommt aus verschiedenen Ursachen zustande. Die Niederschlagsmengen sind im Betrage recht verschieden, aber überall erreichen sie ihren Höhepunkt im Sommer. Ähnlich liegt trotz der beträchtlichen Unterschiede der Wärme das sommerliche Maximum im Juli allenthalben zwischen 10° und 20°. Der Juli von Jakutsk ist so heiß wie der von Berlin, das durch seine enorme Winterkälte bekannte Werchojansk wird so warm wie London. So sind für das Pflanzenleben bei allen sonstigen Gegensätzen doch drei wesentliche Momente ähnlich: die Winterruhe, die Hochsommerwärme und das Niederschlagsmaximum in der warmen Jahreszeit.

Regenwald kommt nirgends vor. Sehr große Räume dagegen nehmen, besonders im Norden, die Nadelwälder ein, und zwar bilden sich die Bestände meist aus einer einzigen Art der Gattungen *Pinus, Larix, Picea* oder *Abies*. Auch die Zahl dieser Arten ist gering, ihre Verbreitung weit ausgedehnt. Die herrschenden Koniferen Europas setzen sich mit vikariierenden Arten in Sibirien fort. Bei den laubwerfenden Sommerwäldern zeichnet sich Europa durch einige Baumarten (wie seine Buche, seine *Carpinus*, seine Eichen) vor Asien aus; besonders die nördlichen Gegenden der Balkanhalbinsel zeigen eine Mehrzahl von Bäumen in den Laubwäldern. In Sibirien dagegen bleiben wesentlich nur Erlen, Weiden, Espen und Birken; besonders *Betula alba* erweist sich als höchst widerstandsfähiger Baum von riesig ausgedehntem Areal. Im ganzen sind die eurosibirischen Laubwälder, mit den ostasiatischen verglichen, an Bäumen, Sträuchern und Unterwuchs stark verarmt, zweifellos infolge ihrer Geschicke während der Eiszeit.

Ähnlich wie in Ostasien vollzieht sich in den Gebirgen eine Stufenschichtung der Vegetation nach den herrschenden Waldbeständen, wobei in der Regel der Sommerwald die unteren Lagen einnimmt und den Nadelwaldungen die oberen überläßt. Die Nadelwälder bilden demnach gewöhnlich die Baumgrenze, im mittleren Europa zwischen 1200 und 2400 m. Aufwärts schließen sich ihnen zunächst Strauchbestände und Zwergstrauchheiden an.

Von den gehölzlosen Formationen sind die Wiesen am allgemeinsten verbreitet. Im westlichen Sibirien zeigen sich freilich, von den Flußtälern abgesehen, manche Übergänge zu steppenartigen Bildungen. Dagegen erreichen sie in Ostsibirien eine bedeutende Fülle in vegetativer Hinsicht und übertreffen sogar die europäischen.

Die Anhäufung der Niederschläge im Winter durch den Schnee drängt in vielen eurosibirischen Ländern die ganze Entwässerung auf die Sommerszeit zusammen, die ihrerseits reich ist an Niederschlägen. Diese Umstände äußern sich in den beträchtlichen Wasseransammlungen im ganzen Gebiete, und diese wiederum veranlassen die Bildung ausgedehnter Moorbestände. Die Moore werden daher um so häufiger und umfangreicher, je weiter man in schneereiche Gegenden oder in Gebiete mit kurzem Sommer gelangt. Die Wiesenmoore (vgl. S. 134) sind beherrscht von *Phragmites, Carex* u. a.; in den Moosmooren gelangt der ziemlich eintönige Typus dieser Formation mit *Sphagnum, Carex* und Ericaceen zum reinen Ausdruck. Das Bedürfnis des Moosmoores nach Feuchtigkeit und kühler Temperatur läßt es dem Walde an seiner Nordgrenze zum gefährlichsten Gegner werden und bringt es leicht zum Siege. Jenseits der nördlichen Baumgrenze, auf der arktischen „Tundra", geht *Sphagnum* wieder zurück, trocknere Moos- und Flechtenbestände teilen sich mit pflanzenarmen Fels- und Geröllfluren in die Bodenfläche.

Denn als äußere Vorposten der Vegetation im Hochgebirge und nach Norden polwärts gibt es in der ganzen Holarktis Staudenfluren (S. 140) und endlich Flechtenvegetation. In den europäischen Alpen treten sie für die mehr geschlossene Matte bei etwa 2400 m ein und ziehen sich unter zunehmender Auflockerung bis zur Schneegrenze (2700 m bis 3000 m) hinauf. Ja, zerstreut an geeigneten Stellen finden sich etwa 225 Arten noch höher. Manche Verhältnisse des Klimas solcher hoher Lagen finden sich in der arktischen Zone wieder, andere sind dort noch ungünstiger. Die Pflanzenwelt der Polarländer ist also meistens noch öder, gleichförmiger und monotoner als die der hohen Gebirgslagen. Keine Abwechslung zeigt sich da in dem Grau und Braun der kargen Pflanzendecke; überall nur die dem Boden angepreßten Zwergsträucher, die Flechten, die Dürftigkeit der Stauden. Erst wo Wasser rieselt, wird es etwas besser. Aber die schönsten Flecke bilden sich an geschützten Hängen, wo die Strahlen der tiefstehenden Sommersonne senkrecht treffen. Da kann die Erwärmung des Bodens ab und zu alpine Werte erreichen und Bilder schaffen, die an die lebhafteren Pflanzengemälde des Hochgebirges erinnern.

Für das floristische Verständnis des eurosibirischen Gebietes hat man das Verhältnis zu den Nachbarländern und seine geschichtlichen Erlebnisse in Rücksicht zu ziehen. An dem vom Golfstrom bespülten atlantischen Gestade Europas verleiht das Seeklima einer ganzen Anzahl von Arten ein südwest-nordost gerichtetes Areal. Ihr Gegensatz gegen die Hauptmasse der eurosibirischen Vegetation trägt zur lokalen Florendifferenzierung z. B. in Deutschland bei.

Entsprechend diesen Unterschieden in der klimatischen Gestaltung der Einzelräume kann man das eurosibirische Gebiet gliedern in eine arktische (mit vorherrschender Tundra), boreale (Nadelwald), mitteleuropäische (Laubwald), atlantische (Zwergstrauchheiden), pontische (Steppen), südsibirische (lichte Birkenhaine) und turanische (Halbwüsten) Provinz. Soweit Arten aus diesen Provinzen (bzw. auch aus dem Mittelmeergebiet) mit ihren äußersten Vorposten auch an unserer deutschen Flora Anteil haben, werden sie als „Florenelemente“ entsprechender Herkunft bezeichnet, z. B. *Rubus chamaemorus* als arktisches, *Stipa pennata* und *Adonis vernalis* als pontische, die Flaumeiche, *Quercus pubescens,* als submediterranes Element.

Aber derartige Einstrahlungen verwischen selten ernstlich die herrschende Gleichförmigkeit, die auf die Zurückdrängung der voreiszeitlichen Vegetation und nachfolgende Neubesiedelung zurückzuführen ist. Nur die höheren Gebirge ragen hervor durch ausgesprochene Eigentümlichkeiten ihrer Flora und durch manches Sondergut. Der Grund liegt in ihrer größeren Widerstandsfähigkeit gegen die Wechsel während der Eisperioden (S. 53).

e) Nordamerikanisches Gebiet

Die Vegetation Nordamerikas wiederholt physiognomisch die Formationen der Alten Welt, aber sie bringt auch viele ihrer systematischen Züge wieder. Und dies in eigentümlicher Weise, indem namentlich mit dem östlichen Asien viele Übereinstimmungen sich herausstellen.

Klimatisch zerlegt sich Nordamerika in drei Teile von ungleicher Größe, die auch floristisch besondere Bezirke darstellen. Der pazifische Küstensaum mit gemäßigtem Seeklima ist durch das Massengebirge Nordamerikas auf einen schmalen Streifen des Gestades beschränkt. Östlich folgt der Binnenbezirk, der die Hochebenen vom pazifischen Küstengebirge bis zu den Rocky Mountains umfaßt und weiter bis etwa zum 100. Meridian reicht. Es ist ein trockenes Gebiet, wird aber östlich langsam feuchter und geht über in das Tiefland des Mississippi, das schon größtenteils zu dem atlantischen Bezirk gehört. Dieser letzte Abschnitt Nordamerikas hat ein Klima mit extremen Wärmeverhältnissen, ohne deshalb destruktiv zu werden, schroffem Wechsel zwischen warm und kalt, ist aber überall durch reichen Gesamtniederschlag mit ergiebigen Sommerregen bevorzugt.

Die Formationen Nordamerikas umfassen die ganze Folge der im gemäßigten und arktischen Eurasien entwickelten Reihe, bereichert um ostasiatisch, mediterran oder zentralasiatisch anmutende Bestände.

Ein subtropischer Regenwald mit vorwiegend immergrüner Vegetation bezeichnet den äußersten Südosten des Erdteiles von Texas bis Virginia. Dauerblättrige *Quercus* und *Magnolia* finden sich dort unter den Bäumen, kraftvolle Lianen und Niederwuchs sind artenreich, mehrere auch im Norden vorkommende Gattungen bringen hier immergrüne Vertreter hervor, gerade wie in Ostasien. Und ebenso wie dort findet nordwärts mit Zuschärfung des Winters ein Übergang zum reinen Sommerwalde statt. Dieser Sommerwald kann sich an Mannigfaltigkeit der Bäume, Lianen und auch des Unterwuchses zwar nicht mit dem ostasiatischen messen, aber er übertrifft wenigstens im Süden weit den europäischen. Das berühmte Farbenspiel des amerikanischen Waldes zur Herbstzeit ist nur ein äußerlich besonders eindrucksvolles Merkmal seiner vielseitigen Zusammensetzung. Diese seine Bevorzugung erklärt sich zum Teil aus den geringeren Schäden der Eiszeit; die Vegetation konnte in Amerika bei der nordsüd gerichteten Lage der Gebirge südwärts sich leicht zurückziehen und später ebenso leicht die alten Sitze wiedergewinnen. Zum Teil mag auch die günstige Witterung des Sommers an dem Gedeihen zahlreicherer Laubwaldarten in dem atlantischen Bezirk beteiligt sein.

Von beträchtlicher Entwicklung sind in Nordamerika die Nadelwälder (S. 123), kaum ein anderes Gebiet der Erde kann sich mit ihm darin messen. Besonders mannigfach sind sie im pazifischen Küstengebiete; da bietet der Norden prachtvolle Koniferen in *Tsuga Mertensiana, Picea sitchensis, Pseudotsuga Douglasii, Thuja gigantea* und *Chamaecyparis nutkaensis,* weiter südwärts in der Sierra Nevada von Kalifornien wächst die berühmte *Sequoia gigantea,* der höchste Baum der Erde, der über 100 m erreicht. Auf den Rocky Mountains bilden wie in Kalifornien oberhalb der trockenen Flächen tieferer Lagen gewisse Nadelhölzer Baumvegetation an den Berghängen. In den atlantischen Staaten sind es *Pinus*-Arten vorzugsweise auf trocknerem Boden, das bekannte *Taxodium distichum* in versumpften Brüchen, welche unter den Nadelhölzern Beachtung erfordern. Die massenhafteste Entwicklung aber finden sie im höheren Norden, wo z. B. *Picea alba* die ganze riesige Breite von Kanada erfüllt und die Baumvegetation Nordamerikas polwärts auch abschließt.

Im Gebiete der Sommerwälder und des Nadelholzes wechseln mit den Baumbeständen Wiesen, Heiden und Moore, die zwar floristisch mancherlei Auszeichnendes besitzen, im übrigen aber den eurosibirischen zu ähnlich sind, um eingehende Erörterung zu verlangen. Typischer sind die Steppen (S. 131) Nordamerikas, die unter dem lokalen Namen der „Prärie“ weiten Ruf genießen. Xerotische Gramineen geben dort den Grundton des Bestandes, aber ein reicher Staudenflor belebt ihren Rasen. In ununterbrochenem Wechsel ersetzen sich die Blüten vom Frühjahr bis zum Herbst, denn die Regen sind vorwiegend sommerlich und verhindern das frühe Vergilben, wie es die russische Steppe leiden muß. Im übrigen bestehen bei der weiten räumlichen Erstreckung viele Unterschiede in der Gestaltung der Prärie. Nach Süden geht sie langsam in dürrere Gebiete über, welche als der trockenste Teil Nordamerikas durch ihre lichten starren Strauchgebüsche und ihre halbwüstenhaften Sukkulentenfluren den Übergang zu Mexiko herstellen und auch floristisch fremde Elemente aufnehmen. Es sind dort Gattungen vorhanden, welche sonst keine Vertretung in der Holarktis besitzen und durch ihre verwandtschaftlichen Zusammenhänge auf südamerikanischen Ursprung deuten.

2. **Paläotropisches Florenreich** (Palaeotropis)

Die Tropenländer der Alten Welt und ihre Abkömmlinge in pflanzengeographischem Sinne bilden das paläotropische Florenreich.

a) Malesisches Gebiet

Der Gesamtcharakter der Vegetation ist im größeren Teile des malesischen Gebietes von der Gleichmäßigkeit in Wärme und hoher Feuchtigkeit bestimmt. Die räumlich (wenigstens ursprünglich) bedeutendste aller Formationen ist daher der Regenwald (S. 113). Er gliedert sich nach der Höhenlage in bestimmte Zonen, die zwar ökologisch und physiognomisch wesentliche Übereinstimmung zeigen, floristisch aber deutliche Abweichungen wahrnehmen lassen. Nach Junghuhn, der uns die Pflanzenwelt Javas lebendig geschildert hat, reicht dort die unterste Zone bis 700 m. Hier zeigen namentlich die riesenhohen *Ficus*-Arten ihre kraftvollste Entwicklung. Im ganzen aber ist in der zweiten Zone, etwa 700—1350 m, die Erscheinung des Waldes wohl am großartigsten; *Dipterocarpaceae, Guttiferae, Moraceae, Anonaceae* pflegen hier am üppigsten zu gedeihen, die holzigen Lianen am zahlreichsten vorzukommen. Von 1350 m bis etwa 2250 m nimmt die Vegetation die Eigenschaften des montanen Regenwaldes an (S. 117). Manche wichtigen Elemente der unteren Zonen sind verschwunden, aber *Lauraceae* und *Quercus* in zahlreichen stattlichen Arten bilden noch imposante Bestände. Es ist die Nebelregion der Berge, ausgezeichnet durch die Fülle von Moosen und Farnkräutern, durch die Menge der Baumfarne und Orchideen. Höher hinauf werden die Bäume erheblich kleiner, knorriger, in jeder Hinsicht verkümmerter, bis auf den Gipfeln ein Heidegesträuch mit Rasen- und Mattenflecken die Berge bedeckt.

In den trockenen Teilen Malesiens gibt es statt des Regenwaldes Monsunwälder (S. 118) und verwandte Gehölzbestände. Namentlich im inneren Hinterindien nehmen sie größere Flächen ein. Auf den Inseln spielen sie eine geringe Rolle. Auch ausgedehnte Grasbestände fehlen dort als ursprüngliche Bestandteile der Pflanzendecke. Zwar bedeckt die eintönige Formation des Alang-Grases *(Imperata arundinacea)* meilenweite Fluren, aber sie scheint wohl nirgends natürliche Bildung, sondern ein mittelbares Erzeugnis des Menschen zu sein, wenn er die Urwälder gerodet hat und durch Brände u. ä. die Wiederbewaldung verhindert.

Auf Kosten der eingesessenen Bestände vergrößert sich das Kulturland in raschem Fortschritt. Wohl birgt Neuguinea noch ungeheure Wälder in seinen unbetretenen Wildnissen; auch Formosa, Celebes, Borneo, Teile von Sumatra und die Inseln Melanesiens sind reich daran. Aber dem steht die starke Besiedelung Javas gegenüber oder die entwickelte Kultur Hinterindiens und mancher Inseln. Die Gegenstände des Anbaues sind wechselnd nach dem Kulturstand der Einzelbezirke; in den höher entwickelten herrschen Reisfelder und Zuckerrohranlagen mit den höchst mannigfaltigen, dicht parkartigen Baumpflanzungen, die auf den Sunda-Inseln die Siedelungen so malerisch umgeben. Die gewaltigen Teekulturen auf Ceylon, die Tabak- und Kautschukpflanzungen im westlichen Malesien, die Kaffeegärten auf Java dehnen gleichfalls den Umfang des Kulturlandes beständig weiter aus.

In floristischer Hinsicht erweist sich Ceylon als das westlichste Glied des malesischen Gebietes. Die Halbinsel Malakka und die Inseln Sumatra, Java und Borneo gehören pflanzengeographisch enger zusammen und werden als Westmalesien zusammengefaßt, ein äußerst pflanzenreicher Bezirk, einer der artenreichsten der Erde und, von Java abgesehen, noch unvollständig bekannt. Jede Insel hat eine Reihe interessanter Endemiten. Die Philippinen zeigen zwar viel Gemeinsames mit Westmalesien, knüpfen aber durch starke Anklänge an Celebes sehr deutliche Beziehungen zum Südosten. Auf Celebes und nach den Molukken hin nimmt die Eigentümlichkeit der Flora etwas ab, soweit sich bis jetzt urteilen läßt: man könnte sie als Ostmalesien zu einem Sonderbezirk vereinigen. Im übrigen behält die Flora ihren Grundcharakter unverändert bei, und das ist auch in Neuguinea mit Nachbarinseln der Fall, einem Bezirk, den man als „Papuasien" den Sunda-Inseln gegenüberstellt. Diese Auszeichnung rechtfertigt sich durch die große Zahl und die Eigentümlichkeit der Endemiten Neuguineas, die vielfach konservatives Wesen zeigen und besonders in den mittleren Gebirgslagen sehr mannigfaltig sind.

Weiter nach Osten verarmt die Fülle Malesiens sichtlich. Das Gebiet zerspaltet sich gewissermaßen in drei Arme. Der mittlere ist der reichste und am individuellsten ausgestattete. Er umfaßt Melanesien von den Salomonen über die Neuen Hebriden und Neukaledonien bis nach Neuseeland hin. Der östliche enthält Mikronesien und Polynesien; er birgt eine Flora, die nur eine stark abgeschwächte Ausstrahlung des malesischen Reichtums vorstellt. Der westliche Arm geht nach Australien hinüber und zieht längs der Ostküste in schmalem Bande und mit häufiger Unterbrechung südwärts, so daß schwache Spuren noch bis Tasmanien reichen. Hier tritt die malesische Flora so stark zurück gegenüber der so anders gearteten von Australien, daß floristisch Australien einheitlich als besonderes Reich gefaßt werden muß.

Am eigentümlichsten bleibt also der mittlere Zweig, mit dem das malesische Gebiet so hoch in südliche Breiten hinaufreicht. Auf diesem melanesischen Inselbogen herrscht im Grunde dieselbe Flora wie in den Gebirgen Neuguineas; doch zeigen die einzelnen Inseln manche Eigentümlichkeiten und starken Endemismus. Die Salomonen und Neuen Hebriden zwar gehören noch zu den mindest erforschten Teilen der Erde. Von Neukaledonien aber ist längst eine hochinteressante Flora bekannt. Auf vielfach unfruchtbaren trockenen Böden hat ihr malesischer Grundstock viele xerotischen Seitenäste abgezweigt, die sonst nirgends vorkommen. Auch die Anklänge an das australische Florenreich sind deutlicher als irgendwo sonst in der pazifischen Inselwelt. Neuseeland erscheint geographisch und biophysisch als der Rest eines früher ausgedehnteren, fast kontinentartigen Erdstückes, das bis Norfolk und Lord Howe Island gereicht haben dürfte. Auch hier bleibt das Gewebe der Flora vorzugsweise melanesisch. Doch gestalten sich auf den reich modellierten Inseln Neuseelands die Formationen recht vielseitig und gewinnen eigene Züge durch die erhöhte Bedeutung von Koniferen, Farnen und anderen mit geringerem Wärmebedürfnis begabten Gruppen. Größere Strecken des Nordens und die sehr feuchte Südwestküste sind von Regenwald besetzt, sonst wechseln Heiden, Grasfluren oder Triftland miteinander. Im südlichen Hochgebirge scheiden sich Luv und Lee in der Pflanzenwelt sehr scharf: dort feuchte Matten, hier Trockenheiden und Geröllhalden. Außer den malesischen Florenkomponenten macht sich, je weiter man südwärts geht oder je mehr man in die Höhe steigt, auf Neuseeland ein ganz fremdartiges Element in der Flora geltend. Dieses kehrt wieder auf Tasmanien, im höheren Ostaustralien und auf den Hochgipfeln Neuguineas, zeigt starke Beziehungen zum südlichsten Südamerika und wird daher seit alters als „antarktisches" bezeichnet. Die Alpenflora Neuseelands und Tasmaniens wird von ihm beherrscht, in den tieferen Zonen aber ist seine Rolle zu geringfügig, um die Abtrennung Neuseelands von der Paläotropis erforderlich oder nur wünschenswert zu machen.

Anhangsweise sind dem malesischen Gebiete die Hawaii-Inseln anzugliedern. Ihre merkwürdige Flora, von Hillebrand und neuerdings von Degener ausgezeichnet beschrieben, bietet eine Fülle von Problemen. Die Arten sind zu rund drei Vierteln endemisch, ihre Verwandtschaft weist teils nach Malesien, teils nach Amerika. Manche Gattungen bilden Netze von kohärenten Arten, welche nur willkürliche Trennung erlauben. Dabei zeigt sich, daß die geologisch ältesten Stücke der Inselgruppe die reichhaltigste Flora enthalten und daß dort sich die ausgeprägtesten Arten herausgebildet haben. Das nordwestliche Kauai z. B., ein älterer Teil der Gruppe, besitzt eine Menge endemischer Arten und zugleich den mannigfaltigsten Urwald. Der Maunaloa dagegen, ein ganz junges Stück, hat die ärmste und einförmigste Flora aufzuweisen.

b) Indoafrikanisches Gebiet

Die zweite Hälfte der Paläotropis umfaßt Vorderindien ohne Ceylon und den größeren Teil von Afrika südlich der Sahara. Auch Madagaskar und die umliegenden Inseln gehören dieser Region an.

Klimatisch ist dieses Gebiet mit durchschnittlich geringeren Niederschlägen versehen, zeigt aber viel bedeutendere Unterschiede im einzelnen als Malesien. Dem entspricht eine größere Vielseitigkeit der Formationen, obwohl die Artenmannigfaltigkeit der Floren geringer ist. Während in Malesien der Regenwald fast überall unbestrittener Herrscher ist, entfaltet sich in Afrika die ganze Skala der Formationen, welche die Tropen kennen, und unruhig schwankt deren Besitzstand hin und her.

Von Norden gegen den Äquator nimmt die Niederschlagsmenge regelmäßig zu; man gelangt aus den Wüsten der Sahara langsam in die unendlich ausgedehnten Savannen des Sudans und trifft an immer zahlreicher werdenden Galeriewäldern vorbei schließlich den breiten Gürtel der Regenwälder. In ähnlicher Folge umgekehrt schreitet man südwärts wiederum durch Trockenwälder, Savannen und Steppen zu sehr regenarmen Gebieten vor.

Die spezielle Ausprägung dieser großen Züge der afrikanischen Vegetation knüpft sich natürlich wiederum an die Niederschläge der einzelnen Bezirke. Nur in wenigen übersteigen sie 200 cm, so z. B. am Golf von Guinea, wo namentlich der Kamerunberg starke Regen empfängt, so im östlichen Madagaskar, auch am westlichen Gebirgssaum von Vorderindien. Der größere Teil des Gebietes jedoch unterliegt einer geringeren oder ausgeprägteren Periodizität seiner Witterung: fast stets ist dabei die sommerliche Jahreszeit die reichere an Regen, den in der nördlichen Hälfte die Südwestwinde, in der südlichen die von Südost wehenden Luftströmungen bringen. Welchen Betrag sie erreichen, hängt wie überall von der örtlichen Modellierung der Oberfläche ab, so daß namentlich in dem gebirgigeren Ostafrika beträchtliche Gegensätze auf kleinem Raum sich berühren.

Der Regenwald im indoafrikanischen Gebiete ist äußerlich dem der übrigen Tropen ähnlich, und er hat auf die Reisenden seinen mächtigen Eindruck nicht verfehlt. An der Guineaküste reicht er etwa vom Kap Verde bis Kamerun und südlich weiter nach Gabun und ins mittlere Angola hinein. Ostwärts erstreckt er sich, wie wir durch Mildbraeds Forschungen wissen, durch das ganze Kongosystem bis zu den Großen Seen und geht von dort in zerstreuten Parzellen, namentlich an den Gebirgen, bis fast zur Ostküste. Ringsum ist er umsäumt von dem bald schmäleren, bald breiteren Bereich der Galeriewälder. Dort wächst bei dauernder Durchfeuchtung des Untergrundes eine Auslese von Regenwaldtypen, bald zu ansehnlichen Wäldern zusammenrückend, wie in den breiten Auen der mächtigen Ströme von Innerafrika, bald nur eine wenige Meter breite Allee, die den Fluß einfaßt und weithin seinen Lauf bezeichnet.

Aber weder Regenwald noch Galeriewald oder Trockenwälder sind das, was Afrika am besten bezeichnet, sondern das ist die Grasflur, die Savanne (S. 129). Nach Höhe und Kraft des Graswuchses, nach Anzahl und Größe der eingestreuten Bäume oder Sträucher unendlich verschieden, kehren doch immer ähnliche Typen der Savanne wieder vom Senegal bis zum Sambesi und weiter zum Transvaal hin, und vom Nil bis jenseits über die Südgrenzen von Angola. Es ist die trotz aller Wechsel einförmige recht eigentlich afrikanische Landschaft, der Tummelplatz der so reichen Säugetierwelt des dunkeln Erdteiles. Es ist das, was der Araber als „Khala“, der Suaheli als „Pori“ den Wäldern gegenüberstellt, die helle blendende Landschaft, mit ihrer Monotonie trotz aller Lichtfülle, den fahlen Farben der Belaubung, der rotbraunen Tönung des Bodens. Das floristische Wesen wird von Pflanzengruppen bestimmt, denen das periodische Klima zusagt. Die Gräser *Andropogon* und *Panicum,* die *Amarantaceae* mit ihren strohernen Blüten, buntblumige *Leguminosae, Malvaceae, Scrophulariaceae, Acanthaceae, Asclepiadaceae* und *Compositae* geben den bleibenden

Grundton der afrikanischen Savanne, und unter ihren Bäumen trifft man zahlreiche *Combretaceae* und *Leguminosae* immer wieder, oft auch die wuchtige Gestalt des Affenbrotbaumes, *Adansonia digitata.* — In den riesigen Überschwemmungsgebieten vom Tschadsee bis zum Bahr el Ghasal sind die Grasfluren als gewaltige Sumpfbestände aus Schilf und Papyrus ausgebildet.

In allmählichster Abstufung leitet die Natur von der Savanne über zu den Steppen der Kalahari und zu den dornigen Beständen, die sie umsäumen und die auch am Nordrand des indoafrikanischen Gebietes getroffen werden, zusammen mit Sukkulentenfluren. Laubarme, steife Gehölze, aus deren Formen jede Weichheit geschwunden ist, wechseln da mit starren Sukkulenten von *Euphorbia, Aloë* u. a., an denen kein Erdteil reicher ist als Afrika. Von da ist es nur noch ein Schritt zur Wüste (S. 142), wie sie den Norden Afrikas in seiner ganzen Breite durchzieht, und wie sie auch an seinem südwestlichen Gestade sich in klassischer Form entwickelt zeigt.

Floristisch gestaltet sich das indoafrikanische Gebiet ziemlich einfach. Die oben umgrenzte Regenwaldregion ist als mittelafrikanischer Waldbezirk herauszuheben, weil sie reich ist an eigentümlichen Typen und einige sonderbaren Gemeinsamkeiten mit Südamerika verrät. Der ganze übrige Teil Afrikas, wohl mit Einschluß Vorderindiens, charakterisiert sich als ein einheitliches Ganzes, wenn auch der Norden weniger reich ist als der Süden. Nicht nur die Savannenflora, sondern auch die Pflanzenwelt der Gebirge bezeugt dies. Besonders wertvolle Aufschlüsse gibt die Flora der oberen Zonen, die von Abessinien über den Ruwenzori, den Kilimandscharo und die Berge des Seengebietes zu der südafrikanischen hinüberleitet. Sie ist von Engler erkannt worden als ein Gemisch teils endemischer, teils indischer, mediterraner und südafrikanischer Beiträge, während zur Flora der niederen Lagen geringere Beziehungen bestehen. Unter ihren Elementen merkwürdig sind u. a. hochwüchsige *Lobelia*-Formen, stattliche Kompositen der Helichryseen - Gruppe und aus der Gattung *Senecio*, viele Liliifloren, dann *Thymelaeaceae* und vor allem mehrere mit *Erica* in Verbindung stehende Gattungen. Damit ergeben sich wichtige Anklänge an die berühmte und eigenartige Flora des Kaplandes.

Die Flora von Madagaskar gilt für ausgezeichnet durch hohen Endemismus. Ihre verwandtschaftlichen Beziehungen sind recht mannigfach, haben aber noch keine brauchbare Bearbeitung gefunden. Es existieren mehrere an Malesien erinnernde Typen, zahlreiche Beziehungen zu den Gebirgen Afrikas und zu seiner Niederungsflora, aber auch entferntere Hinweise auf die Kanarischen Inseln und sogar auf Amerika: die Musaceen-Gattung *Ravenala* besitzt eine Art auf Madagaskar, eine zweite im tropischen Südamerika.

Für das genetische Verständnis der Flora Afrikas sind die Ergebnisse der Paläozoologie und der Tiergeographie verwertbar. Sie lassen eine ältere Periode in biophysischem Sinne, in der Madagaskar noch mit dem Festland zusammenhing, unterscheiden von einer neueren Zeit, die eine gewisse Invasion von Nordosten her brachte und die mit einem Trockenerwerden des Klimas zusammenfällt. Sie zeigt ihre Wirkung in dem zurückgedrängten Regenwalde, der allgewaltig herrschenden Savanne, den zerstückelten Arealen der Hochgebirgsvegetation, der Verwischung der Beziehungen zwischen den Mittelmeerländern und dem Kapland, und nicht zum wenigsten in der kräftigen Entfaltung xerophiler Formenkreise.

3. **Neotropisches Florenreich** (Neotropis)

Mittel- und Südamerika nimmt in seiner klimatischen Wesenheit eine Mittelstellung ein zwischen Malesien, dem inselreichsten Erdenraum, und Afrika, dem gedrungenen Kontinent. Es ist besser bewässert als Afrika, doch weniger gleichmäßig warmfeucht als die malesischen Länder. Dabei hat Mittelamerika ein ziemlich buntscheckiges Klima, während in Südamerika die hohe Anschwellung der Anden der Witterung etwas Ausgeglichenes und Regelmäßiges verleiht. Der regenbringende Südost findet dort auf weiten Strecken ungehinderten Zugang zu den innersten Flächen. Nur die küstennahe Erhebung in Nordostbrasilien bildet einen Wall und schafft trockene Gegenden auf der Leeseite. Sonst erreicht der feuchte Wind erst weit im Westen die Gebirgsleiste des Erdteiles. Dort steigt er auf, um von neuem große Wassermengen zu verdichten: daher der Oberlauf des Amazonas ein so regenreiches Gebiet und daher weiter südlich keine öde Savanne wie die Kalahari, sondern die gut bewässerten Striche des Gran Chaco.

In der Entfaltung des Regenwaldes geben die Neotropen ein ebenbürtiges Seitenstück zu Malesien. Es ist ein müßiger Streit, wer von beiden der reichere oder vollkommenere wäre. Reisende finden, der neotropische Urwald habe noch mächtigere Bäume, seine Lianen seien noch gewaltiger, die strickartig herabhängenden Luftwurzeln noch auffälliger, die Fülle der Epiphyten mannigfaltiger und bunter. Er beginnt an den atlantischen Gestaden von Mittelamerika, besetzt viele Teile der Antillen und tritt dann nach Südamerika über, wo in den Anden von Kolumbien ein wahres Paradies tropischen Pflanzenwuchses artenreich und prachtvoll sich auftut. Die Wälder am Orinoco stehen schon in unmittelbarer Verbindung mit dem Regenwaldbezirk des Amazonas, der seit Humboldt den Namen „Hyläa" führt. Dort hat der Regenwald vielleicht noch das umfangreichste Dominium, das irgendwo auf der Erde vorhanden ist. Je nach der Befeuchtung des Bodens und ihrem periodischen Wechsel tritt er in verschiedenen Formen auf, und der „Igapó"-Wald im Bereiche der Überschwemmungen ist durch Palmenreichtum und geringere Zahl anderer Bäume gesondert von dem „Eté"-Wald auf niemals überspültem Boden. In dem Etéwald fällt auch die ansehnliche Zahl stenotoper Endemiten auf, was ganz an malesische Verhältnisse erinnert. An den Abhängen der Anden, auch an den Gebirgen von Venezuela und Guayana erleiden die Regenwälder des Amazonasgebietes die geläufige Verarmung bis zu den flechtenbehangenen Buschdickichten, die in ihrer ganzen Tracht die Hochgebirgsformen des malesischen Waldes wiederholen.

Blattwerfende Monsunwaldungen und xerotische Strauchformationen finden sich noch vielerorts als Gebilde des trockneren Klimas, so in gewissen Teilen Zentralamerikas, in Kolumbien und Venezuela, im inneren Brasilien, in Peru und Bolivien, in Argentina oder in dem Winterregenteile von Chile.

Die Savannen der Neotropis (S. 130) stehen hinter dem Walde an Bedeutung kaum zurück. Wie in Afrika löst sich der Regenwald langsam gegen die Savanne hin auf. Zuerst treten baumarme Plätze auf den höchsten Rücken des Plateaus auf, allmählich ziehen sich die Bäume mehr gegen die Talfurchen hin zurück, beschränken sich auf die Streifen fließenden Wassers, die die Senkungen bezeichnen, und durchziehen zuletzt nur als feine Adern die sonnenglänzende Savannenflur. Die Llanos von Venezuela, die Humboldt in seinen „Ansichten der Natur" beschrieben hat, viele Campos von Guayana und Brasilien gehören zu dem weiten Bereich der südamerikanischen Savanne. Wechselnder Graswuchs, zerstreute Bäume, sehr allgemein z. B. *Curatella americana*, buntblühende Stauden geben wie in Afrika die Hauptzüge im Bilde der Savanne.

In Uruguay und im nördlichen Argentina geht die Savanne in die Steppen über, die mit dem Lokalnamen der „Pampas" oft erwähnt werden. In ihrer Tracht gleichen sie den Prärien der nördlichen Hälfte Amerikas, vielfach auch in ihrer geophysischen Bedingtheit. Doch sind sie klimatisch weniger extrem gestellt, es herrscht ein ideales, fast maritimes Klima, das jene Gebiete für die Kultur zu so ertragreichen Weideländern und Kornkammern macht. Weiter südwärts in dem trockenen und rauhen Klima von Patagonien bilden Dorngehölze, xerotisches Gesträuch, lockere Steppen und Krautfluren die Pflanzendecke, die stellenweise zur Halbwüste verkümmert.

Sonst sind die zur Wüste führenden Formationen in Südamerika schwach ausgebildet. Das dauernd regenarme Gebiet beschränkt sich auf den schmalen Küstenstreifen am Westfuße der Anden von Peru bis zum nördlichen Chile, und nur dort ist echte Wüstenvegetation zu treffen; wichtig werden für sie die Nebel des Winters, die in Jahren, da sie reichlicher auftreten, die Wüste für ein paar Wochen in eine grünende Krauttrift verwandeln können.

In den Anden oberhalb des Wald- und Strauchgürtels herrschen je nach dem Klima die öden Triften der Puna mit zerstreutem hartem Graswuchs, Polsterstauden und niedrigem Gesträuch, oder die nebelreichen Wildnisse der Paramos, wo der Pflanzenwuchs sich zu blumigen Steppen zusammenschließt (s. S. 132).

Bei aller Ähnlichkeit der Formationen mit denen der Alten Welt bietet der floristische Kern der Neotropis durchgreifende Unterschiede gegen die übrigen Teile der Erde. Die *Bromeliaceae* und *Cactaceae* sind fast ganz auf sie beschränkt. Viele sonst verbreitete und namentlich in Nordamerika noch häufige Elemente fehlen in Südamerika gänzlich und beweisen die Sonderung dieses Stückes der Erde. Daß trotzdem auf dieser ungleichen Grundlage mancher Austausch stattgefunden und einzelne scharfe Züge verwischt hat, wurde auf S. 47 als Ergebnis paläontologischen Forschens mitgeteilt. Im mittleren Amerika war dieser Verkehr einleuchtenderweise besonders erfolgreich, so daß dort heute ein Gemenge nördlicher und südlicher Bestandteile vorliegt. Das Vordringen der *Cactaceae*, einer echt südlichen Gruppe, nach Nordamerika, in die Halbwüsten des Kordillerenlandes und in die südliche Prärie hat Schumann auf systematischer Grundlage schildern können. In Mexiko ist die Gemischtheit der Flora von hohem Interesse. Die vermutlich nordischen *Quercus* bilden große Wälder, auch *Pinus* wächst in Beständen, auf den hohen Bergen herrschen die Hochlandsgattungen der nördlichen Hemisphäre. Aber gleichzeitig gewinnen die xerotischen Formationen stark südliches Aussehen, und die Regenwälder der unteren Stufen nehmen ausgeprägt neotropische Züge an. Noch mehr ist das der Fall in Westindien, das schon eine echte neotropische Provinz darstellt. Die einzelnen Inseln der Antillen zeigen übrigens noch heute hochgradige Sonderentwicklung, Kuba und vielleicht noch mehr Jamaika verfügen über eine ansehnliche Menge eigentümlicher Gattungen oft konservativen Gepräges.

Auch die Sandsteingebirge an der Südgrenze Venezuelas, Roraima und Duida, sind ausgezeichnet durch manche sonderbaren Endemiten, z. B. die insektivore *Heliamphora.* Mehr progressiv ist der Endemismus auf dem langen Zuge der südamerikanischen Anden von Kolumbien bis Chile. Nordische Eindringlinge (S. 47) und echt neotropische Elemente nehmen daran in gleicher Stärke teil. *Valeriana, Fuchsia, Calceolaria, Bartsia,* viele Kompositen geben bekannte Beispiele.

4. **Kapländisches Florenreich** (Capensis)

Das kapländische Florenreich ist das kleinste unter den großen pflanzengeographischen Abschnitten der Erde, aber die Selbständigkeit der floristisch vorwaltenden Bestandteile zwingt zu seiner Absonderung von dem Reste Afrikas.

Es ist der Herrschaft der Winterregen unterworfen, welche etwa zwei Drittel des jährlichen Gesamtniederschlages ausmachen. In ihrem Maße sind diese Niederschläge infolge der Gliederung des Geländes starkem Wechsel und reicher Abstufung unterworfen, und damit hängt die beispiellose Mannigfaltigkeit der Flora zusammen. In diesem kleinen Florenreiche zerfällt die Pflanzenwelt in eine Menge meist kohärenter Formen, die tatsächlich etwas Unübersehbares hat; die Zahl der beschriebenen Spezies beläuft sich auf mehrere Tausende, ohne daß an Erschöpfung zu denken wäre.

Von den Formationen beherrscht die Heide das Land. Wälder gibt es nicht, abgesehen von beschränkten Beständen an der feuchten Südküste, welche jedoch als

Außenposten der tropisch-afrikanischen Flora von Natal her vorgeschoben sind und mit der eigentlichen Kapflora nur locker zusammenhängen. Dieser fehlen höhere baumartige Gestalten fast gänzlich. Um die Siedelungen der Kolonisten sind freilich jetzt stattliche Bäume angepflanzt, die Eichen des Nordens, die *Pinus* der Mittelmeerländer, die Eukalypten und Akazien Australiens. Wo immer aber die Natur des Kaplandes unverändert geblieben ist, da bildet der Mangel von stärkeren Bäumen das auffälligste Wahrzeichen des Landes.

Der Wuchs der Heidesträucher wird am kräftigsten in den Schluchten der Hänge, wo fließendes Wasser länger die Wurzeln speist. Hier werden die immergrünen Gebüsche 3—5 m hoch, bunt durcheinander gemengt, systematisch teils unverkennbar ans tropische Afrika erinnernd, teils aber durchaus eigenartig. Sobald man jedoch von den Schluchten die freien Hänge betritt oder sich in die Niederung begibt, wird das Gesträuch niedriger und in seinen Farben fahler und stumpfer. Diese Heide kleinlaubiger Büsche ist die vorwiegende Formation des Kaplandes; ihr Unterwuchs setzt sich zusammen aus Stauden, zahlreichen Zwiebel- und Knollenpflanzen und vielen kurzlebigen Kräutern. Aber ihre Beteiligung ist sehr ungleich, auch in der Höhe und Dichtigkeit des Gebüsches herrscht bedeutende Mannigfaltigkeit, und die Arten des Verbandes wechseln schnell; viele Formen der Flora bewohnen nur einen kleinen Bruchteil des Landes, und meist genügt eine kurze Reise, um völligen Wandel der herrschenden Spezies zu erleben.

Unter den floristischen Elementen fallen die *Proteaceae* vielleicht am meisten auf, durch die Menge der Formen, die Mannigfaltigkeit des Laubes, die Schönheit ihrer Blüten. Ihnen gehört der Silberbaum an, *Leucadendron argenteum,* das Wahrzeichen von Kapstadt, mit hellgrau seidigem Blattwerk wie versilbertes Weidengebüsch an den Hängen schimmernd. Aber die Gattung *Erica* übertrifft alle anderen an Artenzahl im Kapland, nicht selten lassen sich ein Dutzend Spezies an einem einzigen Bergeshange sammeln. Wenige werden zu höheren Sträuchern, meist sind sie klein wie unser Heidekraut, aber ihre Blüten oft viel größer, mannigfach gestaltet und oft prunkvoll gefärbt in allen Tönen von Weiß und Gelb zu Rosa, Purpurn und Scharlach. Viele andere Gattungen kennt man als vorherrschende Glieder der Kapflora, wie *Pelargonium, Muraltia, Oxalis, Phylica,* ein Heer von kleinblütigen, duftenden Rutaceen und ganze Scharen prachtvoll blühender Liliifloren. Besonders viele und schöne Formen aber bringen die Kompositen hinzu, sie geben der Kapflora nicht nur eine Fülle von Gesträuch, sondern auch unter den Stauden und Kräutern liefern sie zahlreiche Spezies.

Wo die winterlichen Regen kürzer und unzuverlässiger werden, da weicht in Südafrika die Heide in die höheren Lagen der Hänge zurück, wo Nebel und Höhenregen den Mangel ausgleichen. Im Flachland dagegen verlieren die Büsche ihre heideartige Tracht, sie werden stärker xerotisch: starre Dornpflanzen oder fleischig-saftige Sukkulenten ergeben sich daraus. Oder aber die kurzlebigen Ephemeren gewinnen die Oberhand, dann ist nur in der kurzen Regenzeit die Flora mit vergänglichem Blumenflor geschmückt. Beides sieht man in den Übergangslandschaften des Kapreiches zur indoafrikanischen Flora: in der Karroo und im Namalande. Die sukkulenten *Mesembryanthemum* werden dort herrschend, auch *Euphorbia* und fleischige Kompositen; in guten Jahren aber prangt das Land wie ein Garten im Blumenschmuck kurzlebigen Krautwuchses.

Floristisch liegt in dem kapländischen Florenreiche eine Zweiheit vor: eine Gruppe von tropisch-afrikanischen Typen, die oft starke Veränderung durchgemacht haben, und eine andere ganz eigener Elemente, die sich aus einer uralten Flora der südlichen Erdhälfte herzuleiten scheinen. Es ist also ein ähnliches Verhältnis wie auf Neuseeland, nur daß auf Neuseeland die tropischen Formen das Übergewicht haben, im Kapland die eigenartig südlichen. Deshalb muß am Kap ein eigenes Florenreich angenommen werden.

5. Australisches Florenreich (Australis)

Australien bildet ähnlich wie die Südhälfte Afrikas ein ausgedehntes Hochplateau, das in seiner Mitte vertieft ist, an den Rändern aber an vielen Stellen zu einem etwas erhöhten, teilweise gebirgigen Saume ansteigt, ehe es zu den schmalen vorgelagerten Küstenlandschaften abfällt. Die Niederschläge, die ihm seine geographische Lage verspricht, kommen daher nur den Küsten, und auch diesen nicht überall, in reichlicherem Maße zugute, die größte Fläche des Erdteiles ist ein trockenes Gebiet, und Trockenheit ist es, das der echt australischen Pflanzenwelt ihr bezeichnendes Gepräge verleiht. Dabei besitzt sie floristisch eine ganz eigenartige Zusammensetzung, so daß ohne Zweifel Australien zu einem besonderen pflanzengeographischen Reiche erhoben werden muß.

Die Ostküste, vom Golf von Carpentaria bis Tasmanien, ist klimatisch der bevorzugteste Anteil des Ganzen. Nur hier finden sich Strecken, wo das Jahr gegen 200 cm Regen empfängt, und nur dort läßt sich in Australien echter Regenwald finden. Er ist merkwürdigerweise völlig malesisch in seiner Tracht und in seinem Grundgewebe, verleugnet aber floristisch auch manche Eigenheiten nicht. So läßt er sich auffassen als ein Abkömmling des großen malesischen Waldes, der aber selbständig neben den anderen steht und sich wie ein Parallelzweig etwa zu dem melanesischen ausnimmt. Gegenwärtig ist er stark zerstückelt; die australischen Regenwaldbezirke sind klein von Umfang und oft weit voneinander getrennt durch Savanne und Waldbestände echt australischen Wesens. Namentlich sind sie oft rings umzingelt von Eukalyptuswäldern, der herrschenden Formation an der australischen Ostküste. *Eucalyptus* bildet überhaupt die beherrschende Gattung des Erdteiles. In unendlich vielen Formen hat sich diese Myrtaceen-Gattung allen Verhältnissen angepaßt, bald als leitender Baum geschlossener

Wälder, bald als Charakterfigur in lichten parkartigen Beständen, oder als Bildner verworrener Dickichte in dürren Gegenden des Binnenlandes, als kleiner Strauch einsamer Sandheiden, sogar als Gebüsch auf den rauhen Höhen der südlichen Gebirge. Weithin bestimmt *Eucalyptus* mit seinem unverkennbaren immergrünen Laubwerk die australische Landschaft und zeigt aufs beste, wie stark die spezifische Eigenart der beteiligten Elemente das Vegetationsgepräge beeinflussen kann, wie einseitig es also wäre, das biophysische Wesen eines Landes rein auf physiologischer Grundlage verstehen zu wollen.

Der Eukalyptuswald gehört zu den Wäldern, die nur eine geringe Anzahl leitender Bäume aufweisen. Sehr oft sind einige Arten von *Eucalyptus* ganz unter sich, anderwärts treten *Casuarina*, *Acacia* und von kleineren Bäumen ein paar *Banksia* hinzu. Gewöhnlich richten sich die Blätter der Bäume senkrecht; daher rührt die Schattenarmut der echt australischen Wälder, die schon früh den Reisenden aufgefallen ist. Dem Unterwuchs nach verhalten sich die Wälder verschieden. In den bevorzugtesten Lagen erinnert noch manches an tropische Üppigkeit, wie in den Schluchten die Baumfarne und gewisse Palmen, welche bis Victoria südlich reichen. Wo die Niederschläge fast nur in der kühleren Jahreszeit fallen, dann aber ergiebig und regelmäßig, wie an den beiden Südkanten des Erdteiles, da deckt ein dichtes immergrünes Gebüsch kleiner Sträucher den Boden der Wälder. Zum Beispiel ist der Südwesten des Staates Westaustralien ganz erfüllt von solchem Eukalyptuswald mit heideartigem Unterholz. Wo dagegen die Regen geringfügiger sind oder mehr im Sommer fallen, da überzieht Graswuchs mit Kräutern den Waldesboden, frisch grün und buntblumig in der feuchten Jahreszeit, dürr und strohfarben, wenn die Niederschläge aufgehört haben. Weiter landeinwärts endlich, wo die Befeuchtung spärlicher und launischer wird, wo manche Jahre das Land unter hartnäckigen Dürren zu leiden hat, hören an vielen Stellen die Eukalypten auf. In der nördlichen Hälfte des Erdteils, im Bereiche der

Sommerregen, bleibt das Land dann eine Savanne, soweit es selbst dazu nicht zu trocken wird und sich in Wüste wandelt. Die Savannenvegetation wird dort in günstigen Jahren üppig und ertragreich, an sie knüpft sich das Gedeihen der so wertvollen Schafzucht in Queensland und Neusüdwales. Weiter südlich aber, wohin die tropischen Sommerregen seltener gelangen und nur leichte Schauer im Winter spärlichen Ersatz liefern, da findet die Savanne ihr Ende. Ein wirrer Trockenwald aus xerotischen Akazien und Eukalypten, der gefürchtete „Scrub", oder niedrige Heiden auf dürren Sandfeldern bilden den monotonen Ausdruck des Lebens dort, bis sie schließlich in dürftiger Wüstenvegetation ausklingen. Ganz pflanzenlos aber ist Australien nur in den großen salzgeschwängerten Pfannen, sonst sind stets ein paar starre Büsche oder fleischige Sukkulenten zu finden, so furchtbar auch die Hitze und Helligkeit unter dem nur selten sich bewölkenden Himmel der Binnenwüsten sein mag.

Die Flora Australiens ragt hervor durch die große Zahl eigenartig ausgebildeter Formenkreise. Im großen und ganzen lassen sich der Verwandtschaft nach zwei Gruppen scheiden: die eine weist nordwärts auf ferne tropische Verbindungen hin, die andere findet Anknüpfungen in den übrigen Ländern der südlichen Hemisphäre. In diesem Sinne tropenverwandt erscheinen z. B. die Myrtaceen, welche in höchst zahlreichen Arten von verschiedenster Tracht vorkommen. Die hohen *Eucalyptus* und *Melaleuca* gehören dazu, aber auch die strauchigen *Leptospermum* mit weißen Blüten, die äußerlich an unsere Rosaceen erinnern, ferner in einer Fülle verschiedener Arten die Gruppe der *Chamaelaucieae*, von der die schönsten Arten mit farbenprächtigen Blüten ganz auf den Südwesten beschränkt sind. Tropische Anklänge lassen sich auch bei *Acacia* finden, die wohl mit 400 Arten fast alle Formationen Australiens bevölkert, ferner bei seinen zahlreichen *Sterculiaceae, Rutaceae* und manchen anderen. Südwärts dagegen weisen die Zusammenhänge z. B. bei den Proteaceen, wohl der eigenartigsten aller australischen Familien, bei den Epacridaceen, den Droseraceen, den seggenartigen Restionaceen. Ungemein reich an Arten sind auch die Kompositen. Dazu gehören kleine Sträucher sowohl wie viele Kräuter, von denen die „Immortellen" mit bunten strohigen Hüllen um die Blütenköpfe zuweilen in solchen Mengen auftreten, daß sie für die ganze Szenerie der Landschaft tonangebend werden.

Nach der Verteilung seiner floristischen Elemente zerfällt das australische Reich in drei Abschnitte. Im östlichen Bezirk treten neben der echt australischen, besonders an Sträuchern reichen Flora viele malesisch-melanesische Einflüsse hervor, und im südlichen Teile auf den Gebirgen lassen sich ähnlich wie auf Neuseeland auch antarktische Spuren wahrnehmen. Der mittlere Bezirk, die „Eremäa", umfaßt die ausgedehnten trockenen Binnengegenden; obwohl räumlich bei weitem der größte, enthält er eine relativ nur kleine Auslese aus den Nachbargegenden ohne besonders selbständige Zutaten. Seine Flora ist arm und gleichmäßig. Der südwestliche Bezirk dagegen zeigt die echt australische Flora ungemischt und in reinster Ausbildung. Sowohl in der tropischen wie in der südlichen Klasse verrät sie dabei das Wirken eines starken progressiven Endemismus. Daher sind Rutaceen, Myrtaceen, Proteaceen, die „Grasbäume" und manche andere dort artenreicher als im ganzen übrigen Australien. Auch fehlt es nicht an altertümlich anmutenden isolierten Endemiten (z. B. *Nuytsia)*. Im ganzen macht diese Flora des Südwestens einen sehr ausgeglichenen Eindruck, es ist eine Flora, die wirklich heimisch geworden scheint in ihrer Heimat.

6. **Antarktisches Florenreich** (Antarktis)

a) Subantarktis

Das südwestlichste Stück Südamerikas gleicht klimatisch etwa Neuseeland: eine ungemein regenreiche, in der Wärme ausgeglichene Westseite eines Gebirges, welches sie vom trockneren Osten scheidet. Stürmische Winde, fast stets bewölker Himmel, Nebel und Regen wie gleichmäßig kühle Temperatur geben ihr das Gepräge.

Ein temperierter Regenwald entspricht diesen Bedingungen. Die meisten Bäume sind dauerblättrig; lorbeerartige, ziemlich kräftige Blätter walten vor. Die wichtigste Gattung der Bäume ist *Nothofagus,* eine nahe Verwandte der holarktischen Buchen. Die Raumausnutzung mit Lianen, Unterwuchs, Bambuseendickichten und Epiphytenwuchs, meist freilich kryptogamischem, erinnert an den Tropenwald, ähnlich wie es die Waldungen Neuseelands tun. Mit jener Insel stimmt auch die kräftige Entwicklung der Farnkräuter überein und die große Rolle, die den Moosen in der Pflanzendecke zukommt. Sie verhüllen den Boden in dichten Massen, sie bekleiden die Bäume wie mit einem frisch grünenden Pelzwerk, in zierlichen Behängen schmücken sie die Äste und füllen alles mit Grün. Im Süden besonders bildet der ewig feuchte Waldboden eine fast zusammenhängende hohe Moosschicht, die bei unzureichender Entwässerung leicht in Moosmoore übergeht. Diese Moosmoore des hohen Südens von Amerika enthalten neben *Sphagnum* auch mehrere andere Moose und Lebermoose; sie bilden ein verschiedenfarbiges Mosaik von dunklem Grün bis zu fahlem Gelbbraun. Dazu gesellen sich kleine Sträucher und Stauden, manche davon in dichtem hartem Polsterwuchs (z. B. *Azorella, Donatia*). Von diesen Moorpflanzen erinnern viele äußerlich an die Bewohner nordischer Moore, auch in systematischen Zügen tritt manches Übereinstimmende zutage *(Empetrum).*

Auf den Höhen macht sich ein andiner Einschlag der Vegetation sehr bemerkbar. Die Baumgrenze liegt hier tief, um Valdivia bei etwa 1300 m, im Feuerland schon bei 400—500 m. Darüber folgen dann Bergmoore und lichte Staudentriften auf Geröll und Fels.

Großes Interesse knüpft sich an die floristischen Beziehungen der geschilderten Vegetation. Im Walde und namentlich auf den Moosmooren gibt es nämlich zahlreiche Arten, die nahe Verwandte auf Neuseeland oder

Tasmanien haben, die also zirkumpolar um die Antarktis verbreitet sind und von J. D. Hooker zuerst als antarktisches Element zusammengefaßt wurden. Bis auf Einzelheiten kehrt das Bild der feuerländischen Moore auf den Bergen Neuseelands und auf Tasmanien wieder.

Dazwischen liegen nur einzelne kleine Inseln, deren Flora aber kostbare Zeugnisse für die Auffassung der „antarktischen" Flora liefert. Allen gemeinsam ist der Mangel an Baumwuchs, die dürftige Entwicklung der Sträucher, die Neigung zu moorartigen Bildungen auf Torfboden. Ganz an Patagonien schließt sich die Flora der Falkland-Inseln an. Ihre unwirtlichen Flächen sind bald von dem hochwüchsigen „Tussock"-Gras *Poa caespitosa* bestanden, bald von einförmigen *Empetrum*-Heiden überzogen; manche Striche erhalten durch die harten Polster der *Azorella glebaria* physiognomisch ihren Stempel. Ähnliche Bedeutung hat die Polster-*Azorella* auch auf den felsenreichen Inseln von Kerguelen. Ein sonderbarer Endemit kommt neben ihr vor, *Pringlea antiscorbutica,* der Kerguelenkohl, das stattlichste Gewächs in seiner eng umgrenzten Heimat. Sonst umfaßt die höhere Vegetation von Kerguelen nur noch etwa 33 Blütenpflanzen und eine größere Anzahl von Kryptogamen, die verwandtschaftlich meist noch stark an die Südspitze Amerikas erinnern. Weiter östlich mit der Annäherung an Neuseeland gewinnt dessen Einfluß einigen Ausdruck. Trotzdem ist die Flora auf den Campbell- und Auckland-Inseln recht arm und im ganzen kümmerlich, wenn sie auch manche Endemiten entwickelt haben. In der Breite von Berlin zählen sie nur 75 bzw. 150 Arten von Gefäßpflanzen. Sie sehen aus wie letzte Reste einer einst zu Neuseeland gehörigen Gebirgsachse.

b) Antarktika

Es ist kein Zweifel, daß die Beziehungen dieser „subantarktischen" Inseln untereinander und auch ihre floristische Armut nur genetisch ganz verständlich werden. Der heute vereiste und so gut wie vegetationslose Südpolar-

Kontinent scheint den Schlüssel dazu zu bergen. Unmittelbare Beweise für diese Vermutung mangeln zwar noch. Denn südlich vom 62° hat man bis heute keine Blütenpflanze mehr gesehen, die Aufschluß geben könnte. Wohl aber sind auf Seymour Island fossile Pflanzen gefunden und auf Kerguelen Baumstämme aufgedeckt worden, die das einstige Bestehen stattlicher Bäume und reicheren Pflanzenlebens in diesen hohen Breiten des Südens sicherstellen. Seine letzten Reste scheinen auf die Gegenwart gelangt zu sein. Im antarktischen Florenreiche herrschen sie noch vor, in Neuseeland und Tasmanien bzw. dem südlichsten Australien beschränken sie sich auf gebirgige Lagen und wachsen neben fremdartigen Elementen, deren Macht ihnen überlegen ist.

Stellt der Südkontinent zwar eine höheren Pflanzenwuchses bare Kältewüste dar, so dringt doch die niedere Pflanzenwelt noch bis zum äußerst möglichen Punkte vor: die Byrd-Expedition 1934 fand 5 Moose und 89 Flechtenarten an schnee- und eisfreien Steilhängen der Gebirge, und die 7 im Königin-Maud-Gebirge (86° s. Br.!, bis 4700 m hoch) gesammelten Flechten stellen die äußersten Vorkommnisse pflanzlichen Lebens auf der Erde dar und zeigen, daß seinem Vordringen überhaupt keine Grenze gesetzt ist, soweit sich nur ein passendes Substrat findet.

IX. Pflanzengeographische Kartierung

1. Arealkarten

Den Zwecken der floristischen Pflanzengeographie dienen Arealkarten, auf denen die Verbreitung von Arten, Gattungen oder Familien dargestellt wird. Bei großem Maßstab (also für kleinere Gebiete) kann man alle Einzelfunde einer Art eintragen, etwa durch Punkte oder Kreuze; für seltenere Arten ist dies auch bei kleinerem Maßstab möglich. Oder es wird durch verschiedenartige Schraffur die Dichte der Besiedlung gekennzeichnet. Endlich können Teil- oder Gesamtareale durch Grenzlinien umzogen werden. In manchen Ländern, wie Mitteldeutschland, Dänemark, Niederlande, ist die Gesamtkartierung des Artenbestandes schon weit fortgeschritten (vgl. Schriftenverzeichnis).

2. Vegetationskarten

Bei der Darstellung der Vegetation müssen auf einer Karte viele Pflanzengesellschaften gezeigt werden, was durch verschiedene Signaturen oder verschiedene Farben erreicht wird. Karten in großem Maßstabe (etwa 1 : 10 000 oder 1 : 25 000) können hierbei sämtliche Gesellschaften in ihrer natürlichen Ausdehnung erfassen. Je größer das zu bearbeitende Gebiet und je kleiner damit der Maßstab wird, desto mehr muß verallgemeinert werden; es können dann nur noch Gesellschaftseinheiten höheren Ranges wiedergegeben werden. Auf vielen derartigen Karten findet man die ursprüngliche, natürliche Vegetation eingetragen (z. B. auf der Wandkarte von Brockmann-Jerosch), während andere (z. B. Maull) auch den durch Menschen bewirkten Veränderungen Rechnung tragen. Die Zahl der Spezialkarten für kleinere Gebiete hat, besonders seit dem Aufkommen der angewandten Pflanzensoziologie, rasch zugenommen, vor allem in den mitteleuropäischen Ländern (vgl. Tüxen und Hentschel 1955). In jüngerer Zeit wird die Kartierung im Gelände zunehmend durch die Luftbildkartierung unterstützt oder gar ersetzt. — Hinweise zur Methodik geben Braun-Blanquet 1951, Scamoni 1955, Ellenberg 1956.

3. Karten für Sonderzwecke

Als solche können die phänologischen Karten betrachtet werden (vgl. S. 71), die Daten der Vegetationsentwicklung darstellen, oder Kartenserien, die das gleiche Gebiet zu verschiedenen Zeitabständen wiedergeben zur Feststellung der Vegetationsentwicklung und -veränderung (Sukzession). Ähnlichen Zwecken dienen manche paläobotanischen Floren- oder Vegetationskarten.

X. Hilfsmittel und Forschungsstellen

Grundlage jeder pflanzengeographischen Forschungsarbeit müssen naturgemäß eigene Untersuchungen im Gelände sein; dazu tritt die vergleichende Sichtung des Materials, das in den großen Herbarien der ganzen Welt, vor allem Europas und Nordamerikas, aufbewahrt ist. Eine Aufzählung dieser Sammlungen bietet der „Index Herbariorum" von J. Lanjouw und F. A. Stafleu (Regnum Vegetabile vol. 6, 3. Aufl., Utrecht 1956).

Eine erste Einführung in das vorhandene Schrifttum bringt das nachfolgende Literaturverzeichnis; jährliche Berichte über den neuesten Stand der Pflanzengeographie geben die „Fortschritte der Botanik". — Als sehr fördernd und klärend haben sich die zahlreichen Vorträge, Diskussionen und Exkursionen erwiesen, die auf den Internationalen Botanischen Kongressen gehalten werden (z. B. Stockholm 1950, Paris 1954, Ottawa 1959).

Lehr- und Forschungsstätten der Pflanzengeographie sind die Institute für Systematische Botanik, Pflanzengeographie bzw. Pflanzensoziologie an den deutschen Universitäten und anderen Hochschulen, z. B. in Berlin (Freie Universität), Göttingen, Stuttgart, Hamburg, die Botanischen Museen bzw. Staatssammlungen (Berlin, München, Hamburg) und die Bundesanstalt für Vegetationskartierung (Stolzenau a. d. Weser). — Als wichtigste ausländische Institute seien genannt: Station Internationale de Géobotanique Méditerranéenne et Alpine (Montpellier); Geobotanisches Forschungsinstitut Rübel (Zürich); Universitetets Växtbiologiska Institutionen (Uppsala); Institut für Angewandte Pflanzensoziologie (Klagenfurt). — Hierzu kommt endlich die große Zahl der Biologischen Stationen in der ganzen Welt, von denen viele auch die Möglichkeit für pflanzengeographische Forschungen bieten. Sie sind zusammengestellt von H. A. Jack: Biological Field Stations of the World; Chronica Botanica 9, 1945, Waltham, Mass.

XI. Literaturübersicht

Wichtigste Zeitschriften:

Botanische Jahrbücher für Systematik, Pflanzengeschichte und Pflanzengeographie. Begründet von A. Engler. Leipzig-Stuttgart. Seit 1881.
Ecology. Brooklyn (New York), seit 1922.
Journal of Ecology, Cambridge; seit 1913.
Vegetatio, Acta Geobotanica. Den Haag. Seit 1948, 6 Bände.

Bibliographien und Referate:

Bericht über die Fortschritte in der Geographie der Pflanzen, in Behns Geograph. Jahrbuch. Gotha. 1866—1876 von A. Grisebach, 1874—1904 von O. Drude, 1905—1926 von L. Diels.
Systematische und genetische Pflanzengeographie (E. Irmscher, F. Firbas), ökologische Pflanzengeographie (H. Walter, H. Ellenberg), Ökologie (Th. Schmucker). — In: Fortschritte der Botanik. Berlin/Göttingen/Heidelberg, seit 1932, 16 Bände.
Bibliotheca Phytosociologica. Hannover u. Stolzenau, seit 1935, 5 Hefte.
Ferner die Abteilungen „Pflanzengeographie" im Botanischen Centralblatt (1880—1945) und Justs Botan. Jahresbericht (1873—1943).

Sammelwerke:

Engler, A. und O. Drude: Die Vegetation der Erde. Sammlung pflanzengeographischer Monographien. Leipzig. 15 Bände, 1896—1923.
Karsten, G. und H. Schenck: Vegetationsbilder. 204 Hefte, Jena 1903—1944.
Pflanzensoziologie. Eine Reihe vegetationskundlicher Gebietsmonographien. Jena, seit 1931, 9 Bände.
Braun-Blanquet, J.: Prodromus der Pflanzengesellschaften. Montpellier, seit 1933.

Lehrbücher:

Braun-Blanquet, J.: Pflanzensoziologie. Grundzüge der Vegetationskunde. 2. Auflage, Wien 1951.
Cain, St. A.: Foundations of Plant Geography. New York u. London 1944.
De Candolle, A. P.: Géographie botanique raisonnée. Paris 1855.
Croizat, L.: Manual of Phytogeography. Den Haag 1952.
Gessner, F.: Pflanzengeographie. — In: L. v. Bertalanffy, Handbuch der Biologie, Bd. IV, S. 204—252. Potsdam 1950.
Ginzberger, A. und Stadlmann, J.: Pflanzengeographisches Hilfsbuch. Wien 1939.
Good, R.: The Geography of the Flowering Plants. 2. Auflage, London, New York, Toronto 1953.
Grisebach, A.: Die Vegetation der Erde. 2. Auflage, Leipzig 1885.
Hansen, A.: Die Pflanzenarten als Floren und Gemeinschaften (Abstammungslehre und Pflanzengeographie), in: Kerner, A., Pflanzenleben, Bd. 3, Leipzig und Wien, 3. Aufl. 1916.
Hayek, A.: Allgemeine Pflanzengeographie. Berlin 1926.
Herzog, Th.: Pflanzengeographie. — In: F. Klute, Handbuch der Geographischen Wissenschaft; Allgemeine Geographie, 2. Teil, S. 1—80. Potsdam 1933.
Hueck, K.: Die Pflanzenwelt der deutschen Heimat. 4 Bände. Berlin-Lichterfelde 1936.

Knapp, R.: Einführung in die Pflanzensoziologie. 3 Hefte, Stuttgart 1948—49.
Rübel, E.: Pflanzengesellschaften der Erde. Bern und Berlin 1930.
Schimper, A. F. W.: Pflanzengeographie auf physiologischer Grundlage. Jena 1898. 3. Aufl. von F. C. von Faber. Jena 1935.
Vareschi, V.: Pflanzensoziologie. — In: L. v. Bertalanffy, Handbuch der Biologie, Bd. IV, S. 187—204. Potsdam 1950.
Walter, H.: Einführung in die allgemeine Pflanzengeographie Deutschlands. Jena 1927.
Warming, E. und P. Graebner: Lehrbuch der ökologischen Pflanzengeographie. 4. Aufl. Berlin 1930—1933.
Wulff, E. W.: Introduction to the Historical Plant Geography. Waltham, Mass., 1950.

Areal- und Vegetationskarten:

Drude, O.: Atlas der Pflanzenverbreitung, in Berghaus, Physikal. Atlas. 3. Aufl. Gotha 1887.
Grossheim, A. A. und Schischkin, B. K.: Areal. Moskau u. Leningrad, ab 1952.
Hannig, E. und Hub. Winkler: Pflanzenareale. 34 Hefte, Jena 1926—1940.
Hultén, E.: Atlas of the Distribution of Vascular Plants in NW Europe. Stockholm 1950.
Meusel, H.: Vergleichende Arealkunde. 2 Bände, Berlin-Zehlendorf 1943.
Tüxen, R. und Hentschel, G.: Bibliographie der Vegetationskarten Deutschlands. Mitt. d. Florist.-soziol. Arbeitsgemeinsch., N. F. 5, Stolzenau 1955.

Wandkarten:

Brockmann-Jerosch, H.: Vegetation der Erde 1 : 20 000 000. Gotha, J. Perthes. (1930?).
Maull, O.: Die Vegetationsgebiete der Erde. 1 : 18 000 000. Westermann-Schulwandkarten, Nr. 372. Braunschweig 1953.

Beispiele für Floren- und Bestimmungswerke:

Ascherson, P. und Graebner, P.: Synopsis der mitteleuropäischen Flora, Leipzig 1896—1931.
Bentham, G.: Flora australiensis. London 1862—1878.
Boissier, E.: Flora orientalis. Genf und Basel 1867—1888.
Clapham, A. R., Tutin, T. G., and Warburg, E. F.: Flora of the British Isles. Cambridge 1952.
Christiansen, W.: Neue kritische Flora von Schleswig-Holstein. Rendsburg 1953.
Garcke, A.: Illustrierte Flora von Deutschland. 22. Auflage. Berlin 1922.
Hegi, G.: Illustrierte Flora von Mittel-Europa. 13 Bände. München 1906—1939.
Hooker, J. D.: Flora of British India. London 1875—1897.
Komarow, V. L.: Flora URSS (russisch) Moskau-Leningrad, ab 1934, bisher 14 Bände.
Martius, Endlicher, Eichler, Urban: Flora brasiliensis. München 1840—1906. 31 Bände.
Oberdorfer, E.: Pflanzensoziologische Exkursionsflora für Südwestdeutschland und die angrenzenden Gebiete. Stuttgart 1949.

Rothmaler, W: Exkursionsflora. Berlin 1952
Schmeil, O und Fitschen, J. Flora von Deutschland. 57—59. Auflage. Heidelberg 1949.

Einzelsachgebiete:

Auer, V: Verschiebungen der Wald- und Steppengebiete Feuerlands in postglazialer Zeit. Acta Geographica, V, Helsingfors 1933.
Babcock, E. B.: The Genus Crepis. Univers. Californ. Publ. Botany 21—22, 1947
Bertsch, K: Geschichte des deutschen Waldes. 4. Aufl., Jena 1953.
Blanck, E: Handbuch der Bodenlehre. Berlin 1929 ff
Boysen Jensen, P: Causal Plant-Geography. Dansk. Vidensk. Selsk., Biol. Medd., Bd. XXI, Nr 3, Kopenhagen 1949
Braun-Blanquet, J. und Jenny, H: Vegetationsentwicklung und Bodenentwicklung in der alpinen Stufe der Zentralalpen. Neue Denkschriften Schweizer Naturforsch Gesellschaft 63, 175—349. 1926.
Brockmann-Jerosch, H: Baumgrenze und Klimacharakter, Zürich 1919.
Burchard, O: Beiträge zur Ökologie und Biologie der Kanarenpflanzen. Stuttgart 1929
Cajander, A. K.: Über Waldtypen. In Acta Forestalia Fennica, Helsinki, I, 1909 und XXIX, 1926.
Christ, H.: Das Pflanzenleben der Schweiz. Zürich 1879.
Clements, F. E.: Research Methods in Ecology. Lincoln 1905.
Clements, F. R: Plant Succession. Washington 1916.
Diels, L.: Die Epharmose der Vegetationsorgane bei Rhus Sect. Gerontogeae. In Englers „Botan. Jahrbüch" 1898
Diels, L: Die Flora von Zentral-China. In Englers „Botan. Jahrb." 1901.
Diels, L.: Die Pflanzenwelt von Westaustralien. Leipzig 1906.
Du Rietz, E: Zur methodologischen Grundlage der modernen Pflanzen-Soziologie. Uppsala 1921
Du Rietz, G. E: Vegetationsforschung. In Abderhalden, Handbuch der biologischen Arbeitsmethoden XI, 5, 293—430. 1930.
Du Rietz, G E.: Life-Forms of terrestrial flowering plants. I. Acta Phytogeogr Suecica III, 1. Uppsala 1931.
Ellenberg, H: Unkrautgemeinschaften als Zeiger für Klima und Boden. Stuttgart 1950.
Ellenberg, H: Landwirtschaftliche Pflanzensoziologie. 3 Bände, Stuttgart 1950—54.
Ellenberg, H.: Aufgaben und Methoden der Vegetationskunde. (H. Walter, Einführung in die Phytologie, Bd. IV, 1. Teil.) Stuttgart 1956.
Engler, A.: Versuch einer Entwicklungsgeschichte der Pflanzenwelt. Leipzig 1879 u. 1882.
Engler, A: Die Entwicklung der Pflanzengeographie in den letzten 100 Jahren. Humboldt-Centenarschrift der Gesellschaft für Erdkunde zu Berlin. 1899.
Erdtman, G.: An Introduction to Pollen Analysis. Waltham, Mass., 1954.
Ernst, A.: Das biologische Krakatauproblem. Vierteljahresschrift Naturwiss. Gesellschaft Zürich 79, 1—187, 1924.
Fabry, R.: Bodenkunde für Schule und Praxis. München 1950.
Firbas, F: Die Vegetationsentwicklung des mitteleuropäischen Spätglazials. Bibliotheca Botanica 112. Stuttgart 1935
Firbas, Fr: Spät- und nacheiszeitliche Waldgeschichte Mitteleuropas nördlich der Alpen. 2 Bände, Jena 1949—1952.
Fries, R. E.: Vegetationsbilder von den Kenia- und Aberdare-Bergen (Ostafrika). Vegetationsbilder 16. Reihe, Heft 7, Jena 1925.

Früh, J. und Schröter, C.: Die Moore der Schweiz. Beitr. zur Geologie d. Schweiz III, 1904.
Gams, H.: Die Ergebnisse der pollenanalytischen Forschung. Zeitschrift für Gletscherkunde. 1927.
Geiger, R.: Das Klima der bodennahen Luftschicht. 3. Auflage, Braunschweig 1950.
Gothan, W. und Weyland, H.: Lehrbuch der Paläobotanik Berlin 1954.
Graebner, P.: Die Heide Norddeutschlands. In Engler und Drude, Vegetation der Erde V (1901).
Grümmer, G.: Die gegenseitige Beeinflussung höherer Pflanzen. Allelopathie. Jena 1955.
Gustafsson, Å.: The Genesis of the European Blackberry Flora. Lunds Univ. Årsskr. N. F. Avd. 2, Bd. 39, Nr. 6, 1943.
Hemsley, W. B.: Report on the Scientific Results of the Voyage of H. M. S. Challenger, Botany I (1885).
Huxley, J.: The New Systematics. Oxford 1940.
Ihne, E.: Phänologische Karte des Frühlingseinzuges in Mitteleuropa. Petermanns Geogr. Mitt. 1905. Heft 5. Gotha.
Kihlmann, A. O.: Pflanzenbiologische Studien aus Russisch Lappland. Helsingfors 1890.
Knapp, R.: Experimentelle Soziologie der höheren Pflanzen. Stuttgart 1954.
Kraus, G.: Boden und Klima auf kleinstem Raum. Jena 1911.
Kubiena, W. L.: Bestimmungsbuch und Systematik der Böden Europas. Ferdinand Enke Verlag Stuttgart 1953.
Lüdi, W.: Die Methoden der Sukzessionsforschung in der Pflanzensoziologie. In Abderhalden, Handbuch der biologischen Arbeitsmethoden XI. 3. Lief. 327.
Lundegårdh, H.: Klima und Boden in ihrer Wirkung auf das Pflanzenleben. 4. Auflage, Jena 1954.
Mägdefrau, K.: Paläobiologie der Pflanzen. 3. Auflage, Jena 1956.
Osvald, H.: Die Vegetation des Hochmoores Komosse. Svensk Växtbiol. Sällsk. Handl. I. Uppsala 1923.
Ramann, E.: Bodenbildung und Bodeneinteilung. 1916.
Raunkiaer, C.: Plant Life Forms. Oxford 1937.
Richards, P. W.: The Tropical Rain Forest. Cambridge 1952.
Ridley, H. N.: The Dispersal of Plants throughout the world. Ashford, Kent, 1930.
Rikli, M.: Das Pflanzenkleid der Mittelmeerländer. 3 Bände, Bern 1943—1948.
Rübel, E.: Geobotanische Untersuchungsmethoden. Berlin 1922.
Russell, E. J.: Boden und Pflanze. 2. Auflage, Dresden und Leipzig 1936.
Santesson, R.: Foliicolous Lichens, I. Symb. Bot. Upsal. XII, 1, Uppsala 1952.
Scamoni, A.: Einführung in die praktische Vegetationskunde. Berlin 1955.
Schenck, H.: Beiträge zur Biologie und Anatomie der Lianen. Jena 1893, 1897.
Schimper, A. F. W.: Die epiphytische Vegetation Amerikas. Jena 1888.
Schimper, A. F. W.: Die indomalayische Strandflora. Jena 1891.
Schnelle, Fr.: Pflanzen-Phänologie. Leipzig 1955.
Schomburgk, R.: Botanical Reminiscences in British Guayana. Adelaide 1876.
Schröter, C.: Das Pflanzenleben der Alpen. 2. Aufl. Zürich 1923—1926.
Seward, A. C.: Plant life through the ages. Cambridge 1931.
Skottsberg, C.: Natural History of Juan Fernandez. Upsala 1921.
Stiasny, G.: Meeresplankton, in Samml. Göschen, Nr. 675. 1913.
Tansley, A. G.: The British Islands and their Vegetation. 2. Auflage, 2 Bände, Cambridge 1949.

Troll, C.: Der asymmetrische Aufbau der Vegetationszonen und Vegetationsstufen auf der Nord- und Südhalbkugel. Ber. Geobotan. Forschungsinst. Rübel Zürich f. d. Jahr 1947 (1948), S. 46—83.
Vogler, P.: Über die Verbreitungsmittel der schweizerischen Alpenpflanzen. In „Flora" 1901.
Volkens, G.: Die Flora der ägyptisch-arabischen Wüste. 1887.
Volkens, G.: Der Kilimandscharo. Berlin 1897.
Wallace, V.: Island Life. 1880.
Walter, H.: Die Hydratur der Pflanze. Jena 1931.
Walter, H.: Einführung in die Phytologie. III: Grundlagen der Pflanzenverbreitung. 1. Teil: Standortslehre. Stuttgart 1951. 2. Teil: Arealkunde, Stuttgart 1954.
Weaver, I. E.: The North American Prairie. Lincoln 1954.
Weber, C. A.: Über die Vegetation und Entstehung des Hochmoors von Augstumal im Memeldelta. Berlin 1902.
Wettstein, R. v.: Grundzüge der geographisch-morphologischen Methode der Pflanzensystematik. Jena 1898.
Wiegner, G.: Boden und Bodenbildung in kolloidchemischer Betrachtung. 4. Aufl. Leipzig 1926.
Wiesner, V.: Der Lichtgenuß der Pflanzen. 1907.
Wulff, E. W.: Versuch einer Einteilung der Vegetation der Erde in pflanzengeographische Gebiete auf Grund der Artenzahl. Fedde, Repertorium, Beiheft 81, 1935, 57—83.

XII. Sachregister

Sachregister

Karte 1. Die Florenreiche der Erde

Karte 2. Vege
(nach Brockma

ete der Erde
und Maull)

SAMMLUNG GÖSCHEN

GESAMTVERZEICHNIS

Jeder Band DM 3,60 · Doppelband DM 5,80

Herbst 1964

WALTER DE GRUYTER & CO., BERLIN 30

Inhaltsübersicht

Geisteswissenschaften

Philosophie

Einführung in die Philosophie von *H. Leisegang †*. 5. Auflage. 146 Seiten. 1963. (281)

Hauptprobleme der Philosophie von *G. Simmel †*. 8., unveränderte Auflage. 177 Seiten. 1964. (500)

Geschichte der Philosophie

I: Die griechische Philosophie von *W. Capelle*. 1. Teil. Von Thales bis Leukippos. 2., erweiterte Auflage. 135 Seiten. 1953. (857)

II: Die griechische Philosophie von *W. Capelle*. 2. Teil. Von der Sophistik bis zum Tode Platons. 2., stark erweiterte Auflage. 144 Seiten. 1953. (858)

III: Die griechische Philosophie von *W. Capelle*. 3. Teil. Vom Tode Platons bis zur Alten Stoa. 2., stark erweiterte Auflage. 132 Seiten. 1954. (859)

IV: Die griechische Philosophie von *W. Capelle*. 4. Teil. Von der Alten Stoa bis zum Eklektizismus im 1. Jh. v. Chr. 2., stark erweiterte Auflage. 132 Seiten. 1954. (863)

V: Die Philosophie des Mittelalters von *J. Koch*. In Vorbereitung. (826)

VI: Von der Renaissance bis Kant von *K. Schilling*. 234 Seiten. 1954. (394/394a)

VII: Immanuel Kant von *G. Lehmann*. In Vorbereitung. (536)

VIII: Die Philosophie des 19. Jahrhunderts von *G. Lehmann*. 1. Teil. 151 Seiten. 1953. (571)

IX: Die Philosophie des 19. Jahrhunderts von *G. Lehmann*. 2. Teil. 168 Seiten. 1953. (709)

X: Die Philosophie im ersten Drittel des 20. Jahrhunderts 1. Teil von *G. Lehmann*. 128 Seiten. 1957. (845)

XI: Die Philosophie im ersten Drittel des 20. Jahrhunderts 2. Teil von *G. Lehmann*. 114 Seiten. 1960. (850)

Die geistige Situation der Zeit (1931) von *K. Jaspers*. 6., unveränderter Abdruck der im Sommer 1932 bearbeiteten 5. Auflage. 211 Seiten. 1964. (1000)

Erkenntnistheorie von *G. Kropp*.
1. Teil: Allgemeine Grundlegung. 143 Seiten. 1950. (807)

Formale Logik von *P. Lorenzen*. 2., verbesserte Auflage. 165 Seiten. 1962. (1176/1176a)

Philosophisches Wörterbuch von *M. Apel †*. 5., völlig neubearbeitete Auflage von *P. Ludz*. 315 Seiten. 1958. (1031/1031a)

Philosophische Anthropologie. Menschliche Selbstdeutung in Geschichte und Gegenwart von *M. Landmann*. 2., durchgesehene Auflage. 223 Seiten. 1964. (156/156a)

Pädagogik, Psychologie, Soziologie

Geschichte der Pädagogik von *Herm. Weimer*. 16. Auflage von *Heinz Weimer*. 184 Seiten. 1964. (145)

Therapeutische Psychologie. Ihr Weg durch die Psychoanalyse von *W. M. Kranefeldt*. Mit einer Einführung von *C. G. Jung*. 3. Auflage. 152 Seiten. 1956. (1034)

Allgemeine Psychologie von *Th. Erismann †*. 4 Bände. 2., neubearbeitete Auflage.

I: Grundprobleme. 146 Seiten. 1958. (831)

II: Grundarten des psychischen Geschehens. 248 Seiten. 1959. (832/832a)

III: Experimentelle Psychologie und ihre Grundlagen. 1. Teil. 112 Seiten, 7 Abbildungen. 1962. (833)

IV: Experimentelle Psychologie und ihre Grundlagen. 2. Teil. 199 Seiten, 20 Abbildungen. 1962. (834/834a)

Soziologie. Geschichte und Hauptprobleme von *L. von Wiese*. 7. Auflage. 175 Seiten. 1964. (101)

Ideengeschichte der sozialen Bewegung des 19. und 20. Jh. von *W. Hofmann*. 243 Seiten. 1962. (1205/1205a)

Sozialpsychologie von *P. R. Hofstätter*. 2. Auflage. 186 Seiten, 18 Abbildungen. 1964. (104/104a)

Psychologie des Berufs- und Wirtschaftslebens von *W. Moede †*. 190 Seiten, 48 Abbildungen. 1958. (851/851a)

Industrie- und Betriebssoziologie von *R. Dahrendorf*. 3. Auflage. 142 Seiten, 3 Figuren. 1964. (103)

Wirtschaftssoziologie von *F. Fürstenberg*. 122 Seiten. 1961. (1193)

Einführung in die Sozialethik von *H.-D. Wendland*. 144 Seiten. 1963. (1203)

Religion

Jesus von *M. Dibelius †*. 3. Auflage, mit einem Nachtrag von *W. G. Kümmel*. 140 Seiten. 1960. (1130)

Paulus von *M. Dibelius †*. Nach dem Tode des Verfassers herausgegeben und zu Ende geführt von *W. G. Kümmel*. 3., durchgesehene Auflage. 156 Seiten. 1964. (1160)

Luther von *F. Lau*. 151 Seiten. 1959. (1187)

Melanchthon von *R. Stupperich*. 139 Seiten. 1960. (1190)

Zwingli von *F. Schmidt-Clausing*. 1965. Im Druck (1219)

Einführung in die Konfessionskunde der orthodoxen Kirchen von *K. Onasch*. 291 Seiten. 1962. (1197/1197a)

Geschichte des christlichen Gottesdienstes von *W. Nagel*. 215 Seiten. 1962. (1202/1202a)

Geschichte Israels. Von den Anfängen bis zur Zerstörung des Tempels (70 n. Chr.) von *E. L. Ehrlich*. 158 Seiten, 1 Tafel. 1958. (231/231a)

Römische Religionsgeschichte von *F. Altheim*. 2 Bände. 2., umgearbeitete Auflage.

I: Grundlagen und Grundbegriffe. 116 Seiten. 1956. (1035)

II: Der geschichtliche Ablauf. 164 Seiten. 1956. (1052)

Die Religion des Buddhismus von *D. Schlingloff*. 2 Bände.
I: Der Heilsweg des Mönchtums. 122 Seiten, 11 Abbildungen, 1 Karte. 1962. (174)
II: Der Heilsweg für die Welt. 129 Seiten, 9 Abbildungen, 1 Karte. 1963. (770)

Musik

Musikästhetik von *H. J. Moser*. 180 Seiten. Mit zahlreichen Notenbeispielen. 1953. (344)
Systematische Modulation von *R. Hernried*. 2. Auflage. 136 Seiten. Mit zahlreichen Notenbeispielen. 1950. (1094)
Der polyphone Satz von *E. Pepping*. 2 Bände.
I: Der cantus-firmus-Satz. 2. Auflage. 223 Seiten. Mit zahlreichen Notenbeispielen. 1950. (1148)
II: Übungen im doppelten Kontrapunkt und im Kanon. 137 Seiten. Mit zahlreichen Notenbeispielen. 1957. (1164/1164a)
Allgemeine Musiklehre von *H. J. Moser*. 2., durchgesehene Auflage. 155 Seiten. Mit zahlreichen Notenbeispielen. 1955. (220/220a)
Harmonielehre von *H. J. Moser*. 2 Bände.
I: 109 Seiten. Mit 120 Notenbeispielen. 1954. (809)
II: In Vorbereitung. (810)
Die Musik des 19. Jahrhunderts von *W. Oehlmann*. 180 Seiten. 1953. (170)
Die Musik des 20. Jahrhunderts von *W. Oehlmann*. 312 Seiten. 1961. (171/171a)
Technik der deutschen Gesangskunst von *H. J. Moser*. 3., durchgesehene und verbesserte Auflage. 144 Seiten, 5 Figuren sowie Tabellen und Notenbeispiele. 1954. (576/576a)
Die Kunst des Dirigierens von *H. W. von Waltershausen †*. 2., vermehrte Auflage. 138 Seiten. Mit 19 Notenbeispielen. 1954. (1147)
Die Technik des Klavierspiels aus dem Geiste des musikalischen Kunstwerkes von *K. Schubert †*. 3. Auflage. 110 Seiten. Mit Notenbeispielen. 1954. (1045)

Kunst

Stilkunde von *H. Weigert*. 2 Bände. 3., durchgesehene und ergänzte Auflage.
I: Vorzeit, Antike, Mittelalter. 136 Seiten, 94 Abbildungen. 1958. (80)
II: Spätmittelalter und Neuzeit. 150 Seiten, 88 Abbildungen. 1958. (781)
Archäologie von *A. Rumpf*. 3 Bände.
I: Einleitung, historischer Überblick. 143 Seiten, 6 Abbildungen, 12 Tafeln. 1953. (538)
II: Die Archäologensprache. Die antiken Reproduktionen. 136 Seiten, 7 Abbildungen, 12 Tafeln. 1956. (539)
III: In Vorbereitung. (540)

Geschichte

Einführung in die Geschichtswissenschaft von *P. Kirn*. 4., durchgesehene Auflage. 127 Seiten. 1963. (270)

GEISTESWISSENSCHAFTEN

Einführung in die Zeitgeschichte von *B. Scheurig.* 101 Seiten. 1962. (1204)

Zeitrechnung der römischen Kaiserzeit, des Mittelalters und der Neuzeit für die Jahre 1—2000 n. Chr. von *H. Lietzmann †.* 3. Auflage, durchgesehen von *K. Aland.* 130 Seiten. 1956. (1085)

Kultur der Urzeit von *F. Behn.* 3 Bände. 4. Auflage der Kultur der Urzeit Bd. 1—3 von *M. Hoernes.*

I: Die vormetallischen Kulturen. (Die Steinzeiten Europas. Gleichartige Kulturen in anderen Erdteilen.) 172 Seiten, 48 Abbildungen. 1950. (564)

II: Die älteren Metallkulturen. (Der Beginn der Metallbenutzung, Kupfer- und Bronzezeit in Europa, im Orient und in Amerika.) 160 Seiten, 67 Abbildungen. 1950. (565)

III: Die jüngeren Metallkulturen. (Das Eisen als Kulturmetall, Hallstatt-Latène-Kultur in Europa. Das erste Auftreten des Eisens in den anderen Weltteilen.) 149 Seiten, 60 Abbildungen. 1950. (566)

Vorgeschichte Europas von *F. Behn.* Völlig neue Bearbeitung der 7. Auflage der „Urgeschichte der Menschheit" von *M. Hoernes.* 125 Seiten, 47 Abbildungen. 1949. (42)

Der Eintritt der Germanen in die Geschichte von *J. Haller †.* 3. Auflage, durchgesehen von *H. Dannenbauer.* 120 Seiten, 6 Kartenskizzen. 1957. (1117)

Von den Karolingern zu den Staufern. Die altdeutsche Kaiserzeit (900—1250) von *J. Haller †.* 4., durchgesehene Auflage von *H. Dannenbauer.* 142 Seiten, 4 Karten. 1958. (1065)

Von den Staufern zu den Habsburgern. Auflösung des Reichs und Emporkommen der Landesstaaten (1250—1519) von *J. Haller †.* 2., durchgesehene Auflage von *H. Dannenbauer.* 118 Seiten, 6 Kartenskizzen. 1960. (1077)

Deutsche Geschichte im Zeitalter der Reformation, der Gegenreformation und des dreißigjährigen Krieges von *F. Hartung.* 2., durchgesehene Auflage. 128 Seiten. 1963. (1105)

Deutsche Geschichte von 1648—1740. Politischer und geistiger Wiederaufbau von *W. Treue.* 120 Seiten. 1956. (35)

Deutsche Geschichte von 1713—1806. Von der Schaffung des europäischen Gleichgewichts bis zu Napoleons Herrschaft von *W. Treue.* 168 Seiten. 1957. (39)

Deutsche Geschichte von 1806—1890. Vom Ende des alten bis zur Höhe des neuen Reiches von *W. Treue.* 128 Seiten. 1961. (893)

Deutsche Geschichte von 1890 bis zur Gegenwart von *W. Treue.* In Vorbereitung. (894)

Quellenkunde der Deutschen Geschichte im Mittelalter (bis zur Mitte des 15. Jahrhunderts) von *K. Jacob †.* 3 Bände.

I: Einleitung. Allgemeiner Teil. Die Zeit der Karolinger. 6. Auflage, bearbeitet von *H. Hohenleutner.* 127 Seiten. 1959. (279)

II: Die Kaiserzeit (911—1250). 5. Auflage, neubearbeitet von *H. Hohenleutner.* 141 Seiten. 1961. (280)

III: Das Spätmittelalter (vom Interregnum bis 1500). Herausgegeben von *F. Weden.* 152 Seiten. 1952. (284)

Geschichte Englands von *H. Preller.* 2 Bände.
I: bis 1815. 3., stark umgearbeitete Auflage. 135 Seiten, 7 Stammtafeln, 2 Karten. 1952. (375)
II: Von 1815 bis 1910. 2., völlig umgearbeitete Auflage. 118 Seiten, 1 Stammtafel, 7 Karten. 1954. (1088)

Römische Geschichte von *F. Altheim.* 4 Bände. 2., verbesserte Auflage.
I: Bis zur Schlacht bei Pydna (168 v.Chr.). 124 Seiten. 1956. (19)
II: Bis zur Schlacht bei Actium (31 v.Chr.). 129 Seiten. 1956. (677)
III: Bis zur Schlacht an der Milvischen Brücke (312 n.Chr.). 148 Seiten. 1958. (679)
IV: Bis zur Schlacht am Yarmuk (636 n.Chr.). In Vorbereitung. (684)

Geschichte der Vereinigten Staaten von Amerika von *O. Graf zu Stolberg-Wernigerode.* 192 Seiten, 10 Karten. 1956. (1051/1051 a)

Deutsche Sprache und Literatur

Geschichte der Deutschen Sprache von *H. Sperber.* 4. Auflage, besorgt von *W. Fleischhauer.* 128 Seiten. 1963. (915)

Deutsches Rechtschreibungswörterbuch von *M. Gottschald †.* 2., verbesserte Auflage. 219 Seiten. 1953. (200/200 a)

Deutsche Wortkunde. Kulturgeschichte des deutschen Wortschatzes von *A. Schirmer.* 4. Auflage von *W. Mitzka.* 123 Seiten. 1960. (929)

Deutsche Sprachlehre von *W. Hofstaetter.* 10. Auflage. Völlige Umarbeitung der 8. Auflage. 150 Seiten. 1960. (20)

Stimmkunde für Beruf, Kunst und Heilzwecke von *H. Biehle.* 111 Seiten. 1955. (60)

Redetechnik. Einführung in die Rhetorik von *H. Biehle.* 2., erweiterte Auflage. 151 Seiten. 1961. (61)

Sprechen und Sprachpflege (Die Kunst des Sprechens) von *H. Feist.* 2., verbesserte Auflage. 99 Seiten, 25 Abbildungen. 1952. (1122)

Deutsches Dichten und Denken von der germanischen bis zur staufischen Zeit von *H. Naumann †.* (Deutsche Literaturgeschichte vom 5.—13. Jahrhundert.) 2., verbesserte Auflage. 166 Seiten. 1952. (1121)

Deutsches Dichten und Denken vom Mittelalter zur Neuzeit von *G. Müller* (1270 bis 1700). 3., durchgesehene Auflage. 159 Seiten. In Vorbereitung. (1086)

Deutsches Dichten und Denken von der Aufklärung bis zum Realismus (Deutsche Literaturgeschichte von 1700—1890) von *K. Viëtor †.* 3., durchgesehene Auflage. 159 Seiten. 1958. (1096)

Deutsche Heldensage von *H. Schneider.* 2. Auflage, bearbeitet von *R. Wisniewski.* 148 Seiten. 1964. (32)

Der Nibelunge Nôt in Auswahl mit kurzem Wörterbuch von *K. Langosch.* 10., durchgesehene Auflage. 164 Seiten. 1956. (1)

Kudrun und Dietrich-Epen in Auswahl mit Wörterbuch von *O. L. Jiriczek.* 6. Auflage, bearbeitet von *R. Wisniewski.* 173 Seiten. 1957. (10)

Wolfram von Eschenbach. Parzival. Eine Auswahl mit Anmerkungen und Wörterbuch von *H. Jantzen.* 2. Auflage, bearbeitet von *H. Kolb.* 128 Seiten. 1957. (921)

Hartmann von Aue. Der arme Heinrich nebst einer Auswahl aus der „Klage", dem „Gregorius" und den Liedern (mit einem Wörterverzeichnis) herausgegeben von *F. Maurer*. 96 Seiten. 1958. (18)
Gottfried von Strassburg in Auswahl herausgegeben von *F. Maurer*. 142 Seiten. 1959. (22)
Die deutschen Personennamen von *M. Gottschald* †. 2., verbesserte Auflage. 151 Seiten. 1955. (422)
Althochdeutsches Elementarbuch. Grammatik und Texte von *H. Naumann* † und *W. Betz*. 3., verbesserte und vermehrte Auflage. 183 Seiten. 1962. (1111/1111a)
Mittelhochdeutsche Grammatik von *H. de Boor* und *R. Wisniewski*. 4., verbesserte und ergänzte Auflage. 150 Seiten. 1964. (1108)

Indogermanisch, Germanisch

Indogermanische Sprachwissenschaft von *H. Krahe*. 2 Bände. 4., überarbeitete Auflage.
I: Einleitung und Lautlehre. 110 Seiten. 1962. (59)
II: Formenlehre. 100 Seiten. 1963. (64)
Gotisches Elementarbuch. Grammatik, Texte mit Übersetzung und Erläuterungen von *H. Hempel*. 3., umgearbeitete Auflage. 166 Seiten. 1962. (79/79a)
Germanische Sprachwissenschaft von *H. Krahe*. 2 Bände.
I: Einleitung und Lautlehre. 5., überarbeitete Auflage. 149 Seiten. 1963. (238)
II: Formenlehre. 5., verbesserte Auflage. 149 Seiten. 1964. (780)
Altnordisches Elementarbuch. Schrift, Sprache, Texte mit Übersetzung und Wörterbuch von *F. Ranke*. 2., durchgesehene Auflage. 146 Seiten. 1949. (1115)

Englisch, Romanisch

Altenglisches Elementarbuch. Einführung, Grammatik, Texte mit Übersetzung und Wörterbuch von *M. Lehnert*. 5., verbesserte Auflage. 178 Seiten. 1962. (1125)
Historische neuenglische Laut- und Formenlehre von *E. Ekwall*. 3., durchgesehene Auflage. 150 Seiten. 1956. (735)
Englische Phonetik von *H. Mutschmann* †. 2. Auflage, bearbeitet von *G. Scherer*. 127 Seiten. 1963. (601)
Englische Literaturgeschichte von *F. Schubel*. 4 Bände.
I: Die alt- und mittelenglische Periode. 163 Seiten. 1954. (1114)
II: Von der Renaissance bis zur Aufklärung. 160 Seiten. 1956. (1116)
III: Romantik und Viktorianismus. 160 Seiten. 1960. (1124)
Beowulf von *M. Lehnert*. Eine Auswahl mit Einführung, teilweiser Übersetzung, Anmerkungen und etymologischem Wörterbuch. 3., verbesserte Auflage. 135 Seiten. 1959. (1135)
Shakespeare von *P. Meißner* †. 2. Auflage, neubearbeitet von *M. Lehnert*. 136 Seiten. 1954. (1142)

Romanische Sprachwissenschaft von *H. Lausberg*. 4 Bände.
I: Einleitung und Vokalismus. 2., durchgesehene Auflage. 211 Seiten. 1963. (128/128a)
II: Konsonantismus. 95 Seiten. 1956. (250)
III: Formenlehre. 1. Teil. 99 Seiten. 1962. (1199)
III: Formenlehre. 2. Teil. S. 99—260. 1962. (1200/1200a)
IV: Wortlehre. In Vorbereitung. (1208)

Griechisch, Lateinisch

Griechische Sprachwissenschaft von *W. Brandenstein*. 3 Bände.
I: Einleitung, Lautsystem, Etymologie. 160 Seiten. 1954. (117)
II: Wortbildung und Formenlehre. 192 Seiten. 1959. (118/118a)
III: Syntax. In Vorbereitung. (924)
Geschichte der griechischen Sprache. 2 Bände.
I: Bis zum Ausgang der klassischen Zeit von *O. Hoffmann †*. 3. Auflage, bearbeitet von *A. Debrunner †*. 156 Seiten. 1953. (111)
II: Grundfragen und Grundzüge des nachklassischen Griechisch von *A. Debrunner †*. 144 Seiten. 1954. (114)
Geschichte der griechischen Literatur von *W. Nestle*. 2 Bände. 3. Auflage, bearbeitet von *W. Liebich*.
I: 144 Seiten. 1961. (70)
II: 149 Seiten. 1963. (557)
Grammatik der neugriechischen Volkssprache von *J. Kalitsunakis*. 3., wesentlich erweiterte und verbesserte Auflage. 196 Seiten. 1963. (756/756a)
Neugriechisch-deutsches Gesprächsbuch von *J. Kalitsunakis*. 2. Auflage, bearbeitet von *A. Steinmetz*. 99 Seiten. 1960. (587)
Geschichte der lateinischen Sprache von *F. Stolz*. 4. Auflage von *A. Debrunner †*. In Vorbereitung. (492)
Geschichte der römischen Literatur von *L. Bieler*. 2 Bände.
I: Die Literatur der Republik. 160 Seiten. 1961. (52)
II: Die Literatur der Kaiserzeit. 133 Seiten. 1961. (866)

Hebräisch, Sanskrit, Russisch

Hebräische Grammatik von *G. Beer †*. 2 Bände. Völlig neubearbeitet von *R. Meyer*.
I: Schrift-, Laut- und Formenlehre I. 3. Auflage. Etwa 224 Seiten. In Vorbereitung. (763/763a)
II: Formenlehre II. Syntax und Flexionstabellen. 2. Auflage. 195 Seiten. 1955. (764/764a)
Hebräisches Textbuch zu *G. Beer-R. Meyer*, Hebräische Grammatik von *R. Meyer*. 170 Seiten. 1960. (769/769a)
Sanskrit-Grammatik von *M. Mayrhofer*. 89 Seiten. 1953. (1158)
Russische Grammatik von *E. Berneker †*. 6., verbesserte Auflage von *M. Vasmer †*. 155 Seiten. 1961. (66)
Slavische Sprachwissenschaft von *H. Bräuer*. 2 Bände.
I: Einleitung, Lautlehre. 221 Seiten. 1961. (1191/1191a)

Erd- und Länderkunde, Kartographie

Afrika von *F. Jaeger*. Ein geographischer Überblick. 2 Bände. 3. Auflage.
- I: Der Lebensraum. 179 Seiten, 18 Abbildungen. In Vorbereitung. (910)
- II: Mensch und Kultur. 155 Seiten, 6 Abbildungen. In Vorbereitung. (911)

Australien und Ozeanien von *H. J. Krug*. 176 Seiten, 46 Skizzen. 1953. (319)

Kartographie von *V. Heissler*. 213 Seiten, 125 Abb., 8 Anlagen. 1962. (30/30a)

Volkswirtschaft, Statistik, Publizistik

Allgemeine Betriebswirtschaftslehre von *K. Mellerowicz*. 4 Bände. 11., durchgesehene Auflage.
- I: 224 Seiten. 1961. (1008/1008a)
- II: 188 Seiten. 1962. (1153/1153a)
- III: 260 Seiten. 1963. (1154/1154a)
- IV: 209 Seiten. 1963. (1186/1186a)

Buchhaltung und Bilanz von *E. Kosiol*. 170 Seiten. 1964. (1213/1213a)

Geschichte der Volkswirtschaftslehre von *S. Wendt*. 182 Seiten. 1961. (1194)

Allgemeine Volkswirtschaftslehre von *A. Paulsen*. 4 Bände.
- I: Grundlegung, Wirtschaftskreislauf. 5., neubearbeitete Auflage. 154 Seiten. 1964. (1169)
- II: Haushalte, Unternehmungen, Marktformen. 5., neubearbeitete Auflage. 172 Seiten, 31 Abbildungen. 1964. (1170)
- III: Produktionsfaktoren. 3., neubearbeitete und ergänzte Auflage. 198 Seiten. 1963. (1171)
- IV: Gesamtbeschäftigung, Konjunkturen, Wachstum. 3. Auflage. 174 Seiten. 1964. (1172)

Allgemeine Volkswirtschaftspolitik von *H. Ohm*. 2 Bände.
- I: Systematisch-Theoretische Grundlegung. 137 Seiten, 6 Abbildungen. 1962. (1195)
- II: Der volkswirtschaftliche Gesamtorganismus als Objekt der Wirtschaftspolitik. In Vorbereitung. (1196)

Finanzwissenschaft von *H. Kolms*. 4 Bände.
- I: Grundlegung, Öffentliche Ausgaben. 2., verbesserte Auflage. 162 Seiten. 1963. (148)
- II: Erwerbseinkünfte, Gebühren und Beiträge, Allgemeine Steuerlehre. 2., verbesserte Auflage. 150 Seiten. 1964. (391)
- III: Besondere Steuerlehre. 178 Seiten. 1962. (776)
- IV: Öffentlicher Kredit. Haushaltswesen. Finanzausgleich. 1964. Im Druck. (782)

Finanzmathematik von *M. Nicolas.* 192 Seiten, 11 Tafeln, 8 Tabellen und 72 Beispiele. 1959. (1183/1183a)

Industrie- und Betriebssoziologie von *R. Dahrendorf.* 3. Auflage. 142 Seiten, 3 Figuren. 1965. (103)

Wirtschaftssoziologie von *F. Fürstenberg.* 122 Seiten. 1961. (1193)

Psychologie des Berufs- und Wirtschaftslebens von *W. Moede †.* 190 Seiten, 48 Abbildungen. 1958. (851/851a)

Einführung in die Arbeitswissenschaft von *H. H. Hilf.* 169 Seiten, 57 Abbildungen. 1964. (1212/1212a)

Allgemeine Methodenlehre der Statistik von *J. Pfanzagl.* 2 Bände. 2., neubearbeitete Auflage.
I: Elementare Methoden unter besonderer Berücksichtigung der Anwendungen in den Wirtschafts- und Sozialwissenschaften. 251 Seiten, 42 Abbildungen. 1964. (746/746a)
II: Höhere Methoden unter besonderer Berücksichtigung der Anwendungen in Naturwissenschaft, Medizin und Technik. 295 Seiten, 39 Abbildungen. 1965. Im Druck. (747/747a)

Zeitungslehre von *E. Dovifat.* 2 Bände. 4., neubearbeitete Auflage.
I: Theoretische und rechtliche Grundlagen — Nachricht und Meinung — Sprache und Form. 149 Seiten. 1962. (1039)
II: Redaktion — Die Sparten: Verlag und Vertrieb, Wirtschaft und Technik — Sicherung der öffentlichen Aufgabe. 168 Seiten. 1962. (1040)

Naturwissenschaften

Mathematik

Geschichte der Mathematik von *J. E. Hofmann*. 4 Bände.
I: Von den Anfängen bis zum Auftreten von Fermat und Descartes. 2., verbesserte und vermehrte Auflage. 251 Seiten. 1963. (226/226a)
II: Von Fermat und Descartes bis zur Erfindung des Calculus und bis zum Ausbau der neuen Methoden. 109 Seiten. 1957. (875)
III: Von den Auseinandersetzungen um den Calculus bis zur französischen Revolution. 107 Seiten. 1957. (882)
IV: Geschichte der Mathematik der neuesten Zeit von *N. Stuloff*. In Vorbereitung. (883)

Mathematische Formelsammlung von *F. O. Ringleb*. 7., erweiterte Auflage. 320 Seiten, 40 Figuren. 1960. (51/51a)

Vierstellige Tafeln und Gegentafeln für logarithmisches und trigonometrisches Rechnen in zwei Farben zusammengestellt von *H. Schubert* und *R. Haussner*. 3., neubearbeitete Auflage von *J. Erlebach*. 158 Seiten. 1960. (81)

Fünfstellige Logarithmen mit mehreren graphischen Rechentafeln und häufig vorkommenden Zahlenwerten von *A. Adler*. 4. Auflage, überarbeitet von *J. Erlebach*. 127 Seiten, 1 Tafel. 1962. (423)

Arithmetik von *P. B. Fischer †*. 3. Auflage von *H. Rohrbach*. 152 Seiten, 19 Abbildungen. 1958. (47)

Höhere Algebra von *H. Hasse*. 2 Bände.
I: Lineare Gleichungen. 5., neubearbeitete Auflage. 150 Seiten. 1963. (931)
II: Gleichungen höheren Grades. 4., durchgesehene Auflage. 158 Seiten, 5 Figuren. 1958. (932)

Aufgabensammlung zur höheren Algebra von *H. Hasse* und *W. Klobe*. 3., verbesserte Auflage. 183 Seiten. 1961. (1082)

Elementare und klassische Algebra vom modernen Standpunkt von *W. Krull*. 2 Bände.
I: 3., erweiterte Auflage. 148 Seiten. 1963. (930)
II: 132 Seiten. 1959. (933)

Lineare Programmierung von *H. Langen*. Etwa 200 Seiten. 1964. (1206/1206a)

Algebraische Kurven und Flächen von *W. Burau*. 2 Bände.
I: Algebraische Kurven der Ebene. 153 Seiten, 28 Abbildungen. 1962. (435)
II: Algebraische Flächen 3. Grades und Raumkurven 3. und 4. Grades. 162 Seiten, 17 Abbildungen. 1962. (436/436a)

Einführung in die Zahlentheorie von *A. Scholz †*. Überarbeitet und herausgegeben von *B. Schoeneberg*. 3. Auflage. 128 Seiten. 1961. (1131)

Formale Logik von *P. Lorenzen*. 2., verbesserte Auflage. 165 Seiten. 1962. (1176/1176a)

Topologie von *W. Franz*. 2 Bände.
I: Allgemeine Topologie. 144 Seiten, 9 Figuren. 1960. (1181)
II: Algebraische Topologie. 130 Seiten. 1964. (1182/1182a)
Elemente der Funktionentheorie von *K. Knopp †*. 6. Auflage. 144 Seiten, 23 Figuren. 1963. (1109)
Funktionentheorie von *K. Knopp †*. 2 Bände. 11. Auflage.
I: Grundlagen der allgemeinen Theorie der analytischen Funktionen. 144 Seiten, 8 Figuren. 1964. (668)
II: Anwendungen und Weiterführung der allgemeinen Theorie. 130 Seiten, 7 Figuren. 1964. (703)
Aufgabensammlung zur Funktionentheorie von *K. Knopp †*. 2 Bände. 6. Auflage.
I: Aufgaben zur elementaren Funktionentheorie. 135 Seiten. 1962. (877)
II: Aufgaben zur höheren Funktionentheorie. 151 Seiten. 1964. (878)
Differential- und Integralrechnung von *M. Barner*. (Früher *Witting*). 4 Bände.
I: Grenzwertbegriff, Differentialrechnung. 2., durchgesehene Auflage. 176 Seiten, 39 Figuren. 1963. (86)
Gewöhnliche Differentialgleichungen von *G. Hoheisel*. 7., neubearbeitete und erweiterte Auflage. 128 Seiten. 1964. Im Druck. (920)
Partielle Differentialgleichungen von *G. Hoheisel*. 4., durchgesehene Auflage. 128 Seiten. 1960. (1003)
Aufgabensammlung zu den gewöhnlichen und partiellen Differentialgleichungen von *G. Hoheisel*. 4., neubearbeitete Auflage. 153 Seiten. 1964. (1059/1059a)
Integralgleichungen von *G. Hoheisel*. 2., neubearbeitete und erweiterte Auflage. 112 Seiten. 1963. (1099)
Mengenlehre von *E. Kamke*. 5. Auflage. 194 Seiten, 6 Figuren. 1965. (999/999a)
Gruppentheorie von *L. Baumgartner*. 4., erweiterte Auflage. 186 Seiten, 3 Tafeln. 1964. (837/837a)
Ebene und sphärische Trigonometrie von *G. Hessenberg †*. 5. Auflage, durchgesehen von *H. Kneser*. 172 Seiten, 60 Figuren. 1957. (99)
Darstellende Geometrie von *W. Haack*. 3 Bände.
I: Die wichtigsten Darstellungsmethoden. Grund- und Aufriß ebenflächiger Körper. 4., durchgesehene und ergänzte Auflage. 113 Seiten, 120 Abbildungen. 1963. (142)
II: Körper mit krummen Begrenzungsflächen. Kotierte Projektionen. 3., durchgesehene Auflage. 129 Seiten, 86 Abbildungen. 1962. (143)
III: Axonometrie und Perspektive. 2., durchgesehene und ergänzte Auflage. 129 Seiten, 100 Abbildungen. 1962. (144)
Analytische Geometrie von *K. P. Grotemeyer*. 3. Auflage. 218 Seiten, 73 Abbildungen. 1964. (65/65a)
Nichteuklidische Geometrie. Hyperbolische Geometrie der Ebene von *R. Baldus †*. Bearbeitet und ergänzt von *F. Löbell*. 4. Auflage. 158 Seiten, 75 Figuren. 1964. (970/970a)
Differentialgeometrie von *K. Strubecker*. 3 Bände.
I: Kurventheorie der Ebene und des Raumes. 2., erweiterte Auflage. 253 Seiten, 45 Figuren. 1964. (1113/1113a)

II: Theorie der Flächenmetrik. 195 Seiten, 14 Figuren. 1958. (1179/1179a)
III: Theorie der Flächenkrümmung. 254 Seiten, 38 Figuren. 1959. (1180/1180a)

Variationsrechnung von *L. Koschmieder*. 2 Bände. 2., neubearbeitete Auflage.
I: Das freie und gebundene Extrem einfacher Grundintegrale. 128 Seiten, 23 Figuren. 1962. (1074)
II: Anwendung klassischer Verfahren auf allgemeine Fragen des Extrems. — Neuere unmittelbare Verfahren. In Vorbereitung. (1075)

Einführung in die konforme Abbildung von *L. Bieberbach*. 5., erweiterte Auflage. 180 Seiten, 42 Figuren. 1956. (768/768a)

Vektoren und Matrizen von *S. Valentiner*. 3. Auflage. (10., erweiterte Auflage der „Vektoranalysis"). Mit Anhang: Aufgaben zur Vektorrechnung von *H. König*. 206 Seiten, 35 Figuren. 1963. (354/354a)

Wahrscheinlichkeitstheorie und Grundzüge der Maßtheorie von *H. Bauer*. 2 Bände.
I: 151 Seiten. 1964. (1216/1216a)
II: In Vorbereitung. (1217)

Versicherungsmathematik von *F. Böhm*. 2 Bände.
I: Elemente der Versicherungsrechnung. 3., vermehrt und verbesserte Auflage. Durchgesehener Neudruck. 151 Seiten 1953. (180)
II: Lebensversicherungsmathematik. Einführung in die technischen Grundlagen der Sozialversicherung. 2., verbesserte und vermehrte Auflage. 205 Seiten. 1953. (917/917a)

Finanzmathematik von *M. Nicolas*. 192 Seiten, 11 Tafeln, 8 Tabellen und 72 Beispiele. 1959. (1183/1183a)

Kinematik von *H. R. Müller*. 171 Seiten, 75 Figuren. 1963. (584/584a)

Physik

Einführung in die theoretische Physik von *W. Döring*. 5 Bände.
I: Mechanik. 3., verbesserte Auflage. 123 Seiten, 25 Abbildungen. 1964. Im Druck. (76)
II: Das elektromagnetische Feld. 2., verbesserte Auflage. 132 Seiten, 15 Abbildungen. 1962. (77)
III: Optik. 2., verbesserte Auflage. 117 Seiten, 32 Abbildungen. 1963. (78)
IV: Thermodynamik. 2., verbesserte Auflage. 107 Seiten, 9 Abbildungen. 1964. (374)
V: Statistische Mechanik. 114 Seiten, 12 Abbildungen. 1957. (1017)

Mechanik deformierbarer Körper von *M. Päsler*. 199 Seiten, 48 Abbildungen. 1960. (1189/1189a)

Atomphysik von *K. Bechert*, *Ch. Gerthsen* † und *A. Flammersfeld*. 7 Bände. 4., durchgesehene Auflage.
I: Allgemeine Grundlagen. 1. Teil von *A. Flammersfeld*. 124 Seiten, 35 Abbildungen. 1959. (1009)
II: Allgemeine Grundlagen. 2. Teil von *A. Flammersfeld*. 112 Seiten, 47 Abbildungen. 1963. (1033)

III: Theorie des Atombaus. 1. Teil von *K. Bechert.* 148 Seiten, 16 Abbildungen. 1963. (1123/1123a)
IV: Theorie des Atombaus. 2. Teil von *K. Bechert.* 170 Seiten, 14 Abbildungen. 1963. (1165/1165a)

Differentialgleichungen der Physik von *F. Sauter.* 3., durchgesehene und ergänzte Auflage. 148 Seiten, 16 Figuren. 1958. (1070)

Physikalische Formelsammlung von *G. Mahler†.* Fortgeführt von *K. Mahler.* Neubearbeitet von *H. Graewe.* 11. Auflage. 167 Seiten, 69 Figuren. 1963. (136)

Physikalische Aufgabensammlung mit Ergebnissen von *G. Mahler †.* Fortgeführt von *K. Mahler.* Neubearbeitet von *H. Graewe.* 12. Auflage. 141 Seiten. 1964. (243)

Chemie

Geschichte der Chemie in kurzgefaßter Darstellung von *G. Lockemann.* 2 Bände.
I: Vom Altertum bis zur Entdeckung des Sauerstoffs. 2. Auflage. 142 Seiten, 8 Bildnisse. In Vorbereitung. (264)
II: Von der Entdeckung des Sauerstoffs bis zur Gegenwart. 151 Seiten, 16 Bildnisse. 1955. (265/265a)

Anorganische Chemie von *W. Klemm.* 13. Auflage. 255 Seiten, 34 Abbildungen. 1964. (37/37a)

Organische Chemie von *W. Schlenk.* 9., erweiterte Auflage. 273 Seiten, 16 Abbildungen. 1963. (38/38a)

Physikalische Methoden in der Organischen Chemie von *G. Kresze.* 2 Bände.
I: 119 Seiten, 65 Abbildungen. 1962. (44)
II: 164 Seiten. 1962. (45/45a)

Allgemeine und physikalische Chemie von *W. Schulze.* 2 Bände.
I: 5., durchgesehene Auflage. 139 Seiten, 10 Figuren. 1960. (71)
II: 5., verbesserte Auflage. 178 Seiten, 37 Figuren. 1961. (698/698a)

Einfache Versuche zur allgemeinen und physikalischen Chemie von *E. Dehn.* 371 Versuche mit 40 Abbildungen. 272 Seiten. 1962. (1201/1201a)

Molekülbau. Theoretische Grundlagen und Methoden der Strukturermittlung von *W. Schulze.* 123 Seiten, 43 Figuren. 1958. (786)

Physikalisch-chemische Rechenaufgaben von *E. Asmus.* 3., verbesserte Auflage. 96 Seiten. 1958. (445)

Maßanalyse. Theorie und Praxis der klassischen und der elektrochemischen Titrierverfahren von *G. Jander* und *K. F. Jahr.* 10., erweiterte Auflage, mitbearbeitet von *H. Knoll.* 358 Seiten, 56 Figuren. 1963. (221/221a)

Qualitative Analyse von *H. Hofmann* u. *G. Jander.* 2., durchgesehene und verbesserte Auflage. 308 Seiten, 5 Abbildungen. 1963. (247/247a)

Thermochemie von *W. A. Roth †.* 2., verbesserte Auflage. 109 Seiten, 16 Figuren. 1952. (1057)

Stöchiometrische Aufgabensammlung von *W. Bahrdt †* und *R. Scheer*. Mit den Ergebnissen. 8., durchgesehene Auflage. 119 Seiten. 1964. (452)

Elektrochemie von *K. Vetter*. 2 Bände.
I: In Vorbereitung. (252)
II: In Vorbereitung. (253)

Technologie

Die Chemie der Kunststoffe von *K. Hamann*, unter Mitarbeit von *W. Funke* und *H. D. Hermann*. 143 Seiten. 1960. (1173)

Warenkunde von *K. Hassak* und *E. Beutel †*. 2 Bände.
I: Anorganische Waren sowie Kohle und Erdöl. 8. Auflage. Neubearbeitet von *A. Kutzelnigg*. 119 Seiten, 18 Figuren. 1958. (222)
II: Organische Waren. 8. Auflage. Vollständig neubearbeitet von *A. Kutzelnigg*. 157 Seiten, 32 Figuren. 1959. (223)

Die Fette und Öle von *Th. Klug*. 6., verbesserte Auflage. 143 Seiten. 1961. (335)

Die Seifenfabrikation von *K. Braun †*. 3., neubearbeitete und verbesserte Auflage von *Th. Klug*. 116 Seiten, 18 Abbildungen. 1953. (336)

Thermische Verfahrenstechnik von *H. Bock*. 3 Bände.
I: Eigenschaften und Verhalten der realen Stoffe. 164 Seiten, 28 Abbildungen. 1963. (1209/1209a)
II: Funktion und Berechnung der elementaren Geräte. 195 Seiten, 54 Abbildungen. 1964. (1210/1210a)
III: Fließbilder, ihre Funktion und ihr Zusammenbau aus Geräten. Im Druck. (1211/1211a)

Textilindustrie von *A. Blümcke*.
I: Spinnerei und Zwirnerei. 111 Seiten, 43 Abbildungen. 1954. (184)

Biologie

Einführung in die allgemeine Biologie und ihre philosophischen Grund- und Grenzfragen von *M. Hartmann*. 132 Seiten, 2 Abbildungen. 1956. (96)

Hormone von *G. Koller*. 2., neubearbeitete und erweiterte Auflage. 187 Seiten, 60 Abbildungen, 19 Tabellen. 1949. (1141)

Fortpflanzung im Tier- und Pflanzenreich von *J. Hämmerling*. 2., ergänzte Auflage. 135 Seiten, 101 Abbildungen. 1951. (1138)

Geschlecht und Geschlechtsbestimmung im Tier- und Pflanzenreich von *M. Hartmann*. 2., verbesserte Auflage. 116 Seiten, 61 Abbildungen, 7 Tabellen. 1951. (1127)

Symbiose der Tiere mit pflanzlichen Mikroorganismen von *P. Buchner*. 2., verbesserte und vermehrte Auflage. 130 Seiten, 121 Abbildungen. 1949. (1128)

Grundriß der Allgemeinen Mikrobiologie von *W.* u. *A. Schwartz*. 2 Bände. 2., verbesserte und ergänzte Auflage.
I: 147 Seiten, 25 Abbildungen. 1960. (1155)
II: 142 Seiten, 29 Abbildungen. 1961. (1157)

Botanik

Entwicklungsgeschichte des Pflanzenreiches von *H. Heil.* 2. Auflage. 138 Seiten, 94 Abbildungen, 1 Tabelle. 1950. (1137)

Morphologie der Pflanzen von *L. Geitler.*, 3., umgearbeitete Auflage. 126 Seiten, 114 Abbildungen. 1953. (141)

Pflanzengeographie von *L. Diels †.* 5., völlig neubearbeitete Auflage von *F. Mattick.* 195 Seiten, 2 Karten. 1958. (389/389 a)

Die Laubhölzer. Kurzgefaßte Beschreibung der in Mitteleuropa gedeihenden Laubbäume und Sträucher von *F. W. Neger †* und *E. Münch †.* 3., durchgesehene Auflage, herausgegeben von *B. Huber.* 143 Seiten, 63 Figuren, 7 Tabellen. 1950. (718)

Die Nadelhölzer (Koniferen) und übrigen Gymnospermen von *F. W. Neger †* und *E. Münch †.* 4. Auflage, durchgesehen und ergänzt von *B. Huber.* 140 Seiten, 75 Figuren, 4 Tabellen, 3 Karten. 1952. (355)

Pflanzenzüchtung von *H. Kuckuck.* 2 Bände.

I: Grundzüge der Pflanzenzüchtung. 3., völlig umgearbeitete und erweiterte Auflage. 132 Seiten, 22 Abbildungen. 1952. (1134)

II: Spezielle gartenbauliche Pflanzenzüchtung (Züchtung von Gemüse, Obst und Blumen). 178 Seiten, 27 Abbildungen. 1957. (1178/1178 a)

Zoologie

Entwicklungsphysiologie der Tiere von *F. Seidel.* 2 Bände.

I: Ei und Furchung. 126 Seiten, 29 Abbildungen. 1953. (1162)

II: Körpergrundgestalt und Organbildung. 159 Seiten, 42 Abbildungen. 1953. (1163)

Das Tierreich

I: Einzeller, Protozoen von *E. Reichenow.* 115 Seiten. 59 Abbildungen. 1956. (444)

II: Schwämme und Hohltiere von *H. J. Hannemann.* 95 Seiten, 80 Abbildungen. 1956. (442)

III: Würmer. Platt-, Hohl-, Schnurwürmer, Kamptozoen, Ringelwürmer, Protracheaten, Bärtierchen, Zungenwürmer von *S. Jaeckel.* 114 Seiten, 36 Abbildungen. 1955. (439)

IV, 1: Krebse von *H. E. Gruner* und *K. Deckert.* 114 Seiten, 43 Abbildungen. 1956. (443)

IV, 2: Spinnentiere (Trilobitomorphen, Fühlerlose) und Tausendfüßler von *A. Kaestner.* 96 Seiten, 55 Abbildungen. 1955. (1161)

IV, 3: Insekten von *H. von Lengerken.* 128 Seiten, 58 Abbildungen. 1953. (594)

V: Weichtiere. Urmollusken, Schnecken, Muscheln und Kopffüßer von *S. Jaeckel.* 92 Seiten. 34 Figuren. 1954. (440)

VI: Stachelhäuter. Tentakulaten, Binnenatmer und Pfeilwürmer von *S. Jaeckel.* 100 Seiten, 46 Abbildungen. 1955. (441)

VII, 1: Manteltiere, Schädellose, Rundmäuler von *Th. Haltenorth.* In Vorbereitung. (448)

VII, 2: Fische von *D. Lüdemann*. 130 Seiten, 65 Abbildungen. 1955. (356)
VII, 3: Lurche (Chordatiere) von *K. Herter*. 143 Seiten, 129 Abbildungen. 1955. (847)
VII, 4: Kriechtiere (Chordatiere) von *K. Herter*. 200 Seiten, 42 Abbildungen. 1960. (447/447 a)
VII, 5: Vögel (Chordatiere) von *H.-A. Freye*. 156 Seiten, 69 Figuren. 1960. (869)
VII, 6: Säugetiere (Chordatiere) von *Th. Haltenorth*. In Vorbereitung. (282)

Land- und Forstwirtschaft

Landwirtschaftliche Tierzucht. Die Züchtung und Haltung der landwirtschaftlichen Nutztiere von *H. Vogel*. 139 Seiten, 11 Abbildungen. 1952. (228)
Kulturtechnische Bodenverbesserungen von *O. Fauser*. 2 Bände. 5., verbesserte und vermehrte Auflage.
I: Allgemeines, Entwässerung. 127 Seiten, 49 Abbildungen. 1959. (691)
II: Bewässerung, Ödlandkultur, Flurbereinigung. 159 Seiten, 71 Abbildungen. 1961. (692)
Agrikulturchemie von *K. Scharrer*. 2 Bände.
I: Pflanzenernährung. 143 Seiten. 1953. (329)
II: Futtermittelkunde. 192 Seiten. 1956. (330/330a)

Geologie, Mineralogie, Kristallographie

Geologie von *F. Lotze*. 3., verbesserte Auflage. 178 Seiten, 80 Abbildungen. 1964. Im Druck. (13/13a)
Mineral- und Erzlagerstättenkunde von *H. Huttenlocher †*. 2 Bände. 2. Auflage. Neubearbeitet von *P. Ramdohr*.
I: 128 Seiten, 34 Abbildungen. In Vorbereitung. (1014)
II: 156 Seiten, 48 Abbildungen. In Vorbereitung. (1015/1015a)
Allgemeine Mineralogie. 11., erweiterte Auflage der „Mineralogie" von *R. Brauns†*, neubearbeitet von *K. F. Chudoba*. 152 Seiten, 143 Textfiguren, 1 Tafel, 3 Tabellen. 1963. (29/29 a)
Spezielle Mineralogie. 11., erweiterte Auflage der „Mineralogie" von *R. Brauns †*, bearbeitet von *K. F. Chudoba*. 193 Seiten, 127 Textfiguren, 6 Tabellen. 1964. (31/31 a)
Petrographie (Gesteinskunde) von *W. Bruhns †*. Neubearbeitet von *P. Ramdohr*. 5., erweiterte Auflage. 141 Seiten, 10 Figuren. 1960. (173)
Kristallographie von *W. Bruhns †*. 6. Auflage, neubearbeitet von *P. Ramdohr*. 109 Seiten, 164 Abbildungen. 1965. In Vorbereitung. (210)
Einführung in die Kristalloptik von *E. Buchwald*. 5., verbesserte Auflage. 128 Seiten, 117 Figuren. 1963. (619/619a)
Lötrohrprobierkunde. Mineraldiagnose mit Lötrohr und Tüpfelreaktion von *M. Henglein*. 4., durchgesehene und erweiterte Auflage. 108 Seiten, 12 Figuren. 1962. (483)

Technik

Graphische Darstellung in Wissenschaft und Technik von *M. Pirani*. 3., erweiterte Auflage bearbeitet von *J. Fischer* unter Benutzung der von *I. Runge* besorgten 2. Auflage. 216 Seiten, 104 Abbildungen. 1957. (728/728a)

Technische Tabellen und Formeln von *W. Müller*. 5., verbesserte und erweiterte Auflage von *E. Schulze*. 165 Seiten, 114 Abbildungen, 99 Tafeln. 1962. (579)

Einführung in die Arbeitswissenschaft von *H. H. Hilf*. 164 Seiten, 57 Abbildungen. 1964. (1212/1212a)

Grundlagen der Straßenverkehrstechnik. Theorie der Leistungsfähigkeit von *E. Engel*. 101 Seiten, 55 Abbildungen. 1962. (1198)

Elektrotechnik

Grundlagen der allgemeinen Elektrotechnik von *O. Mohr*. 2., durchgesehene Auflage. 260 Seiten, 136 Bilder, 14 Tafeln. 1961. (196/196a)

Die Gleichstrommaschine von *K. Humburg*. 2 Bände. 2., durchgesehene Auflage.
I: 102 Seiten, 59 Abbildungen. 1956. (257)
II: 101 Seiten, 38 Abbildungen. 1956. (881)

Die Synchronmaschine von *W. Putz*. 92 Seiten, 64 Bilder. 1962. (1146)

Induktionsmaschinen von *F. Unger*. 2., erweiterte Auflage. 142 Seiten, 49 Abbildungen. 1954. (1140)

Die komplexe Berechnung von Wechselstromschaltungen von *H. H. Meinke*. 3. Auflage. 180 Seiten, 120 Abbildungen. 1964. (1156/1156a)

Theoretische Grundlagen zur Berechnung der Schaltgeräte von *F. Kesselring*. 3. Auflage. 144 Seiten, 92 Abbildungen. 1950. (711)

Einführung in die Technik selbsttätiger Regelungen von *W. zur Megede*. 2., durchgesehene Auflage. 180 Seiten, 86 Abbildungen. 1961. (714/714a)

Elektromotorische Antriebe (Grundlagen für die Berechnung) von *A. Schwaiger*. 3., neubearbeitete Auflage. 96 Seiten, 34 Abbildungen. 1952. (827)

Überspannungen und Überspannungsschutz von *G. Frühauf*. Durchgesehener Neudruck. 122 Seiten, 98 Abbildungen. 1950. (1132)

Elektrische Höchstspannungs-Schaltanlagen. Für Freiluft und Innenanordnung von *G. Meiners* und *K.-H. Wiesenewsky*. 138 Seiten, 58 Abbildungen. 1964. (796/796a)

Transformatoren von *W. Schäfer*. 4., überarbeitete und ergänzte Auflage. 130 Seiten, 73 Abbildungen. 1962. (952)

Maschinenbau

Metallkunde von *H. Borchers*. 3 Bände.
I: Aufbau der Metalle und Legierungen. 6. Auflage. 120 Seiten, 90 Abbildungen, 2 Tabellen. 1964. (432)
II: Eigenschaften, Grundzüge der Form- und Zustandsgebung. 5., ergänzte und durchgesehene Auflage. 182 Seiten, 107 Abbildungen, 10 Tabellen. 1963. (433/433a)
III: Die metallkundlichen Untersuchungsmethoden von *E. Hanke*. In Vorbereitung. (434)

Die Werkstoffe des Maschinenbaues von *A. Thum †* und *C. M. v. Meysenbug*. 2 Bände.
I: Einführung in die Werkstoffprüfung. 2., neubearbeitete Auflage. 100 Seiten, 7 Tabellen, 56 Abbildungen. 1956. (476)
II: Die Konstruktionswerkstoffe. 132 Seiten, 40 Abbildungen. 1959. (936)

Dynamik von *W. Müller*. 2 Bände. 2., verbesserte Auflage.
I: Dynamik des Einzelkörpers. 128 Seiten, 48 Figuren. 1952. (902)
II: Systeme von starren Körpern. 102 Seiten, 41 Figuren. 1952. (903)

Technische Schwingungslehre von *L. Zipperer*. 2 Bände. 2., neubearbeitete Auflage.
I: Allgemeine Schwingungsgleichungen, einfache Schwinger. 120 Seiten, 101 Abbildungen. 1953. (953)
II: Torsionsschwingungen in Maschinenanlagen. 102 Seiten, 59 Abbildungen. 1955. (961/961a)

Werkzeugmaschinen für Metallbearbeitung von *K. P. Matthes*. 2 Bände.
I: 100 Seiten 27 Abbildungen, 11 Zahlentafeln, 1 Tafelanhang. 1954. (561)
II: Fertigungstechnische Grundlagen der neuzeitlichen Metallbearbeitung. 101 Seiten, 30 Abbildungen, 5 Tafeln. 1955. (562)

Das Maschinenzeichnen mit Einführung in das Konstruieren von *W. Tochtermann*. 2 Bände. 4. Auflage.
I: Das Maschinenzeichnen. 156 Seiten, 75 Tafeln. 1950. (589)
II: Ausgeführte Konstruktionsbeispiele. 130 Seiten, 58 Tafeln. 1950. (590)

Die Maschinenelemente von *E. A. vom Ende †*. 4., überarbeitete Auflage. 184 Seiten, 179 Figuren, 11 Tafeln. 1963. (3/3a)

Die Maschinen der Eisenhüttenwerke von *L. Engel*. 156 Seiten, 95 Abbildungen. 1957. (583/583a)

Walzwerke von *H. Sedlaczek †* unter Mitarbeit von *F. Fischer* und *M. Buch*. 232 Seiten, 157 Abbildungen. 1958. (580/580a)

Getriebelehre von *P. Grodzinski †*. 2 Bände. 3., neubearbeitete Auflage von *G. Lechner*.
I: Geometrische Grundlagen. 164 Seiten, 131 Figuren. 1960. (1061)
II: Angewandte Getriebelehre. In Vorbereitung. (1062)

Kinematik von *H. R. Müller*. 171 Seiten, 75 Figuren. 1963. (584/584a)

Gießereitechnik von *H. Jungbluth*. 2 Bände.
I: Eisengießerei. 126 Seiten, 44 Abbildungen. 1951. (1159)

Die Dampfkessel einschließlich Feuerungen und Hilfseinrichtungen. Physikalische und chemische Grundlagen, Berechnung und Konstruktion, Vorschriften und Beispiele von *W. Marcard*. 3., neubearbeitete Auflage von *G. Beyer*. 2 Bände.
I: Physikalische und chemische Grundlagen, Wärmelehre, Wärmeübertragung, Verbrennung. 133 Seiten, 35 Bilder, 26 Tabellen. 1964. (9/9a)

Die Dampfturbinen. Ihre Wirkungsweise, Berechnung und Konstruktion von *C. Zietemann*. 3 Bände.
I: Theorie der Dampfturbinen. 4. Auflage. 139 Seiten, 48 Abbildungen. 1964. In Vorbereitung. (274)
II: Die Berechnung der Dampfturbinen und die Konstruktion der Einzelteile. 4., verbesserte Auflage. 132 Seiten, 111 Abbildungen. 1964. In Vorbereitung. (715)
III: Die Regelung der Dampfturbinen, die Bauarten, Turbinen für Sonderzwecke, Kondensationsanlagen. 3., verbesserte Auflage. 126 Seiten, 90 Abbildungen. 1956. (716)

Verbrennungsmotoren von *W. Endres*. 3 Bände.
I: Überblick. Motor-Brennstoffe. Verbrennung im Motor allgemein, im Otto- und Diesel-Motor. 153 Seiten, 57 Abbildungen. 1958. (1076/1076a)
II: Die heutigen Typen der Verbrennungskraftmaschine. In Vorbereitung. (1184)
III: Die Einzelteile des Verbrennungsmotors. In Vorbereitung. (1185)

Autogenes Schweißen und Schneiden von *H. Niese*. 5. Auflage, neubearbeitet von *A. Küchler*. 136 Seiten, 71 Figuren. 1953. (499)

Die elektrischen Schweißverfahren von *H. Niese*. 2. Auflage, neubearbeitet von *H. Dienst*. 136 Seiten, 58 Abbildungen. 1955. (1020)

Die Hebezeuge. Entwurf von Winden und Kranen von *G. Tafel*. 2., verbesserte Auflage. 176 Seiten, 230 Figuren. 1954. (414/414a)

Vermessungswesen

Vermessungskunde von *W. Großmann*. 3 Bände.
I: Stückvermessung und Nivellieren. 12., verbesserte Auflage. 144 Seiten, 117 Figuren. 1964. (468)
II: Horizontalaufnahmen und ebene Rechnungen. 9., verbesserte Auflage. 136 Seiten, 101 Figuren. 1963. (469)
III: Trigonometrische und barometrische Höhenmessung. Tachymetrie und Absteckungen. 8. Auflage. 136 Seiten, 97 Figuren. 1964. (862)

Kartographie von *V. Heissler*. 213 Seiten, 125 Abbildungen, 8 Anlagen. 1962. (30/30a)

Photogrammetrie von *G. Lehmann*. 189 Seiten, 132 Abbildungen. 1959. (1188/1188a)

Wasserbau

Wasserkraftanlagen von *A. Ludin* unter Mitarbeit von *W. Borkenstein*. 2 Bände.
I: Planung, Grundlagen und Grundzüge. 124 Seiten, 60 Abbildungen. 1955. (665)
II: Anordnung und Ausbildung der Hauptbauwerke. 184 Seiten, 91 Abbildungen. 1958. (666/666a)

Verkehrswasserbau von *H. Dehnert*. 3 Bände.
I: Entwurfsgrundlagen, Flußregelungen. 103 Seiten, 53 Abbildungen. 1950. (585)
II: Flußkanalisierung und Schiffahrtskanäle. 94 Seiten, 60 Abbildungen. 1950. (597)
III: Schleusen und Hebewerke. 98 Seiten, 70 Abbildungen. 1950. (1152)

Wehr- und Stauanlagen von *H. Dehnert*. 134 Seiten, 90 Abbildungen. 1952. (965)

Talsperren von *F. Tölke*. 122 Seiten, 70 Abbildungen. 1953. (1044)

Hoch- und Tiefbau

Die wichtigsten Baustoffe des Hoch- und Tiefbaus von *O. Graf †*. 4., verbesserte Auflage. 131 Seiten, 63 Abbildungen. 1953. (984)

Baustoffverarbeitung und Baustellenprüfung des Betons von *A. Kleinlogel*. 2., neubearbeitete und erweiterte Auflage. 126 Seiten, 35 Abbildungen. 1951. (978)

Festigkeitslehre. 2 Bände.
I: Elastizität, Plastizität und Festigkeit der Baustoffe und Bauteile von *W. Gehler †* und *W. Herberg*. Durchgesehener und erweiterter Neudruck. 159 Seiten, 118 Abbildungen. 1952. (1144)
II: Formänderung, Platten, Stabilität und Bruchhypothesen von *W. Herberg* und *N. Dimitrov*. 187 Seiten, 94 Abbildungen. 1955. (1145/1145a)

Grundlagen des Stahlbetonbaus von *A. Troche*. 2., neubearbeitete und erweiterte Auflage. 208 Seiten, 75 Abbildungen, 17 Bemessungstafeln, 20 Rechenbeispiele. 1953. (1078)

Statik der Baukonstruktionen von *A. Teichmann*. 3 Bände.
I: Grundlagen. 101 Seiten, 51 Abbildungen, 8 Formeltafeln. 1956. (119)
II: Statisch bestimmte Stabwerke. 107 Seiten, 52 Abbildungen, 7 Tafeln. 1957. (120)
III: Statisch unbestimmte Systeme. 112 Seiten, 34 Abbildungen, 7 Formeltafeln. 1958. (122)

Fenster, Türen, Tore aus Holz und Metall. Eine Anleitung zu ihrer guten Gestaltung, wirtschaftlichen Bemessung und handwerksgerechten Konstruktion von *W. Wickop †*. 4., überarbeitete und ergänzte Auflage. 155 Seiten, 95 Abbildungen. 1955. (1092)

Heizung und Lüftung von *W. Körting*. 2 Bände. 9., neubearbeitete Auflage.
I: Das Wesen und die Berechnung der Heizungs- und Lüftungsanlagen. 171 Seiten, 29 Abbildungen, 36 Zahlentafeln. 1962. (342/342a)
II: Die Ausführung der Heizungs- und Lüftungsanlagen. 1964. In Vorbereitung. (343)

Industrielle Kraft- und Wärmewirtschaft von *F. A. F. Schmidt* und *A. Beckers*. 167 Seiten, 73 Abbildungen. 1957. (318/318a)

Sammlung Göschen / Bandnummernfolge

1 Langosch, Der Nibelunge Nôt
3/3a v. Ende, Maschinenelemente
9/9a Marcard-Beyer, Dampfkessel I
10 Jiriczek-Wisniewski, Kudrun und Dietrich-Epen
13/13a Lotze, Geologie
18 Maurer, Hartmann von Aue. Der arme Heinrich
19 Altheim, Römische Geschichte I
20 Hofstaetter, Dt. Sprachlehre
22 Maurer, Gottfried von Strassburg
29/29a Brauns-Chudoba, Allgemeine Mineralogie
30/30a Heissler, Kartographie
31/31a Brauns-Chudoba, Spezielle Mineralogie
32 Schneider-Wisniewski, Deutsche Heldensage
35 Treue, Dt. Geschichte von 1648—1740
37/37a Klemm, Anorganische Chemie
38/38a Schlenk, Organische Chemie
39 Treue, Dt. Geschichte von 1713—1806
42 Behn-Hoernes, Vorgeschichte Europas
44 Kresze, Physikalische Methoden in der Organischen Chemie I
45/45a Kresze, Physikalische Methoden in der Organischen Chemie II
47 Fischer-Rohrbach, Arithmetik
51/51a Ringleb, Mathem. Formelsammlung
52 Bieler, Röm. Literaturgesch. I
59 Krahe, Indog. Sprachwiss. I
60 Biehle, Stimmkunde
61 Biele, Redetechnik
64 Krahe, Indog. Sprachwiss. II
65/65a Grotemeyer, Analyt. Geometrie
66 Berneker-Vasmer, Russische Grammatik
70 Nestle-Liebich, Gesch. d. griechischen Literatur I
71 Schulze, Allgemeine und physikalische Chemie I
76 Döring, Einf. i. d. th. Physik I
77 Döring, Einf. i. d. th. Physik II
78 Döring, Einf. i. d. th. Physik III
79/79a Hempel, Got. Elementarbuch
80 Weigert, Stilkunde I
81 Schubert-Haussner-Erlebach, Vierstell. Logarithmentafeln
86 Barner, Differential- u. Integralrechnung I
96 Hartmann, Einf. in die allgem. Biologie
99 Hessenberg-Kneser, Ebene und sphär. Trigonometrie
101 v. Wiese, Soziologie
103 Dahrendorf, Industrie- und Betriebssoziologie
104/104a Hofstätter, Sozialpsychologie
111 Hoffmann-Debrunner, Gesch. der griechischen Sprache I
114 Debrunner, Gesch. der griechischen Sprache II
117 Brandenstein, Griechische Sprachwissenschaft I
118/118a Brandenstein, Griechische Sprachwissenschaft II
119 Teichmann, Statik der Baukonstruktionen I
120 Teichmann, Statik der Baukonstruktionen II
122 Teichmann, Statik der Baukonstruktionen III

128/128a Lausberg, Romanische Sprachwissenschaft I
136 Mahler-Graewe, Physikal. Formelsammlung
141 Geitler, Morphologie der Pflanzen
142 Haack, Darst. Geometrie I
143 Haack, Darst. Geometrie II
144 Haack, Darst. Geometrie III
145 Weimer, Gesch. der Pädagogik
148 Kolms, Finanzwissenschaft I
156/156a Landmann, Philosophische Anthropologie
170 Oehlmann, Musik des 19. Jhs.
171/171a Oehlmann, Musik des 20. Jhs.
173 Bruhns-Ramdohr, Petrographie
174 Schlingloff, Religion des Buddhismus I
180 Böhm, Versicherungsmathematik I
184 Blümcke, Textilindustrie I
196/196a Mohr, Grundlagen der allgem. Elektrotechnik
200/200a Gottschald, Dt. Rechtschreibungswörterbuch
210 Bruhns-Ramdohr, Kristallographie
220/220a Moser, Allg. Musiklehre
221/221a Jander-Jahr-Knoll, Maßanalyse
222 Hassak-Beutel-Kutzelnigg, Warenkunde I
223 Hassak-Beutel-Kutzelnigg, Warenkunde II
226/226a Hofmann, Gesch. der Mathematik I
228 Vogel, Landw. Tierzucht
231/231a Ehrlich, Gesch. Israels
238 Krahe, Germ. Sprachwiss. I
243 Mahler-Graewe, Physikal. Aufgabensammlung
247/247a Hofmann-Jander, Qualitative Analyse
250 Lausberg, Romanische Sprachwissenschaft II
252 Vetter, Elektrochemie I
253 Vetter, Elektrochemie II
257 Humburg, Gleichstrommaschine I
264 Lockemann, Gesch. der Chemie I
265/265a Lockemann, Geschichte der Chemie II
270 Kirn, Einführung in die Geschichtswissenschaft
274 Zietemann, Dampfturbinen I
279 Jacob-Hohenleutner, Quellenkunde der deutschen Geschichte I
280 Jacob-Hohenleutner, Quellenkunde der deutschen Geschichte II
281 Leisegang, Einführung in die Philosophie
282 Haltenorth, Säugetiere
284 Jacob-Weden, Quellenkunde der deutschen Geschichte III
318/318a Schmidt-Beckers, Industrielle Kraft- u. Wärmewirtschaft
319 Krug, Australien und Ozeanien
329 Scharrer, Agrikulturchemie I
330/330a Scharrer, Agrikulturchemie II
335 Klug, Fette und Öle
336 Braun-Klug, Seifenfabrikation
342/342a Körting, Heizung und Lüftung I
343 Körting, Heizung und Lüftung II
344 Moser, Musikästhetik
354/354a Valentiner-König, Vektoren und Matrizen
355 Neger-Münch-Huber, Nadelhölzer
356 Lüdemann, Fische
374 Döring, Einführung in die theoret. Physik IV
375 Preller, Geschichte Englands I
389/389a Diels-Mattick, Pflanzengeographie
391 Kolms, Finanzwissenschaft II
394/394a Schilling, Von der Renaissance bis Kant
414/414a Tafel, Hebezeuge
422 Gottschald, Dt. Personennamen
423 Adler-Erlebach, Fünfstellige Logarithmen
432 Borchers, Metallkunde I
433/433a Borchers, Metallkunde II

434 Borchers-Hanke, Metallkunde III
435 Burau, Algebr. Kurven u. Flächen I
436/436a Burau, Algebr. Kurven und Flächen II
439 Jaeckel, Würmer
440 Jaeckel, Weichtiere
441 Jaeckel, Stachelhäuter
442 Hannemann, Schwämme und Hohltiere
443 Gruner-Deckert, Krebse
444 Reichenow, Einzeller
445 Asmus, Physikal.-chem. Rechenaufgaben
447/447a Herter, Kriechtiere
448 Haltenorth, Manteltiere
452 Bahrdt-Scheer, Stöchiometrische Aufgabensammlung
468 Großmann, Vermessungskunde I
469 Großmann, Vermessungskunde II
476 Thum-Meysenbug, Die Werkstoffe des Maschinenbaues I
483 Henglein, Lötrohrprobierkunde
492 Stolz-Debrunner, Geschichte der lateinischen Sprache
499 Niese-Küchler, Autogenes Schweißen
500 Simmel, Hauptprobleme der Philosophie
536 Lehmann, Kant
538 Rumpf, Archäologie I
539 Rumpf, Archäologie II
540 Rumpf, Archäologie III
557 Nestle-Liebich, Gesch. der griech. Literatur II
561 Matthes, Werkzeugmaschinen I
562 Matthes, Werkzeugmaschinen II
564 Behn-Hoernes, Kultur der Urzeit I
565 Behn-Hoernes, Kultur der Urzeit II
566 Behn-Hoernes, Kultur der Urzeit III
571 Lehmann, Philosophie des 19. Jahrhunderts I
576/576a Moser, Gesangskunst
579 Müller-Schulze, Techn. Tabellen
580/580a Sedlaczek-Fischer-Buch, Walzwerke
583/583a Engel, Maschinen der Eisenhüttenwerke
584/584a Müller, Kinematik
585 Dehnert, Verkehrswasserbau I
587 Kalitsunakis-Steinmetz, Neugriech.-dt. Gesprächsbuch
589 Tochtermann, Maschinenzeichnen I
590 Tochtermann, Maschinenzeichnen II
594 v. Lengerken, Insekten
597 Dehnert, Verkehrswasserbau II
601 Mutschmann-Scherer, Engl. Phonetik
619/619a Buchwald, Kristalloptik
665 Ludin-Borkenstein, Wasserkraftanlagen I
666/666a Ludin-Borkenstein, Wasserkraftanlagen II
668 Knopp, Funktionentheorie I
677 Altheim, Röm. Geschichte II
679 Altheim, Röm. Geschichte III
684 Altheim, Röm. Geschichte IV
691 Fauser, Kulturtechn. Bodenverbesserungen I
692 Fauser, Kulturtechn. Bodenverbesserungen II
698/698a Schulze, Allgemeine u. physikalische Chemie II
703 Knopp, Funktionentheorie II
709 Lehmann, Philosophie des 19. Jahrhunderts II
711 Kesselring, Berechnung der Schaltgeräte
714/714a zur Megede, Technik selbsttätiger Regelungen
715 Zietemann, Dampfturbinen II
716 Zietemann, Dampfturbinen III
718 Neger-Münch-Huber, Laubhölzer
728/728a Pirani-Fischer-Runge, Graph. Darstellung in Wissenschaft u. Technik
735 Ekwall, Historische neuengl. Laut- und Formenlehre

746/746a Pfanzagl, Allg. Methodenlehre der Statistik I
747/747a Pfanzagl, Allg. Methodenlehre der Statistik II
756/756a Kalitsunakis, Gramm. d. Neugriech. Volksspr.
763/763a Beer-Meyer, Hebräische Grammatik I
764/764a Beer-Meyer, Hebräische Grammatik II
768/768a Bieberbach, Einführung in die konforme Abbildung
769/769a Beer-Meyer, Hebräisches Textbuch
770 Schlingloff, Religion des Buddhismus II
776 Kolms, Finanzwissensch. III
780 Krahe, Germ. Sprachwiss. II
781 Weigert, Stilkunde II
782 Kolms, Finanzwissensch. IV
786 Schulze, Molekülbau
796/796a Meiners-Wiesenewsky, Elektr. Höchstspannungs-Schaltanlagen
807 Kropp, Erkenntnistheorie
809 Moser, Harmonielehre I
810 Moser, Harmonielehre II
826 Koch, Philosophie d. Mittelalters
827 Schwaiger, Elektromotorische Antriebe
831 Erismann, Allg. Psychologie I
832/382a Erismann, Allg. Psychologie II
833 Erismann, Allg. Psychologie III
834/834a Erismann, Allg. Psychologie IV
837/837a Baumgartner, Gruppentheorie
845 Lehmann, Philosophie im ersten Drittel des 20. Jhs. I
847 Herter, Lurche
850 Lehmann, Philosophie im ersten Drittel des 20. Jhs. II
851/851a Moede, Psychologie des Berufs- und Wirtschaftslebens
857 Capelle, Griech. Philosophie I
858 Capelle, Griech. Philos. II
859 Capelle, Griech. Philos. III
862 Großmann, Vermessungskunde III
863 Capelle, Griech. Philos. IV
866 Bieler, Röm. Literaturgeschichte II
869 Freye, Vögel
875 Hofmann, Geschichte der Mathematik II
877 Knopp, Aufgabensammlung zur Funktionentheorie I
878 Knopp, Aufgabensammlung zur Funktionentheorie II
881 Humburg, Gleichstrommaschine II
882 Hofmann, Geschichte der Mathematik III
883 Stuloff, Mathematik der neuesten Zeit
893 Treue, Dt. Geschichte von 1806—1890
894 Treue, Dt. Geschichte von 1890 bis zur Gegenwart
902 Müller, Dynamik I
903 Müller, Dynamik II
910 Jaeger, Afrika I
911 Jaeger, Afrika II
915 Sperber-Fleischhauer, Gesch. der Deutschen Sprache
917/917a Böhm, Versicherungsmathematik II
920 Hoheisel, Gewöhnliche Differentialgleichungen
921 Jantzen-Kolb, W. v. Eschenbach. Parzival
924 Brandenstein, Griechische Sprachwissenschaft III
929 Schirmer-Mitzka, Dt. Wortkunde
930 Krull, Elementare und klassische Algebra I
931 Hasse, Höhere Algebra I
932 Hasse, Höhere Algebra II
933 Krull, Elementare und klassische Algebra II
936 Thum-Meysenbug, Werkstoffe d. Maschinenbaues II
952 Schäfer, Transformatoren
953 Zipperer, Techn. Schwingungslehre I
961/961a Zipperer, Techn. Schwingungslehre II
965 Dehnert, Wehr- und Stauanlagen

970/970a Baldus-Löbell, Nichteuklidische Geometrie
978 Kleinlogel, Baustoffverarbeitung und Baustellenprüfung d. Betons
984 Graf, Baustoffe des Hoch- und Tiefbaues
999/999a Kamke, Mengenlehre
1000 Jaspers, Geistige Situat. der Zeit
1003 Hoheisel, Partielle Differentialgleichung
1008/1008a Mellerowicz, Allgem. Betriebswirtschaftslehre I
1009 Bechert-Gerthsen-Flammersfeld, Atomphysik I
1014 Huttenlocher, Mineral- und Erzlagerstättenkunde I
1015/1015a Huttenlocher, Mineral- u. Erzlagerstättenkunde II
1017 Döring, Einführung in die theoret. Physik V
1020 Niese-Dienst, Elektrische Schweißverfahren
1031/1031a Apel-Ludz, Philosophisches Wörterbuch
1033 Bechert-Gerthsen-Flammersfeld, Atomphysik II
1034 Kranefeldt-Jung, Therapeutische Psychologie
1035 Altheim, Röm. Religionsgeschichte I
1039 Dovifat, Zeitungslehre I
1040 Dovifat, Zeitungslehre II
1044 Tölke, Talsperren
1045 Schubert, Technik des Klavierspiels
1051/1051a Stolberg-Wernigerode, Gesch. d. Vereinigten Staaten
1052 Altheim, Röm. Religionsgeschichte II
1057 Roth, Thermochemie
1059/1059a Hoheisel, Aufgabenslg. z. d. gew. u. part. Differentialgleichungen
1061 Grodzinski-Lechner, Getriebelehre I
1062 Grodzinski-Lechner, Getriebelehre II
1065 Haller-Dannenbauer, Von d. Karolingern zu den Staufern
1070 Sauter, Differentialgleichungen der Physik
1074 Koschmieder, Variationsrechnung I
1075 Koschmieder, Variationsrechnung II
1076/1076a Endres, Verbrennungsmotoren I
1077 Haller-Dannenbauer, Von den Staufern zu den Habsburgern
1078 Troche, Stahlbetonbau
1082 Hasse-Klobe, Aufgabensammlung zur höheren Algebra
1085 Lietzmann-Aland, Zeitrechnung
1086 Müller, Dt. Dichten und Denken
1088 Preller, Gesch. Englands II
1092 Wickop, Fenster, Türen, Tore
1094 Hernried, System. Modulation
1096 Viëtor, Dt. Dichten und Denken
1099 Hoheisel, Integralgleichungen
1105 Hartung, Dt. Geschichte im Zeitalter der Reformation
1108 de Boor-Wisniewski, Mittelhochdeutsche Grammatik
1109 Knopp, Elemente der Funktionentheorie
1111/1111a Naumann-Betz, Althochdt. Elementarbuch
1113/1113a Strubecker, Differentialgeometrie I
1114 Schubel, Engl. Literaturgeschichte I
1115 Ranke, Altnord. Elementarbuch
1116 Schubel, Engl. Literaturgeschichte II
1117 Haller-Dannenbauer, Eintritt der Germanen in die Geschichte
1121 Naumann, Dt. Dichten u. Denken
1122 Feist, Sprechen und Sprachpflege

1123/1123a Bechert-Gerthsen-Flammersfeld, Atomphysik III
1124 Schubel, Engl. Literaturgeschichte III
1125 Lehnert, Altengl. Elementarbuch
1127 Hartmann, Geschlecht u. Geschlechtsbestimmung im Tier- und Pflanzenreich
1128 Buchner, Symbiose der Tiere
1130 Dibelius-Kümmel, Jesus
1131 Scholz-Schoeneberg, Einführung in die Zahlentheorie
1132 Frühauf, Überspannungen
1134 Kuckuck, Pflanzenzüchtung I
1135 Lehnert, Beowulf
1137 Heil, Entwicklungsgesch. d. Pflanzenreiches
1138 Hämmerling, Fortpflanzung im Tier- und Pflanzenreich
1140 Unger, Induktionsmaschine
1141 Koller, Hormone
1142 Meissner-Lehnert, Shakespeare
1144 Gehler-Herberg, Festigkeitslehre I
1145/1145a Herberg-Dimitrov, Festigkeitslehre II
1146 Putz, Synchronmaschine
1147 v. Waltershausen, Kunst d. Dirigierens
1148 Pepping, Der polyphone Satz I
1152 Dehnert, Verkehrswasserbau III
1153/1153a Mellerowicz, Allgem. Betriebswirtschaftslehre II
1154/1154a Mellerowicz, Allgem. Betriebswirtschaftslehre III
1155 Schwartz, Mikrobiologie I
1156/1156a Meinke, Komplexe Berechnungen v. Wechselstromschaltungen
1157 Schwartz, Mikrobiologie II
1158 Mayrhofer, Sanskrit-Grammatik
1159 Jungbluth, Gießereitechnik I
1160 Dibelius-Kümmel, Paulus
1161 Kaestner, Spinnentiere
1162 Seidel, Entwicklungsphysiologie der Tiere I
1163 Seidel, Entwicklungsphysiologie der Tiere II
1164/1164a Pepping, Der polyphone Satz II
1165/1165a Bechert-Gerthsen-Flammersfeld, Atomphysik IV
1169 Paulsen, Allgemeine Volkswirtschaftslehre I
1170 Paulsen, Allgemeine Volkswirtschaftslehre II
1171 Paulsen, Allgemeine Volkswirtschaftslehre III
1172 Paulsen, Allgemeine Volkswirtschaftslehre IV
1173 Hamann-Funke-Hermann, Chemie der Kunststoffe
1176/1176a Lorenzen, Form. Logik
1178/1178a Kuckuck, Pflanzenzüchtung II
1179/1179a Strubecker, Differentialgeometrie II
1180/1180a Strubecker, Differentialgeometrie III
1181 Franz, Topologie I
1182/1182a Franz, Topologie II
1183/1183a Nicolas, Finanzmathematik
1184 Endres, Verbrennungsmotoren II
1185 Endres, Verbrennungsmotoren III
1186/1186a Mellerowicz, Allgem. Betriebswirtschaftslehre IV
1187 Lau, Luther
1188/1188a Lehmann, Photogrammetrie
1189/1189a Päsler, Mechanik
1190 Stupperich, Melanchthon
1191/1191a Bräuer, Slav. Sprachwissenschaft I
1193 Fürstenberg, Wirtschaftssoziologie
1194 Wendt, Gesch. d. Volkswirtschaftslehre
1195 Ohm, Allgem. Volkswirtschaftspolitik I
1196 Ohm, Allgem. Volkswirtschaftspolitik
1197/1197a Onasch, Einf. in die Konfessionskunde der orthodoxen Kirchen

1198 Engel, Straßenverkehrstechnik
1199 Lausberg, Romanische Sprachwissenschaft III, 1. Teil
1200/1200a Lausberg, Romanische Sprachwissenschaft III, 2. Teil
1201/1201a Dehn, Versuche zur allgem. u. phys. Chemie
1202/1202a Nagel, Gesch. des christl. Gottesdienstes
1203 Wendland, Sozialethik
1204 Scheurig, Zeitgeschichte
1205/1205a Hofmann, Ideengeschichte d. soz. Bewegung
1206/1206a Langen, Lineare Programmierung
1208 Lausberg, Romanische Sprachwissenschaft IV
1209/1209a Bock, Therm. Verfahrenstechnik I
1210/1210a Bock Therm. Verfahrenstechnik II
1211/1211a Bock, Therm. Verfahrenstechnik III
1212/1212a Hilf, Arbeitswissenschaft
1213/1213a Kosiol, Buchhaltung und Bilanz
1216/1216a Bauer, Wahrscheinlichkeitstheorie I
1217 Bauer, Wahrscheinlichkeitstheorie II
1219 Schmidt-Clausing, Zwingli

Autorenregister

Printed in Germany 150 / VIII / 64

Kolibri 360 GmbH
Ferdinand-Jühlke-Straße 7
99095 Erfurt, Deutschland
produktsicherheit@kolibri360.de